ÉTUDES

SUR LES

TUMEURS DE L'ŒIL

DE L'ORBITE ET DES ANNEXES

PAR

Le Docteur Félix LAGRANGE

Professeur agrégé à la Faculté de Médecine
Chirurgien des hôpitaux de Bordeaux
Membre correspondant de la Société de Chirurgie

Avec 9 planches et 16 figures dans le texte

PARIS
G. STEINHEIL, ÉDITEUR
2, RUE CASIMIR-DELVIGNE, 2

1893

ETUDES

SUR LES

TUMEURS DE L'ŒIL

PRINCIPAUX TRAVAUX DU MÊME AUTEUR

1° **Anatomie pathologique de l'ulcère farcineux chronique chez l'homme.** (une planche) *Journal de l'anatomie de Robin*, 1882.

2° **De l'arthrite traumatique des doigts.** *Revue de chirurgie*, 1882.

3° **Traitement de l'ankylose du genou.** Thèse d'agrégation, 1883.

4° **De la gastrostomie dans les rétrécissements cancéreux de l'œsophage.** *Revue de chirurgie*, 1885.

5° **Valeur thérapeutique de l'élongation des nerfs.** (couronné par la Société de chirurgie. Prix Laborie, 1885). 1 vol. 230 p., Delahaye et Lecrosnier, édit.

6° **Contribution à l'étiologie et à la pathogénie du mal perforant plantaire.** (en collaboration avec le Dr André Boursier) *Congrès français de chirurgie*, 1885.

7° **L'opération de Badal.** *Archives d'ophtalmologie* n° 1 et 2, 1886.

8° **De la blessure du diaphragme dans l'opération de l'empyème.** *Archives générales de médecine*, septembre 1886.

9° **Nouvelle variété de kyste de la grande lèvre.** *Société de Médecine de Bordeaux*, 1886.

10° **Origine épithéliale du carcinome du testicule.** *Journal de Médecine de Bordeaux* 1887 et in Ausset, thèse Bordeaux, 1890.

11° Articles **Entorse** et **Epaule** (Pathologie chirurgicale) du *Dictionnaire encyclopédique*. 1887.

12° **Des affections oculaires dans le diabète sucré.** *Archives d'ophtalmologie*, 1887.

13° **La pathologie des Européens à Hué.** Mémoire récompensé par l'Académie de Médecine (Prix Monbinne, 1890). Extrait in *Archives de Médecine militaire*, 1888.

14° **Des arthrites infectieuses et inflammatoires.** *Traité de chirurgie*. 1890.

15° **Traité pratique des anomalies de la vision.** G. Steinheil, éditeur. Paris 1891, 1 vol. 335 pages avec figures et 2 planches.

16° **Deux cas d'ophtalmoplégie nucléaire.** *Annales de la Policlinique de Bordeaux* et in Roziers, Thèse Bordeaux, 1891.

17° **Traitement de l'ophtalmie granuleuse.** *Société d'ophtalmologie de Bordeaux*, novembre 1892 et *Société de chirurgie de Paris*, février 1893.

ÉTUDES

SUR LES

TUMEURS DE L'ŒIL

DE L'ORBITE ET DES ANNEXES

PAR

Le Docteur Félix LAGRANGE

Professeur agrégé à la Faculté de Médecine
Chirurgien des hôpitaux de Bordeaux
Membre correspondant de la Société de Chirurgie

Avec 9 planches et 16 figures dans le texte

PARIS
G. STEINHEIL, ÉDITEUR
2, RUE CASIMIR-DELAVIGNE, 2

1893

A MON MAITRE

MONSIEUR LE PROFESSEUR BADAL

INTRODUCTION

Cet ouvrage, où le laboratoire[1] et la clinique ont une part égale, est un recueil de travaux originaux écrits pour faire connaître des observations intéressantes et défendre des idées différant plus ou moins de celles qui sont exposées dans les livres classiques d'ophtalmologie.

Nous nous sommes appliqué à démontrer que la coque de l'œil se défend très efficacement contre les tumeurs malignes épibulbaires et péribulbaires, et que cette coque présente un seul point faible : le limbe scléro-cornéen. L'envahissement de l'œil, quand il a lieu, se fait toujours ou presque toujours à ce niveau. L'histologie de l'épithélioma et les inclusions parasitaires nous ont particulièrement arrêté et sont l'objet d'une histoire aussi détaillée que le comportaient nos observations.

Nous avons fait une étude spéciale de quelques tumeurs intra-oculaires, rares ou méconnues, telles que le myome, le carcinome, la tuberculose du corps ciliaire et nous n'avons pas ménagé nos efforts pour mettre en évidence une affection beaucoup plus fréquente qu'on ne l'admet généralement, le leuco-sarcome de la choroïde. Les désordres qui lui sont imputables ont été maintes fois sans raison attribués à la rétine et le pronostic du gliome, qui revêt souvent la forme endophyte, en a été aggravé. Le traitement paraît un peu bénéficier de cette modification au cadre nosologique des tumeurs oculaires.

---

[1] N. B. Nous adressons nos vifs remerciements à Messieurs les professeurs Viault et Coyne, qui ont bien voulu nous admettre dans leurs laboratoires, à notre ami le professeur Ferré pour son concours obligeant, et à M. le Dr Sabrazès, chef du *Laboratoire des Cliniques* de la Faculté, dans lequel nous avons fait nos plus récents travaux.

Enfin les tumeurs du nerf optique, par leur indépendance du globe de l'œil et du reste de l'orbite, nous semblent très souvent justiciables d'une extirpation simple, et à propos d'un cas personnel heureux, nous avons décrit un procédé nouveau qui rend facile la suppression du néoplasme sans l'ablation de l'organe de la vision. Deux cas rares, l'un de tumeur kystique de l'orbite, l'autre de sarcome mélanique de la paupière, une étude sur la pathogénie du chalazion, basée sur de nombreux documents, un cas de corne palpébrale avec une théorie du développement des cornes, ont encore pris place dans ce volume.

En le publiant aujourd'hui, nous demandons à tous l'indulgence que méritent les travailleurs sincères et les œuvres de bonne foi.

Félix LAGRANGE

Bordeaux, 25 Février 1893

A. — TUMEURS ÉPIBULBAIRES & PÉRIBULBAIRES

I.

Du sarcome mélanique de la conjonctive bulbaire.

De toutes les parties de l'économie, il n'en est pas qui soit plus souvent que le globe oculaire le siège de tumeurs mélaniques. Ces tumeurs peuvent prendre racine dans les membranes profondes de l'œil ou bien se développer à la surface extérieure de l'organe. Elles forment ainsi deux catégories très distinctes. Le Dr Bimsenstein[1] a consacré aux tumeurs mélaniques extérieures un travail intéressant dans lequel sont consignées la plupart des observations connues. Il s'est particulièrement attaché à faire une étude clinique des sarcomes mélaniques développés sur la coque oculaire. Thou[2] a également écrit sur ce sujet un travail succinct. Les recueils anglais et allemands ont publié, depuis, quelques observations isolées, n'apportant à l'étude de la question aucun élément nouveau.

Les tumeurs mélaniques de la conjonctive, de la sclérotique, voire même de la cornée, ont donc été signalées par un assez grand nombre d'auteurs et décrites par quelques-uns avec détail. Leur histoire est cependant loin d'être achevée; leur point de départ, leur mode de développement, leurs rapports précis avec l'enveloppe fibreuse de l'œil nous paraissent avoir été méconnus dans une certaine mesure.

---

[1] Bimsenstein. *Du mélano-sarcome de la région antérieure et extérieure de l'œil*, Thèse Paris, 1879.

[2] Thou. Thèse Paris, 1879.

Nous avons eu l'occasion d'observer dans le service de clinique ophtalmologique de l'hôpital Saint-André une tumeur mélanique de la région antérieure de l'œil. Cette tumeur offre des particularités curieuses et par son siège, et par sa structure, et par ses rapports. D'autre part, notre excellent maître, M. le professeur Badal, a recueilli dans sa pratique privée, un fait curieux dont il a bien voulu nous confier l'analyse histologique. L'intérêt de ces deux observations nous a paru s'accroître encore lorsque nous les avons rapprochées des faits semblables publiés dans les divers recueils scientifiques. C'est pourquoi nous avons eu l'idée de les rapporter avec les détails qui suivent :

Obs. I. — *Sarcome mélanique de la conjonctive.*

Marie X..., 42 ans, mariée, sans enfant, se présente à la Clinique ophtalmologique de l'hôpital Saint-André de Bordeaux, le 28 septembre 1883.

Les antécédents héréditaires de cette malade ne nous offrent rien de particulier; ses antécédents personnels nous apprennent qu'à l'âge de 14 ans son corps thyroïde a subi une augmentation de volume qu'il conserve encore aujourd'hui, où il atteint des dimensions environ deux fois plus considérables qu'à l'état normal. Son accroissement est depuis longtemps arrêté.

Il y a vingt-six mois, Marie X... commença à ressentir quelques douleurs légères dans l'œil droit. La vision s'est troublée peu à peu, mais n'a jamais complètement disparu. Il y a quinze jours, la malade pouvait constater la présence d'une lumière placée au niveau de l'angle externe de l'œil. La disparition de la vision a coïncidé avec la formation d'une tumeur noirâtre qui, partie de la limite interne de la cornée, a atteint progressivement, sans douleurs, le volume qu'elle présente aujourd'hui.

Depuis quelques mois, cette tumeur noire remplit l'orifice palpébral et le maintient largement ouvert. Elle est de temps à autre le siège d'hémorrhagies assez fréquentes et assez abondantes.

Au moment où la malade se présente à notre observation, on constate une masse noirâtre grosse comme un petit œuf. Cette masse se meut avec le globe oculaire qu'elle recouvre presque entièrement.

En écartant les paupières, on reconnaît facilement la base d'implantation de ce fongus qui prend racine sur la moitié externe de la cornée et sur une étendue à peu près égale de la sclérotique adjacente. Le segment interne est dépoli, un peu opaque, mais présente sa coloration et sa forme ordinaires.

Le globe de l'œil est parfaitement mobile dans la cavité de l'orbite, il a conservé sa dureté normale; il est le point de départ de céphalalgies assez fréquentes, mais d'une intensité assez modérée.

Les régions temporales, occipitales, sous-maxillaires ne présentent aucun ganglion malade. L'état général est bon, l'appétit et les forces bien conservés.

Le 9 octobre, l'énucléation de l'œil est pratiquée avec l'aide du Dr Badal. Cette opération a lieu régulièrement.

La guérison, obtenue en dix jours, s'est depuis maintenue.

La pièce anatomique mérite la description suivante :

Examen macroscopique. — La tumeur est à cheval sur le segment interne du limbe sclérotico-cornéen, sa base d'implantation a les dimensions d'une pièce de 50 centimes. Compact à sa base, le néoplasme devient pulpeux, friable, à mesure qu'on s'en éloigne. Sa couleur est d'un brun foncé rappelant celle de la truffe; on remarque des traînées plus claires, presque blanchâtres.

Le globe de l'œil est incisé dans le sens antéro-postérieur; la tumeur est à peu près partagée en deux moitiés égales. On peut ainsi se convaincre que la cavité oculaire est absolument intacte. La choroïde, les procès ciliaires, l'iris n'ont avec la tumeur aucun rapport, ils en sont séparés par toute l'épaisseur de la sclérotique et de la cornée. Le néoplasme paraît appliqué sur la face externe de ces membranes avec lesquelles il a contracté une adhérence intime.

La conjonctive oculaire forme un bourrelet assez sensible à la base et au dehors du néoplasme. Cette membrane paraît se perdre insensiblement sur la face externe de la tumeur.

Examen microscopique. — Conservée et durcie par les procédés ordinaires, la tumeur a été l'objet de deux ordres de coupes, portant les unes au niveau de la sclérotique, les autres au niveau de la cornée.

1° Au niveau de la sclérotique. — Les coupes sont perpendiculaires à cette membrane. On y voit nettement les rapports de ses lames externes avec les éléments anatomiques de la tumeur. Les faisceaux fibreux de la sclérotique sont déchiquetés et frangés, ils plongent et disparaissent au milieu des cellules embryonnaires. A la périphérie de la tumeur, on voit une lame scléroticale se réfléchir, soulevée qu'elle est par les éléments anatomiques. Il importe de remarquer que la sclérotique est absolument saine dans toute son étendue, sauf dans sa partie la plus externe, représentant à peu près le dixième de son épaisseur.

2° Au niveau de la cornée. — Il est facile de reconnaître ici l'intégrité complète de cette membrane ; sa lame épithéliale externe seule a disparu ; il est curieux de voir les cellules embryonnaires du néoplasme s'arrêter brusquement au milieu de la première lame cornéenne, restée indifférente à ce contact.

Soit qu'on la considère au niveau de la sclérotique ou de la cornée, la tumeur offre les caractères d'un sarcome fibro-plastique jeune, riche en cellules embryonnaires et possédant en certains points des éléments fusiformes groupés en faisceaux. Les vaisseaux y abondent ; les hémorrhagies anciennes, les foyers apoplectiques y sont très nombreux et contribuent pour une large part à la couleur noire du tissu morbide. Mais ce n'est point là l'unique cause de cette coloration spéciale. On en trouve aussi l'explication dans la présence de petits grains noirs bien visibles au grossissement de 350 d dans le protoplasma des cellules embryonnaires ou fusiformes.

Le point de départ exact de la tumeur nous a paru difficile à déterminer. A coup sûr, ce n'est point la cornée, mais est-ce la sclérotique ou la conjonctive ?

Ce n'est pas la sclérotique, parce que cette membrane est atteinte trop superficiellement ; parce qu'elle ne fournit point de vaisseaux au néoplasme, enfin parce que sa vascularisation propre n'est même pas augmentée. Il est impossible d'admettre qu'un pareil processus prenne naissance dans le feuillet externe de la sclérotique sans que les autres lames fibreuses de cette membrane y participent dans une certaine mesure.

Au contraire, tout porte à penser que l'origine est dans la conjonctive, puisque ce sont les vaisseaux de cette muqueuse qui nourrissent la tumeur et qu'autour de cette dernière la conjonctive est épaissie, plus vascularisée, d'un aspect noirâtre.

La conclusion qui se dégage de cette discussion est donc qu'il s'agit d'un sarcome mélanique de la conjonctive.

Obs. II. — *Sarcome mélanique de la conjonctive.*

(Communiquée par M. Badal.)

Madame R..., 78 ans, de Libourne, d'une bonne constitution, mais sous le coup d'un ramollissement cérébral assez prononcé vit se développer il y a environ quinze ans une petite tumeur sur la limite de la cornée de l'œil droit ; l'usage de divers collyres amena une légère amélioration ; au bout de trois ou quatre ans, cette tumeur augmenta subitement de volume ; elle fut cautérisée et disparut à peu près complètement.

En juin 1882, une tumeur noirâtre se forme de nouveau au point primitivement affecté. Elle se présente sous la forme d'un champignon qui, dans l'espace de quelques mois, prend un développement très sensible et devient sanguinolent. La conjonctive est enflammée. Il s'en écoule un flux très abondant.

Le 8 août 1883, le professeur Badal voit la malade et constate sur la partie supérieure de la cornée et sur la sclérotique avoisinante un fongus noir du volume d'une grosse cerise. Les douleurs sont minimes, la vision par la partie inférieure de la cornée paraît conservée ; l'œil présente sa dureté normale. Il n'y a point de ganglions lymphatiques malades. L'état général est bon.

L'extirpation de la tumeur seule, en rasant le globe oculaire, est certainement possible ; elle a été proposée à la malade par un de nos confrères spécialistes de Bordeaux. Néanmoins, M. Badal croit plus sage de faire une énucléation totale du globe de l'œil.

Cette opération est pratiquée le 25 août 1883 avec l'aide de M. le Dr Vitrac, de Libourne. Elle ne donne lieu à aucun incident particulier. La malade guérit. Il n'y a pas de récidive.

La pièce anatomique mérite la description suivante :

Examen macroscopique. — Le néoplasme est placé à cheval sur le demi-cercle périkératique supérieur. La moitié supérieure de la cornée est recouverte, la moitié inférieure est au contraire libre. Le point d'implantation est sessile ; la base de la tumeur présente à peu près les dimensions d'une pièce de 50 centimes.

La surface du néoplasme est déchiquetée, irrégulière, creusée de sillons profonds, ses limites sont parfaitement nettes, ses faces latérales tombent à pic sur la cornée et sur la sclérotique.

Le globe de l'œil est incisé dans le sens antéro-postérieur : la tumeur est ainsi partagée en deux moitiés égales. La surface de la coupe présente la coloration noire, *truffée*, spéciale aux tumeurs mélaniques.

Examen microscopique. — Le râclage permet de constater des cellules sarcomateuses ovoïdes ou fusiformes. Elle contiennent une grande quantité de petits grains noirâtres de mélanine.

Les coupes ont été faites après durcissement par les procédés ordinaires. Elles ont porté surtout sur la partie centrale du néoplasme, de façon à intéresser la cornée et la sclérotique.

Ces coupes se composent de deux parties bien distinctes, c'est une bandelette longitudinale formée par le tissu sclérotico-cornéen, au-dessus de laquelle s'étale la section verticale du néoplasme. Il est ainsi facile de se rendre compte des rapports du tissu morbide avec les membranes sous-jacentes. La sclérotique et la cornée sont intactes. La première de ces membranes n'est ni plus vasculaire, ni plus épaisse, ni amincie, ni ramollie. La cornée présente aussi son aspect ordinaire.

Les lames les plus externes sont seules en rapport avec le tissu sarcomateux; le faisceau cornéen le plus superficiel est soulevé en certains points par des cellules de nouvelle formation. De ce faisceau émanent quelques tractus fibreux qui cloisonnent irrégulièrement le néoplasme.

Si maintenant nous examinons la limite de l'une des nombreuses coupes que nous avons faites, nous constatons entre la cornée saine et le point d'implantation de la tumeur, un fait des plus intéressants : les cellules sarcomateuses s'insinuent entre l'épithélium de la cornée et le premier feuillet de cette membrane. La lame épithéliale, ainsi mécaniquement décollée, est encore nettement reconnaissable. Pas plus que le tissu cornéen lui-même, elle ne paraît malade. L'épithélium, ainsi que le tissu conjonctif de la cornée, ne prend aucune part dans cette production pathologique.

Dans ces deux observations, deux choses principales méritent d'être remarquées : 1° le siège de la tumeur; 2° son mode de développement.

Le siège offre ceci de particulier qu'il intéresse la sclérotique et la cornée dans une étendue à peu près égale. Le néoplasme est à cheval sur le limbe sclérotico-cornéen. Les adhérences de ces deux tumeurs à la cornée et à la sclérotique sont assez étroites, mais la substance même de ces deux membranes est restée absolument indemne.

Les rapports de ces sarcomes avec la cornée méritent surtout notre attention.

Le néoplasme dans son accroissement a simplement soulevé le feuillet épithélial de cette membrane, l'a détruit, s'est en quelque sorte assis sur les lames cornéennes sans rien leur prendre, sans rien leur donner. Les vaisseaux de cette portion de la tumeur sont très nombreux, surtout dans notre première observation, mais ils viennent exclusivement de la conjonctive. Pas plus qu'à l'état normal, il n'en existe dans la membrane transparente de l'œil.

Nous nous sommes demandé si ce sont là choses communes dans les sarcomes de la région antérieure et extérieure de l'œil, et nous nous sommes efforcé de préciser le rôle que joue la cornée dans le développement des tumeurs que nous étudions. Pour mener notre enquête à bonne fin, nous avons comparé et nous transcrivons ici les renseignements succincts fournis par les auteurs sur ce point particulier d'anatomie pathologique.

Dans le plus grand nombre des observations, on se contente de signaler l'envahissement de la cornée dans une plus ou moins large étendue, sans donner de détails sur les lésions qu'elle présente. Peu d'observateurs ont porté leur attention sur ce point spécial, indispensable à connaître cependant, si l'on désire être fixé sur l'origine précise de l'affection.

Obs. III. — *Tumeur mélanique de l'œil.* — *London surg. Gaz.*, déc. 1842, février 1843.

... En examinant l'œil, on découvre une tumeur bleu foncé qui fait saillie sur la cornée. La base est solidement adhérente aux parties sous-jacentes. La tumeur est enlevée sans ouverture de la chambre antérieure. L'examen microscopique permet de constater un assez grand nombre de cellules rondes accumulées dans les couches superficielles de la cornée ; il n'y a point d'opacité de la cornée à la place de la lésion, quoiqu'une petite portion de cette membrane ait été enlevée.

Obs. IV. — *Tumeur mélanique de l'œil.* Heddens. *Arch. für Opht.*, 4e partie, page 314, Berlin, 1881.

... La tumeur recouvre le tiers externe de la cornée et une surface égale de la partie voisine de la sclérotique. La base est solidement adhérente. Le reste de la cornée est intact et l'acuité visuelle normale. L'extirpation permet *d'arracher complètement le néoplasme de la sclérotique et de la cornée, si bien que cette dernière est restée transparente.* Il faut noter toutefois que la région du limbe cornéen d'où la tumeur a été excisée a conservé une coloration brun jaune sur une longueur de 6 millim. et sur une largeur de 1 à 2 millim.

Deux années après, la structure de la cornée est revenue normale à cet endroit.

Obs. V. — De Wecker. *Traité des maladies des yeux*, 1869.

... Une tumeur mélanique de la conjonctive, près du limbe cornéen, s'accompagne d'un dépôt de matières noirâtres dans la couche épithéliale de la cornée jusqu'à 3 millim. de son bord.

OBS. VI. — *Tumeur de la cornée.* DESMARRES. *Traité des maladies des yeux*, 1855.

... Cette tumeur, placée à la partie inférieure et externe de l'œil, couvre le tiers de la cornée et s'étend à un demi-centimètre au-dessous de la conjonctive. La tumeur peut être enlevée par dissection au ras de la cornée et de la sclérotique. La plaie se cicatrise rapidement.

OBS. VII. — *Tumeur de la cornée,* DESMARRES, *loc. cit.*

... La tumeur siège sur la cornée et sur la sclérotique. Elle s'étend du côté interne jusqu'au milieu de la pupille.

La dissection de l'œil, pratiquée après l'énucléation, montre que le néoplasme occupe environ un tiers de l'épaisseur de la sclérotique et gagne plus profondément à mesure qu'on s'éloigne de la jonction sclérotico-cornéenne. A 1 millim. environ de cette ligne, les fibres de la cornée sont détruites et remplacées par du tissu squirrheux qui pénètre jusqu'à la membrane de Descemet. En avançant vers le centre de la cornée, on reconnaît encore les fibres malades comme parcheminées ou tannées qui sont en contact avec les éléments de la tumeur. Un bon tiers de la cornée est ainsi occupé par la dégénérescence.

OBS. VIII. — *Mélano-sarcome de la conjonctive.* BAUMGARTEN, *Arch. für Augenheilkunde.* 1875.

... La tumeur est située sur le bord de la cornée du côté droit. Elle mesure à sa base 7 millim. de largeur, à son sommet 2 millim. L'adhérence est intime.

L'examen histologique montre que les cellules de la cornée paraissent jouer un rôle passif et n'ont point participé à la prolifération des cellules. Le point de départ de la tumeur doit être dans les corpuscules du tissu conjonctif sous-conjonctival, car la sclérotique et l'épithélium de la conjonctive étaient complètement intacts.

OBS. IX. — *Mélano-sarcome de la conjonctive.* PANAS, *Anatomie pathologique de l'œil.*

... La tumeur siège à la partie externe de la cornée de l'œil gauche.

L'examen anatomique de l'œil enlevé permet de voir sur une coupe antéro-postérieure que la masse néoplasique adhère à la partie externe de la cornée et à la conjonctive adjacente. Plus loin, elle ne fait que coiffer la totalité de la cornée sans y adhérer. Sur une coupe horizontale passant par le pédicule de la tumeur et la moitié correspondante de la cornée, on voit la tumeur confondue intimement avec la conjonctive, l'épisclère et la terminaison de la sclérotique.

Obs. X. — *Mélano-sarcome de la cornée.* Pasquale Sgrosso, *Annali di ottalmologia*, 1892.

Dans cette observation récente, les choses se sont passées d'une façon très différente, la tumeur a remplacé presque entièrement le parenchyme de la cornée ; la seule membrane de Descemet et son endothélium ont échappé à la marche envahissante. Dans le limbe, le néoplasme infiltre seulement les couches superficielles et avec la sclérotique n'affecte que des rapports de contiguïté. Dans ce cas, très malin et qui avait récidivé trois fois, les ganglions sous-maxillaires étaient malades.

Ce sont là tous les renseignements anatomo-pathologiques que nous avons pu recueillir [1]. On voit qu'ils concordent presque absolument avec l'étude histologique des deux observations que nous donnons à l'appui de notre travail. Les cas de Desmarres et de Sgrosso (obs. VII et X) seuls paraissent faire exception ; les fibres de la cornée y sont détruites et remplacées par du tissu morbide qui pénètre jusqu'à la membrane de Descemet. Dans le cas de Desmarres les fibres cornéennes « *parcheminées* ou *tannées* » sont en contact avec les éléments de la tumeur sarcomateuse. Mais n'est-il pas infiniment probable que la cornée a simplement subi l'influence de voisinage du néoplasme ? Si cette membrane avait donné naissance à la tumeur, elle serait détruite, ramollie, infiltrée d'éléments embryonnaires.

L'observation X montre au contraire l'envahissement véritable de la cornée par les cellules sarcomateuses.

Ce dernier fait est exceptionnel, nous ne saurions trop insister sur les détails de l'examen histologique qui concerne notre deuxième observation. On aperçoit avec la plus parfaite netteté une bandelette de tissu sarcomateux qui soulève l'épi-

---

[1] Il existe bien, notamment dans l'ouvrage de de Wecker, d'autres observations de sarcome mélanique, mais elles ne contiennent aucun renseignement précis en ce qui concerne l'origine de la tumeur et ses rapports avec les membranes de l'œil. J. Jegorow (*Vestn. ophl.* juillet-octobre 1884 et *Revue générale d'ophtalmol.* 1884, p. 490) publie un cas de sarcome mélanique épibulbaire que nous n'avons pas pu nous procurer in extenso.

thélium, l'écarte du tissu cornéen, glissant ainsi entre ce dernier tissu et la lame épithéliale.

De même la sclérotique, dans tous les examens anatomiques complets, a été trouvée presque entièrement indemne. Son épaisseur, sa consistance ont toujours été respectées par le néoplasme.

Il nous paraît donc démontré que la sclérotique et la cornée servent aux tumeurs dont nous parlons de point d'appui et non de point d'origine. Les lois de l'anatomie pathologique générale viennent au surplus parfaire la démonstration tirée des faits précédents.

Il existe en effet dans l'économie humaine un tissu absolument comparable, par sa structure, au tissu sclérotical; c'est celui des tendons. Or, les tendons, la chose paraît bien établie, ne sont jamais le siège de néoplasmes. Schwartz[1] n'a pu en trouver aucun exemple authentique. Les tumeurs sarcomateuses qui se développent sur les tendons prennent toujours racine sur la séreuse enveloppante, de même les tumeurs mélaniques des parties externes de l'œil se forment aux dépens de la conjonctive pour s'étaler sur la sclérotique et sur la cornée.

Il est par conséquent fort inexact de dire, avec Bimsenstein[2], que cette affection prend son origine soit dans la sclérotique, soit dans la cornée, soit dans la conjonctive. Cet auteur incline même à penser que le siège le plus fréquent des tumeurs mélaniques est la sclérotique, au point où cette membrane s'unit à la cornée. C'est en effet là que siègent de préférence les tumeurs mélaniques externes de l'œil, mais elles s'y développent aux dépens du repli conjonctival qui vient se terminer dans cette région. De là, elles s'étendent en rayonnant et sur la sclérotique et sur la cornée. Elles s'insinuent au-dessous du feuillet épithélial de cette dernière membrane.

---

[1] SCHWARTZ, *Dict. de Jaccoud*, art. Tendons.
[2] BIMSENSTEIN, Th. de Paris, 1879, pages 33 et 34.

Les tumeurs développées dans la cornée sont tellement exceptionnelles que ces exceptions mêmes paraissent confirmer la règle, mais pour être impartial, nous croyons devoir placer sous les yeux du lecteur la nomenclature succincte des néoplasmes sarcomateux primitivement développés dans cette membrane.

Gayet [1] cite un fait emprunté à l'atlas de Pagenstecher ; cet auteur décrit sous le nom de sarcome de la cornée une petite tumeur du volume d'une lentille, attachée par un court pédicule à la surface antérieure de la membrane. La couche épithéliale antérieure est considérablement épaissie. Dans une autre figure, la tumeur est représentée grossie, et on y trouve une masse de petites cellules rondes, serrées les unes contre les autres. Des vaisseaux, gros à la base, rayonnent vers la surface où ils forment des anses. Ce sont là, dit judicieusement Gayet, à qui nous empruntons ces détails, les caractères des bourgeons charnus. Ces caractères sont-ils suffisants pour qu'on admette la présence d'un véritable néoplasme ? Ils ne le sont pas plus selon nous que ceux présentés par les lésions dessinées dans les atlas anciens de Demours et de Sichel.

Tous les auteurs reproduisent d'après de Wecker [2] le cas de Stellwag dans lequel il s'agit d'une tumeur de 2 mill. de largeur, 1 mill. de longueur et 2/3 de millim. de hauteur, attachée à la cornée par un pédicule large qui se perdait dans la membrane dégénérée. L'observation histologique avait été faite sur une pièce plongée dans l'alcool depuis plusieurs années, de plus les détails macroscopiques et microscopiques sont vraiment insuffisants, ce sont là deux motifs pour ne pas accepter sans restriction ce cas de Stellwag comme un cas de tumeur primitive de la cornée.

De ces faits douteux il convient de rapprocher le cas de Scott

---

[1] Gayet. *Dict. encycl. des Sc. méd.*, art. Cornée.

[2] De Wecker. *Traité d'ophtalmologie*, 1863.

et Story[1] dans lequel il s'agissait d'un jeune homme âgé de 20 ans atteint de conjonctivite granuleuse avec trace de pannus à la périphérie de la cornée. Celle-ci était envahie par une tumeur mesurant six mill. sur quatre, d'une couleur jaune blanchâtre. On crut d'abord à une tumeur graisseuse, mais l'examen microscopique démontra qu'il s'agissait d'un tissu fibreux anormal. L'excision fut facile et suivie d'un bon résultat. Ce tissu anormal était-il autre chose qu'une sorte de pannus de la cornée ? Certes le pannus crassus examiné au microscope présente la structure du tissu sarcomateux ; est-ce là un néoplasme ? Evidemment non.

De ce fait, il faut encore rapprocher le fibrome cicatriciel publié par Silex[2] concernant une tumeur fibreuse développée sur un leucome adhérent, tumeur haute de 4 millimètres, avec 8 millimètres de longueur et 4 à 5 de largeur.

A l'examen microscopique, Silex trouva que toute la tumeur était recouverte d'un épithélium cornéen dont, sur plusieurs points, les couches supérieures, kératinisées, se détachaient par lamelles. Le tissu propre de la tumeur est formé par un entrecroisement de fibres renfermant quelques minces vaisseaux et des amas de petites cellules. Ce tissu est-il autre chose qu'un tissu de cicatrice et quoi d'étonnant de le trouver sur un leucome, cicatrice lui-même d'une perte de substance cornéenne? Non, ce n'est pas encore là un exemple de tumeur cornéenne.

Nous ferons les mêmes réserves au sujet des *fibromes de la cornée* présentés par Adler à la Société império-royale des médecins de Vienne, le 10 avril 1891. Depuis deux ans, le malade en question, mécanicien de chemin de fer, avait constaté une diminution graduelle de son acuité visuelle, coïncidant avec une très légère inflammation locale.

Sur la cornée de l'œil gauche on trouvait dix-huit granu-

---

[1] SCOTT et STORY. *Opht. Rev.* juillet 1888, p. 124.

[2] SILEX. Narbenfibrom der Cornea. *Klinisch. Monatsblätter*, août 1888.

lations gris clair, d'apparence gélatineuse faisant saillie sur la surface cornéenne; à la partie supérieure elles étaient plus développées et prenaient un aspect falciforme. La lumière pouvait les traverser, sans rien montrer de leur structure.

Sur l'œil droit, il existait des granulations du même genre, mais moins nombreuses. Le malade n'était ni syphilitique, ni scrofuleux.

Lemann a constaté au microscope que ces granulations formaient une sorte de granulome miliaire, constitué par du tissu cornéen, recouvert par un épithélium plus épais qu'à l'état normal. Ces productions ressemblent beaucoup aux néoplasies fibreuses telles qu'on les observe en particulier sur les membranes séreuses à la suite d'inflammations chroniques.

A-t-on jamais considéré comme néoplasme de la plèvre, ou de la vaginale les nodules ou plaques fibreuses qu'on trouve à leur surface dans les pleurésies ou les vaginalites anciennes?

L'observation de Benson[1] est plus démonstrative et mérite d'être retenue. Cet auteur fait connaître l'histoire d'une tumeur qui fut enlevée du sommet de la cornée d'une jeune fille âgée de 19 ans, du reste bien portante. La tumeur, d'un blanc intense et opaque, se développait depuis trois ans, elle fut enlevée par dissection et la plaie qui en résulta guérit rapidement. Au point de vue histologique, c'était un fibrome ressemblant au tissu de la cornée avec ses fibres et corpuscules.

Le fait que Rumschewicht a publié[2] concerne un sarcome de la cornée remarquable par ce fait qu'il ne prend pas naissance sur le limbe cornéen, mais au centre même du tissu propre de la cornée auquel il est adhérent par un pédicule. La tumeur elle-même s'élève sous forme de champignon et recouvre toute la cornée. La largeur n'est pas indiquée, la hauteur mesure 7 millimètres et demi[3].

---

[1] BENSON. Fibroma of the cornea, *Opht. Rev.*, janvier 1887.
[2] RUMSCHEWICHT. *Arch. für Augenheilkunde*, t. XXIII, 1, p. 52.
[3] CROSS. Tumeur de la cornée. *Opht. Society*, 9 juin 1887.

Ces deux derniers faits démontrent l'existence du sarcome de la cornée, mais ils démontrent aussi l'excessive rareté de ces tumeurs. Ils paraissent d'ailleurs se rapporter à des tumeurs fibreuses bénignes, sans mélanose et n'ont que de lointaines analogies avec les faits qui forment la substance de notre travail. En somme, nous ne connaissons pas un seul cas de sarcome mélanique développé dans la cornée.

Si, laissant maintenant de côté la question de siège et d'origine, nous considérons la nature intime et le mode d'évolution de ces sarcomes mélaniques, nous ne pouvons, comme tous les auteurs, qu'être frappé par leur bénignité relative. Chez notre malade, l'affection s'est développée en vingt-deux mois, sans douleurs, sans accidents graves, sans phénomènes de généralisation. Il n'est pas rare de voir l'affection consacrer plusieurs années à son développement. C'est ce qui a lieu dans l'observation que nous a communiquée le professeur Badal.

Le contraste est donc frappant avec les tumeurs mélaniques intra-oculaires, ainsi qu'avec les autres cas de mélanose, qui, comme on sait, sont remarquables par leur gravité et par la rapidité de leur marche.

Peut-on trouver la raison de cette différence dans la structure de cette variété de sarcome mélanique? La question est vraiment difficile à trancher, car elle se rattache au mode de formation même des tumeurs mélaniques sur lesquelles les histologistes sont loin d'être définitivement fixés.

Tous les auteurs distinguent les fausses mélanoses des mélanoses vraies; les premières devant leur coloration spéciale à la matière colorante du sang, les autres tirant leur aspect extérieur de la présence d'un pigmentum spécial, de la *mélanine*. Ainsi circonscrite, la question paraît très claire, mais il est indispensable d'aller plus loin et de se demander d'où vient ce pigmentum lui-même. Vient-il ou ne vient-il pas des globules sanguins? Dérive-t-il ou non de la matière qui colore les globules rouges?

Les opinions les plus différentes ont été défendues par les

auteurs les plus recommandables. Barruel, le premier, a fait remarquer la grande analogie qui existe entre le pigmentum des mélanoses et la matière colorante du sang; Rokytanski, Kœlliker, Rindfleisch soutiennent la même opinion; d'après ces auteurs, tout sarcome mélanique se développe d'abord comme les sarcomes ordinaires; au début toutes les jeunes cellules sont incolores, la pigmentation vient ensuite par la précipitation des matières colorantes du sang.

Virchow, tout en reconnaissant une grande ressemblance entre le pigment mélanotique et les dérivés de l'hématine, pense toutefois que la mélanose est due à une élaboration spéciale dirigée par les cellules du néoplasme. C'est aussi l'opinion qu'ont défendue Lebert, Cornil et Ranvier, Robin, etc. Ces auteurs s'appuient sur ce double fait, savoir, que chez certains animaux inférieurs dépourvus de globules sanguins, on trouve une certaine quantité de pigment et que le pigment des embryons de grenouille se forme avant le développement de la circulation.

De plus, Robin insiste sur la possibilité de différencier les dérivés de l'hématine d'avec la mélanine ou mélaïne. Cette dernière substance résiste à l'acide sulfurique pur, tandis que sous l'influence de ce caustique énergique, la matière colorante du sang est rapidement détruite.

Il n'était pas inutile de rappeler en peu de mots ces opinions classiques, pour bien apprécier dans quelle catégorie méritent d'être placées les tumeurs que nous avons étudiées.

L'examen microscopique y a démontré la présence de beaucoup de vaisseaux sanguins. Un grand nombre d'entre eux, surtout dans la première observation, mal soutenus par le tissu friable qui les entoure, se sont rompus en formant des foyers apoplectiformes. Il n'est pas douteux que ces foyers ne contribuent pour une large part à donner à la tumeur sa coloration noirâtre.

Entre ces infarctus hémorrhagiques, on peut encore reconnaître un grand nombre de globules sanguins, errants, disséminés dans le néoplasme. Certains petits amas noirâtres, vus à un fort grossissement, paraissent nettement constitués par des globules entassés.

La grande masse de la tumeur se compose de cellules fibro-plastiques. Beaucoup renferment dans leur protoplasma des granulations brunes. On distingue aussi bon nombre de cellules embryonnaires jeunes, représentant évidemment le premier stade d'évolution des éléments fibro-plastiques qui constituent la tumeur. Or, ces cellules ne renferment pas de pigmentum. Les granulations noirâtres intra-cellulaires siégent évidemment dans les cellules les plus avancées en âge. C'est là ce qui se produit, d'après la plupart des auteurs, dans les véritables tumeurs mélaniques. De plus, l'expérience de Robin, consistant à traiter ces granulations pigmentaires par l'acide sulfurique, nous a donné un résultat démonstratif. Cet acide, sans mélange d'eau, placé pendant quelques minutes sur la préparation, a tout fait disparaître sauf les granulations pigmentaires elles-mêmes. C'est donc bien à une *tumeur mélanique vraie* et non point à la fausse mélanose, à la mélanose hématique, que nous avons affaire dans les cas que nous analysons.

Ce diagnostic anatomique bien assis, il nous sera maintenant permis d'insister sur les particularités cliniques de ces observations.

Dans l'un et l'autre cas, la tumeur s'est développée lentement ; elle a affecté dès ses débuts les caractères d'une affection bénigne. Cette marche n'est pas rare d'ailleurs dans les tumeurs mélaniques de la conjonctive ; on s'accorde généralement à opposer la bénignité des tumeurs mélaniques externes à la gravité des tumeurs mélaniques de la choroïde. Beaucoup d'exceptions cependant méritent d'être signalées et montrent bien qu'au fond il s'agit de la même affection.

De Wecker rapporte[1] le cas d'un jeune officier qui, après quel-

---

[1] De Wecker. *Traité d'ophtalmologie.* Paris, 1880, T. I, p. 431.

ques ablations partielles d'une tumeur mélanique de la conjonctive, vit tout à coup son néoplasme se généraliser et mourut d'une mélanose étendue à tout le système osseux.

Il serait facile de citer un assez grand nombre d'exemples analogues. Ces tumeurs sont donc véritablement malignes et répondent bien à l'idée qu'éveille leur qualification de mélanique.

Toutefois, il n'est pas douteux qu'elles ne soient parmi les mélanoses, remarquables par la lenteur de leur développement et l'état stationnaire souvent très long par lequel elles passent fréquemment. Le malade de de Wecker avait depuis douze ans une petite tache mélanique de la conjonctive quand les accidents se précipitèrent.

Le même auteur a vu, pendant quatre ans, une autre tumeur de ce genre s'arrêter, puis grossir tout à coup.

John Williams[1] a rapporté l'observation d'une femme qui, pendant quelques années, porta « *une tache noire sur le blanc de l'œil* ». Dans l'espace de six mois, cette tache prit les proportions d'une tumeur considérable. Bimsenstein[2] a observé une tumeur mélanique vieille de vingt-cinq ans.

C'est la bénignité de cette période de début qui explique pourquoi les chirurgiens répugnent à une opération radicale et se contentent trop souvent de l'extirpation pure et simple de la tache conjonctivale.

A Bowmann[3] l'ablation avec application consécutive de chlorure de zinc paraissait le procédé le plus rationnel. Sans doute, lorsqu'il existera une petite tumeur très circonscrite, il ne sera pas nécessaire de sacrifier le globe de l'œil en entier. L'extirpation très large du néoplasme pourra être suffisante, mais nous croyons que si, après cette première opération, l'affection récidive dans la cicatrice, il n'est plus permis d'hé-

---

[1] JOHN WILLIAMS. *Opthalmic. hospital Reports*, décembre 1859.
[2] BIMSENSTEIN. Thèse citée.
[3] BOWMANN. *Soc. opht. du Royaume-Uni*, 12 janv. 1883.

siter ; il faut laisser là les petits moyens et débarrasser du même coup le malade de son œil et de son affection. Il sera même urgent de se hâter, si on veut éviter la généralisation viscérale de la mélanose. Le clinicien ne devra pas perdre de vue que très souvent les extirpations de la tumeur seule se sont accompagnées de récidives dans la cicatrice. L'énucléation du globe de l'œil, au contraire, a donné un très grand nombre de résultats durables. Il est sage de s'y résigner de bonne heure.

CONCLUSIONS

Les propositions qui suivent nous paraissent résumer fidèlement les lignes qui précèdent :

1° Les sarcomes mélaniques *extérieurs* de l'œil se développent exclusivement sur la conjonctive ;

2° Ces tumeurs se développent surtout aux dépens du limbe conjonctival, par conséquent à l'union de la cornée et de la sclérotique ;

3° Elles s'étalent sur la coque oculaire et s'appuient sur la sclérotique et la cornée, qui très souvent ne prennent aucune part à leur développement. Ces membranes souffrent même très peu de ce voisinage ; seul, l'épithélium de la cornée, d'abord soulevé par le néoplasme, ne tarde pas à disparaître ; quelquefois cependant le parenchyme cornéen est détruit par les éléments cancéreux, mais le fait n'est pas commun.

4° Bien que le développement de ces tumeurs soit remarquable par la lenteur et les allures bénignes du début, leur structure est celle des tumeurs mélaniques les plus graves. Il importe donc de procéder à une opération radicale pour peu qu'elles menacent de s'accroître et de s'étaler à la surface du globe de l'œil.

II.

De l'épithélioma de la conjonctive bulbaire et en particulier du limbe scléro-cornéen.

L'épithélioma de la conjonctive bulbaire n'est étudié que depuis quelques années, et encore les observations complètes et démonstratives sont-elles très rares. Longtemps, en effet, cette affection a été confondue avec les lésions analogues de la conjonctive et désignée avec elles sous le nom d'*excroissance de chair*, *fongus malin*, et au milieu de toutes les descriptions qui ont été données, il est rarement possible de reconnaître les véritables cas d'épithélioma.

Il est néanmoins probable que Maître Jan fait allusion à cette affection lorsqu'il parle « d'excroissances de chair nées à la surface de la cornée opaque et si malignes qu'elles tiennent du cancer[1] ».

Plus tard, Duverney et Saint-Yves firent aussi connaître des observations qui présentaient des caractères cliniques analogues à ceux de l'épithélioma ; mais ces caractères sont aussi ceux du sarcome et il n'y a aucune raison pour admettre quand même qu'il s'agissait de tumeurs épithéliales.

L'histoire scientifique de l'affection que nous allons étudier ne peut rien gagner aux discussions purement spéculatives qu'on pourrait entreprendre au sujet de ces vieilles observations. Il vaut mieux s'appliquer à l'étude des faits actuels, d'autant plus que les ophtalmologistes sont en complet désac-

---

[1] Maitre Jan. *Traité des maladies de l'œil*, 1740, p. 375.

cord sur les formes cliniques, la gravité et même le traitement de l'épithélioma de la conjonctive bulbaire. Une récente discussion de la Société d'Ophtalmologie de Paris a mis en évidence la différence des opinions formulées à ce sujet.

Valude[1], s'appuyant sur quelques faits personnels, pense que cette affection est relativement bénigne, qu'elle n'envahit pas la coque oculaire et tend uniquement à proliférer à sa surface. D'autres cliniciens, invoquant des observations également précises et démonstratives, estiment au contraire que la destruction de la cornée et l'envahissement des milieux de l'œil sont particulièrement redoutables.

Les uns et les autres ont raison et c'est pour ne tenir compte que d'un trop petit nombre de faits que leur manière de voir n'est qu'en partie conforme à la vérité.

On ne peut bien juger une question de ce genre qu'en s'appuyant sur tous les faits cliniques sérieux, méthodiquement étudiés. Les faits isolés, relatés par tel ou tel chirurgien, doivent être réunis, rapprochés, comparés ; leur analyse détaillée est seule capable de conduire à une synthèse rigoureuse et scientifique.

C'est le travail que nous nous sommes imposé dans le présent mémoire. Nous avons donc réuni, autant que la chose nous a été possible, tous les cas d'épithélioma de la conjonctive bulbaire, y compris ceux du limbe scléro-cornéen. Deux ordres de faits nous ont cependant paru devoir être laissés de côté, encore que le caractère épithélial y soit évident et majeur. Ce sont les cas où la lésion de la muqueuse est très superficielle, où il s'agit d'un simple épaississement de l'épithélium normal, et les observations concernant cette tumeur, d'essence bénigne, encore peu connue à cause de sa rareté, que Parinaud a nommé *dermo-épithéliome*.

Nous ne parlerons pas davantage des plaques épithéliales de

---

[1] *Société d'Ophtalmologie de Paris*, séance du 1er décembre 1891.

la membrane cornéo-conjonctivale. Hocquard[1] qui en a donné une bonne description a montré que cette lésion n'avait aucun rapport avec les néoplasmes. Elle se rapproche de l'icthyose et du psoriasis.

Nous n'avons retenu que les lésions épithéliales capables de proliférer soit en s'étalant en couches épaisses à la surface de l'œil, soit en gagnant les parties profondes de l'organe.

Avant d'arriver à la synthèse qui est notre but, il est évidemment nécessaire de faire l'analyse des faits. Le lecteur trouvera ci-dessous tous ceux que nous avons pu recueillir dans les publications mises à notre portée et en outre les observations détaillées de deux faits originaux que nous avons eu la bonne fortune de recueillir dans le service de M. le professeur Badal.

Parmi les faits que nous avons pu consulter, les uns méritent de figurer dans des tableaux spéciaux par l'étendue des renseignements qu'ils contiennent, les détails cliniques et anatomiques ; les autres, presque aussi nombreux, sont tellement sommaires qu'ils ne peuvent guère servir à une description d'ensemble. Nous avons cependant tenu à les rappeler parce que le lecteur, ayant à sa disposition une bibliothèque plus complète que la nôtre, pourra peut-être trouver dans son texte, *in extenso*, telle ou telle observation dont nous n'avons eu qu'un court résumé.

Après les tableaux qui vont suivre, seront donc exposés, dans un raccourci imposé par les circonstances, les faits incomplets ou ceux dont le texte étendu nous a, malgré nous, échappé.

---

[1] Hocquard. Plaques épithéliales de la cornée. *Archives d'Ophtalmologie*, 1881, p 481.

NUMÉROS	AUTEURS ET SOURCES bibliographiques.	AGE, SEXE et profession	ANTÉCÉDENTS	ÉTAT ACTUEL	OPÉRATION et RÉSULTATS IMMÉDIATS	DESCRIPTION ANATOMIQUE	OBSERVATIONS GÉNÉRALES
1	DE GRÆFE (*Arch. f. ophtalm.* Bd VII, Abtheil. II, 1858).	Age moyen, officier	Traité pour ophtalmie phlycténulaire pendant longtemps, puis infiltration bien limitée du tissu sous-conjonctival. Aspect papillaire. Siège au bord externe de la cornée.	Petite tumeur entourée d'une injection artérielle peu prononcée à bord taillé à pic, sans gonflement inflammatoire de la muqueuse.	Ablation. Guérison rapide.	Examen fait par Virchow fait voir foule de cônes épithéliaux serrés les uns contre les autres, dans un tissu cellulaire peu abondant.	Après une année, pas encore (*sic*) de récidive.
2	WARLOMONT (*Ann. d'Ocul.*, 1860 t. XLIV, p. 258 et *in* Mackensie, Traité, t. III (suppl.), p. 96.)	Homme 52 ans cultivat.	Aurait eu une ophtalmie étant militaire en maniant de la poudre à canon ; n'est point atteint d'ophtalmie granuleuse.	Opacité crayeuse sur le limbe scléro-cornéen de l'œil droit, au côté externe recouvrant le quart de la cornée sans lui adhérer. En grattant la cornée, on lui rend tout son poli et sa transparence.	Affection cautérisée à plusieurs reprises sans avantage. Maladie reste stationnaire.	Production exclusivement constituée par de l'épithélium pavimenteux disposé par couches stratifiées.	Le raclage, les attouchements au nitrate d'argent, le tartrate de potasse dans la glycérine n'ont amené aucun résultat.
3	SICHEL (*El Eco de Paris*, 1859, publiée par Valdès).	....	....	Tumeur d'un diamètre vertical de 4^{mm} siégeant sur le bord interne de la cornée, en partie cachée, allant jusqu'au grand angle de l'œil : ni sécrétion, ni hémorrhagies.	Ablation.	Surface de la tumeur excoriée d'un rouge pâle.	Bien que l'ablation fût faite très soigneusement, la récidive fut rapide.
4	GUÉPIN (Th. Boileau, Paris, 1862.)	Femme 56 ans	Nombreux médicaments employés ont été sans effet.	Depuis quelques années, petit point blanchâtre à l'angle externe de la cornée. Tumeur pouvant s'enlever en partie en la grattant avec l'ongle.	Ablation facile et complète.	Examen microscopique démontre qu'elle est formée de cellules d'épithélium très hypertrophiées.	
5	Même source.	H. 60 ans cultivat.	Pas de renseignements sur les antécédents.	Tumeur du volume d'une amande, elliptique, recouvre le tiers externe de la cornée. Avec l'ongle, on peut détacher de sa surface des lamelles assez épaisses.	Ablation, abrasion de la cornée. Récidive sur place, après quelques mois.	Examen microscopique démontre que cette tumeur est formé de cellul es d'épithélium.	
6	Même source.	F. 58 ans	Début remonte à cinq ans. Sur l'œil gauche, du côté du petit angle, petit point blanc occupant le limbe. Pendant trois ans, développement lent, puis développement rapide, après l'instillation d'un collyre irritant.	Tumeur d'aspect verruqueux volume d'une grosse amande à grosse extrémité tournée vers le centre de l'œil. Tumeur adhère au limbe et à la cornée.	Ablation avec abrasion de la cornée. Cautérisation au nitrate d'argent.	Examen microscopique révèle culs-de-sac glandulaires réunis par groupes (?) De plus, grande quantité de cellules épithéliales hypertrophiées, ovoïdes et pourvues d'un ou plusieurs noyaux.	Trois mois après l'opération, il n'y avait pas de récidive.

NUMÉROS	AUTEURS ET SOURCES bibliographiques.	AGE, SEXE et profession.	ANTÉCÉDENTS.	ÉTAT ACTUEL.	OPÉRATION et RÉSULTATS IMMÉDIATS	DESCRIPTION ANATOMIQUE	OBSERVATIONS GÉNÉRALES.
7	Même source.	F. 77 ans march. de légumes	Tumeur existe depuis très longtemps (?).	Du volume d'une petite noix, adhère par toute sa base à la conjonctive scléro-kératique. Tumeur rougeâtre, granulée, assez résistante.	Ablation, plus tard énucléation.	Microscope montre tous les éléments des tumeurs épithéliales.	Récidive au bout de quelques mois après l'énucléation.
8	HERMANN DEMME, (*Schweizer Zeitsch für Heilk.*, 1864).	F. 57 ans	Début remontant à quelques mois.	Siégeant à la partie externe et inférieure de l'hémisphère oculaire antérieur; on croyait à un kyste dermoïde.	Ablation et cautérisation au nitrate d'argent.	Éléments épithéliaux bien nets démontrant qu'il s'agissait d'un cancroïde.	Récidive en moins de 6 mois.
9	EDMUND BOULTH (*Ophtal. Hospital Rep.*, 1864.)	F. 52 ans	....	Fongus envahissant toute la conjonctive bulbaire, ainsi qu'une partie de la conjonctive palpébrale. Engorgement ganglionnaire.	Énucléation après une tentative d'ablation simple.	Détails anatomiques un peu succincts permettant de croire à un épithélioma.	Il y eut une ophtalmie sympathique de l'autre côté.
10	DE WECKER (*Traité complet d'Ophtalmologie.*)	F. 57 ans	Début remontant à quelques mois.	Dans le quart externe de la cornée, tumeur plate d'environ 3mm de hauteur sur le limbe cornéen; la tumeur s'étendait sur la cornée, mais n'y adhérait qu'au niveau du limbe.	Ablation. Guérison opératoire rapide.	Virchow examine la tumeur et reconnaît qu'il s'agit d'un cancroïde.	Récidive du mal moins d'un an après l'opération.
11	Même source.	F. 56 ans coutur.	Début remontant à six mois.	Il existe deux tumeurs, l'une siégeant sur la conjonctive palpébrale, l'autre, plus petite, sur le bord externe de la cornée, empiétant de plusieurs millimètres. Cornée d'ailleurs saine.	Pour extraire la petite tumeur, avec un bistouri on enlève la couche superficielle de la cornée. Guérison rapide.	Examen fait par Cornil démontre tissu épithélial dans les deux tumeurs.	La malade n'a été suivie que pendant un mois.
12	HIRSCHBERG (*Virchow's Archiv.* t. LI, 1870).	H. 50 ans agricult.	....	Tumeur polypeuse d'un noir d'encre, tenant à l'œil par une large base sur la cornée.	Ablation. Plusieurs racines enfoncées dans les lames de la sclérotique sont disséquées	Examen histologique montre qu'il s'agit d'un mélano-carcinome. Ces cellules ont une forme ronde ou irrégulièrement polyédrique, analogues à celles de l'épithélium de la choroïde. Pigment amassé à la périphérie de la cellule.	Hirschberg conclut au diagnostic mélano-carcinome, c'est à dire tumeur d'origine épithéliale.
13	FALKO (*Klinische Monatsblätter für Augenheilkunde*, 1873.)	......	....	Occupant la moitié interne du globe oculaire depuis la caroncule lacrymale jusqu'à la partie interne de la pupille. Couleur viande crue, consistance dure, aspect bosselé, noueux.	Extirpation, grande adhérence à la sclérotique. Guérison.	Caractères anatomiques de l'épithélioma.	On ne dit pas que le malade ait été suivi.

NUMÉROS	AUTEURS ET SOURCES bibliographiques.	AGE, SEXE et profession	ANTÉCÉDENTS	ÉTAT ACTUEL	OPÉRATION et RÉSULTATS IMMÉDIATS	DESCRIPTION ANATOMIQUE	OBSERVATIONS GÉNÉRALES
14	QUAGLINO et MANFREDI (*Annali di Ottalmologia*, 1874.)	....	....	....	....	Tumeur de 2mm de diamètre vertical, 1mm de diamètre horizontal, à cheval sur le limbe cornéen, côté externe; cornée et sclérotique intactes, cônes épithéliaux, etc.	Cette tumeur était une récidive.
15	BOUSQUET (*Soc. anatom. de Paris*, 3 nov. 1876.)	H. 37 ans gendarme.	Six mois avant début du mal, léger traumatisme sur l'œil par une petite branche d'arbre; quinze jours après l'accident, apparaît une petite excroissance charnue.	Une première excision est faite deux mois après le traumatisme, récidive; bientôt, tumeur atteint le volume d'un haricot, implantée largement sur la conjonctive bulbaire, dans l'angle interne. Tumeur empiète un peu sur le bord inférieur et interne de la cornée, sans y adhérer. Ganglions sous-maxillaires malades.	Ablation de toutes les parties malades autour du globe de l'œil, qui n'est pas énucléé; ablation de la tumeur sous-maxillaire. Mort rapide par généralisation.	Examen fait par Laveran démontre que la tumeur conjonctivale est un carcinome encéphaloïde.	Généralisation a eu surtout lieu dans les os. Bien que l'examen anatomique ait été fait par un homme très compétent, le doute n'en est pas moins permis; les détails donnés dans l'observation s'accordent aussi bien avec le diagnostic sarcome encéphaloïde.
16	MANZ (*Arch. f. Ophtalm.*, vol. XVII, t. II, 1878)	F. 65 ans	Tumeur remontant à deux ans a rapidement augmenté.	A donné lieu à de petites hémorrhagies. Quatre bosselures distinctes recouvrent les bords de la cornée, surtout en bas.	Énucléation.	Histologie démontre que la cornée est indemne, elle est couverte de tissu conjonctif venant de la conjonctive. Amas de cellules épithélioïdes de formes variables et le plus souvent très pigmentées. Pigment réparti très irrégulièrement; à peu d'exceptions près, il est dans les cellules.	L'auteur s'intéresse surtout à la pigmentation qui, d'après lui, viendrait des infarctus hémorrhagiques — faux pigment.
17	MEYER (Publié par GAUDRON et de LAVIGERIE, *Ann. d'Oculist.*, 1881, t. I, p. 185, et par MEYER, *Revue générale d'ophtalmologie*, 1884, p. 359.)	H. 76 ans propriétaire	Remonte au moins à trois ans. Pendant très longtemps restée stationnaire; depuis cinq mois, marche envahissante.	Siège dans le limbe conjonctival, au milieu du bord externe de la cornée. Néoplasme devenu très volumineux, recouvre toute la cornée sur le bord externe de la cornée; a atteint 2cm de hauteur; bosselures et aspect papillaire de la surface.	Ablation. Tumeur n'adhère que dans un espace circonscrit à la conjonctive bulbaire, adhérence serrée à la région périkératique, point de départ; couche superficielle de la cornée, au niveau du limbe, seule adhérente; tissu cornéen intact. Deux mois après, récidive. Nouvelle ablation.	Examen pratiqué dans le laboratoire de Ranvier au Collège de France, tumeur présente cônes épithéliaux en grand nombre, serrés les uns contre les autres dans du tissu cellulaire peu abondant	Deux ans après la seconde ablation, pas de récidive; l'acuité visuelle égale 1/4. Six ans après pas de récidive. MEYER, *Revue générale d'ophtalmol.* 1884, p. 359.
18	A. DUJARDIN (*Journ. des Sciences médicales de Lille*, 1881.)	H. 20 mois	Début remontant à quelques semaines.	Sur la conjonctive bulbaire petite tumeur très mobile près de la cornée.	Ablation de la tumeur. Guérison opératoire rapide.	Tumeur formée par cellules épithéliales cornées, analogues à celles de l'épiderme. Globes épidermiques.	

NUMÉROS	AUTEURS ET SOURCES bibliographiques.	AGE, SEXE et profession	ANTÉCÉDENTS	ÉTAT ACTUEL	OPÉRATION et RÉSULTATS IMMÉDIATS	DESCRIPTION ANATOMIQUE	OBSERVATIONS GÉNÉRALES
19	ROBINEAU-COURSSERANT (Thèse Robineau, Paris, 1882.)	H. 55 ans	Début remontant à quelques mois par une tache rouge, formant bientôt une plaque assez élevée.	Tumeur semblable à un quartier d'orange, à bord tranchant et concave dirigé en haut, assez dure, rouge violacée, avec fissures nombreuses.	Ablation, en raclant de près la sclérotique, faite par Coursserant. Guérison opératoire rapide.	Examen histologique démontre qu'il s'agit d'un épithélioma.	Cinq mois après, récidives dans les ganglions parotidiens et la parotide ; le malade succomba peu de temps après les opérations multiples que durent pratiquer Trélat et Bouilly
20	Henry NOYES (*Transactions of the Americ. Ophtalm. Soc.*, 20 juil. 1882.)	H. 71 ans	....	Tumeur occupe la conjonctive bulbaire, au niveau du bord temporal de la cornée ; 7mm 1/2 dans son diamètre transversal, 5mm dans le vertical.	Ablation sans énucléation.	Examen anatomique démontre qu'il s'agissait d'une tumeur épithéliale.	Deux ans après il n'y avait pas de récidive.
21	O. PARISOTTI *Rec. d'Ophtalm.*, p. 272, 1885.)	H. 51 ans journalier	Début remonte à un an par petit bouton à l'extrémité externe du diamètre horizontal de la cornée ; cautérisations multiples.	Ulcération en dedans du bord cornéen, œil gauche ; aspect lardacé, crevasses ; sécrétion d'un liquide sanieux ; cornée teinte opaque, diffuse ; derrière la cornée, masse grisâtre recouvrant la partie interne de l'iris.	Énucléation : œil envahi dans tout son hémisphère antérieur, masse épithéliale dans la chambre antérieure.	Épithélioma de la conjonctive ayant envahi les milieux de l'œil ; la sclérotique est respectée ; cellules épithéliales ont infiltré la cornée, le corps ciliaire, la choroïde.	Le malade paraît ne plus avoir été suivi.
22	GUAITA (*Gaz. degli Ospitali*, 1885.)	....	Début sur la conjonctive bulbaire gauche, près de la caroncule lacrymale.	Petit bouton charnu, gros comme un grain de millet. Cornée à peu près recouverte, vision nulle.	Énucléation.	Tumeur épithéliale développée dans l'épithélium sébacé de la caroncule.	Pour la première fois, on aurait constaté pareille origine.
23	HOLMES (de Chicago). *Archiv. of ophtal. and otology* 1878 vol. VI, p. 291.	H. 40 ans	Deux ans et demi avant l'opération, présentait sur la marge de la cornée une petite saillie qui s'accroît rapidement à la suite de cautérisations répétées.	La tumeur présente une forme arrondie de 1/3" de diamètre, de 1 1/2''' de hauteur. Vision conservée.	Énucléation.	Examen microscopique montre que la tumeur était solidement unie à la cornée et à la conjonctive, une partie cependant est simplement placée sur la sclérotique.	La tumeur formée de cellules épithéliales avait détruit la plus grande partie de la cornée.
24	STEFFAN *Zehender's klinisch. Monatsblätter*, 1864, vol. II, p. 81.	H. 52 ans	En 1862, cornée gauche recouverte par une tumeur partiellement pigmentée, à consistance molle, surface inégale ; la conjonctive présentait des plaques pigmentées.	Accroissement rapide de la tumeur qui présente une hauteur de 3-4'''.	Énucléation.	En enlevant la tumeur on constate une connexion intime à la sclérotique et à la cornée ; cellules épithéliales diffuses sans stroma.	
25	KEYSER Même journal, année 1869.	H. 19 ans	Depuis deux ans tache mélanique sur la marge scléro-cornéenne. Petite tumeur cancéreuse a été enlevée sur le nez.	Tumeur qui s'étend sur la sclérotique et jusqu'au bord de la pupille de 7 mill. en longueur, vision intacte.	Extirpation de la tumeur.	Examen histologique n'est l'objet d'aucun détail, mais l'auteur déclare que la tumeur présentait une structure cancéreuse.	Deux ans après il n'y avait pas de récidive,

NUMÉROS	AUTEURS ET SOURCES bibliographiques.	AGE, SEXE et profession	ANTÉCÉDENTS	ÉTAT ACTUEL	OPÉRATIONS et RÉSULTATS IMMÉDIATS	DESCRIPTION ANATOMIQUE	OBSERVATIONS GÉNÉRALES
26	KNIES Même journal, vol. XVIII, p. 178.	....	Tumeur existant depuis longtemps à la marge interne de la cornée, sans douleurs, de 4 mm. de haut.	Tumeur a la forme d'un triangle isocèle, la base tournée du côté de la cornée.	Extirpation de la tumeur.	Enorme prolifération de cellules épithéliales ; sur les bords de la tumeur le tissu conjonctif était infiltré de cellules rondes.	Les cellules épithéliales étaient deux fois plus grosses que les cellules normales ; les noyaux des cellules étaient mieux colorés par l'hématoxyline que ceux des épithélium normaux. La tumeur s'était développée en avant de la membrane de Bowmann, à certains endroits l'épithélium cornéen, avait été soulevé et servait à recouvrir la tumeur.
27	VAN MUNSTER Thèse inaugurale cité par HEYDER *Arch. of ophtalmology*, n° 4, 1888.	H. 40 ans	Pendant la convalescence d'une fièvre typhoïde apparut sur la marge de la cornée une petite tumeur qui grossit graduellement; à partir d'août 1871, grossissement devient rapide.	En janvier 1872, tumeur ovale, à centre noirâtre, à la périphérie rose, d'une surface lisse ; vision normale.	Extirpation de la tumeur; cinq mois après pas de récidive.	Tumeur à 1 1/4 et 3/4 de centimètres ; épithélium de la cornée et de la conjonctive passe au-dessus de la tumeur, composée en partie de cellules polygonales, avec de larges noyaux, ces cellules sont épithéliales.	
28	HEDDOENS *Arch. für ophtalmology*, vol. VIII, p. 314.	H 54 ans	Tumeur sur l'œil droit, noirâtre, pareille à une mûre, à cheval sur la cornée et la sclérotique ; s'accroît pendant trois ans sans causer de douleur, vision intacte.	Tumeur est attachée dans la région du limbe et du corps ciliaire : sur une surface de 6 mm. de long et 1 à 2 mm. de large.	Extirpation facile ; après la guérison il reste en ce point une coloration noirâtre.	Le microscope montre cellules épithéliales avec ou sans pigment, du pigment libre, de nombreuses et larges cellules rondes avec de gros noyaux.	Deux ans après l'œil était encore normal.
29	REMAK (*Arch. für Augenkeilkunde*, p. 279, 1880.)	....	A la suite d'un traumatisme insignifiant à l'œil gauche, apparition d'une petite grosseur sur le bord externe de la cornée ; abcès à la suite d'un traitement irritant.	Grosse tumeur précornéenne ne laissant libre qu'une étroite bande de la cornée ; surface parsemée d'innombrables petits grains.	Enucléation.	Chambre antérieure remplie par une masse semblable à un exsudat ; la tumeur est composée de travées conjonctives contenant des cônes épithéliaux avec globes épidermiques ; cellules cancéreuses infiltrant la sclérotique et la cornée, allant jusqu'aux canaux de Schlemm et au muscle ciliaire	
30	GALEZOWSKI (*Rec. d'Ophtalm.*, 1888.)	F. 63 ans s. prof.	Début remonte à quinze mois par le bord externe de la cornée ; première ablation fut suivie de récidive.	Cornée gauche entourée d'une masse noirâtre bosselée ; sur un point de la conjonctive palpébrale ; autre petit noyau mélanique ; ganglion préauriculaire manifestement engorgé.	Ablation et cautérisation au galvano-cautère. Récidive : nouvelle extirpation et nouvelle cautérisation.	Examen microscopique fait par Latteux démontre couche épithéliale épaisse à cellules stratifiées ; protoplasma de beaucoup de cellules infiltré de granulations pigmentaires de couleur brunâtre.	La malade n'a pas été suivie après la dernière intervention.

NUMÉROS	AUTEURS ET SOURCES bibliographiques.	AGE, SEXE et profession.	ANTÉCÉDENTS	ÉTAT ACTUEL	OPÉRATION et RÉSULTATS IMMÉDIATS	DESCRIPTION ANATOMIQUE	OBSERVATIONS GÉNÉRALES.
31	VITTORIO BASEVI (*Annali di Ottalm.* 1888, fasc. 5.)	F. 73 ans	Début remonte à cinq mois par petite tumeur de la conjonctive bulbaire siégeant du côté de l'angle interne ; depuis un mois, élancements dans les branches du trijumeau.	Petite proéminence de couleur grisâtre, consistance dure, distante de 3mm de la caroncule lacrymale et de 5mm de la cornée ; hauteur maxima de 1cm ; lâchement adhérente aux tissus sous-jacents ; cornée malade, iritis avec synéchie.	Enucléation de l'œil.	Épithélioma à cellules pavimenteuses contenant un grand noyau ; infiltration des cellules dans les lames sclérales : cornée malade ; les membranes Bowmann et de Descemet sont détruites ; épithélium postérieur seul conservé.	Basevi pense que la propagation s'est faite de la conjonctive à la cornée, le long de l'épithélium et que les membranes fibreuses de l'œil ont offert un obstacle à la pénétration des éléments spécifiques dans l'intérieur du bulbe.
32	Même source.	H. 51 ans prêtre	Malade atteint depuis un an d'une tumeur abdominale ; il y a trois mois, apparition d'une petite tumeur de la conjonctive bulbaire de l'angle interne.	Tumeur placée à 1cm de la caroncule lacrymale ; couleur gris-brun, environ 1/2 cm de hauteur ; bosselures, consistance assez dure.	Ablation de la tumeur et récidive rapide, ensuite énucléation. Guérison ; mais, quelques temps après, mort par carcinome hépatique.	Épithélioma pavimenteux, travées conjonctives de soutien grêles et rares, peu de vaisseaux.	La tumeur dérive évidemment de l'épithélium pavimenteux normal de la conjonctive.
33	VALUDE (*Société d'Ophtalm de Paris*, 1er déc. 1891).	H. 50 ans	Tumeur déjà opérée par Sichel, il y avait dix ans.	Volume d'une grosse noix recouvrant absolument le segment externe du globe.	Dissection de la tumeur en sculptant l'œil de très près ; la cornée avait conservé sa transparence sous la masse morbide.	(?)	Le malade n'a pas été suivi, fait qui enlève à cette observation la plus grande partie de sa valeur.
34	Même source.	H. 37 ans	Tumeur déjà opérée quelques mois auparavant d'une façon incomplète.	Tumeur du volume d'une grosse fraise recouvrant la cornée.	Ablation comme précédemment et même résultat.	(?)	Même réflexion que pour la précédente. Le même auteur rapporte une troisième observation dans laquelle l'examen histologique a démontré qu'un épithélioma malin avec engorgement ganglionnaire multiple s'était complètement développé en dehors de la coque oculaire : la couche superficielle de la cornée était seule incorporée à la tumeur.
35	J.-E. ADAMS (*Société ophtalmol du Royaume-Uni* janvier 1892).	H. 50 ans	....	Tumeur dure, lobulée de la conjonctive, partant de la région inférieure interne et recouvrant la cornée. Autre tumeur apparaît à côté de la première	Énucléation.	Examen histologique démontre épithélioma sans tendance à la pénétration dans les parties profondes.	Tumeur improprement nommée *épithélioma de la cornée*. Bowmann conseille d'enlever les tumeurs de ce genre par le chlorure de zinc
36	L. CASPAR Ueber maligne Geschwulste epithelian nature etc. (*Arch. für Augenheilkunde*, 1892).	H. 48 ans	Depuis trois mois le malade remarque sur le bord interne de la cornée une saillie rougeâtre.	Paupières rouges, secrétion jaunâtre grande photophobie ; tumeur siégeant sur le limbe avait 23 mm. de longueur, 18 de largeur, et 5 mm. de hauteur ; pas d'engorgements ganglionnaire.	Énucléation. Guérison, quelque temps après, pas de récidive locale ni générale.	Épithélioma. La coupe du bulbe montre que la soudure cornéenne est disjointe par un prolongement de la tumeur qui s'enfonce dans l'intérieur de l'œil, le prolongement remplit l'angle de la chambre antérieure et se place entre le corps ciliaire décollé et la sclérotique.	Cette observation montre très nettement que l'effraction de la coque oculaire se fait au niveau de la soudure scléro-cornéenne.

Outre les faits contenus dans les tableaux précédents, il en existe un certain nombre d'autres signalés succinctement par les auteurs et qu'il convient ici de rappeler.

Althof[1] (1861) fait connaître un cas semblable à celui de de Graefe, ne présentant rien de particulier à noter que l'étendue en surface du cancroïde ayant nécessité de bonne heure l'extirpation de l'œil. (Voir l'index bibliographique à la fin du mémoire.)

Knapp rapporte aussi deux cas dont nous trouvons l'analyse dans le travail de Vittorio Basevi. Dans le premier, il s'agit d'un homme de soixante-cinq ans, bien portant, qui présentait à l'œil gauche, dans la conjonctive bulbaire, une tumeur d'une hauteur d'un millimètre, correspondant au limbe de la cornée. Neuf mois après l'extirpation de la tumeur, il n'y avait pas de récidive.

Dans le second fait de Knapp, il s'agit d'une femme de trente-sept ans, chez laquelle apparut une sorte de phlyctène sur la conjonctive bulbaire, dans le voisinage de la cornée. Après son excision, la conjonctive resta saine pendant environ quatre mois, puis la tumeur reparut, douloureuse, dans la position primitive.

Schmidt, en 1872, rapporte également un cas d'épithélioma né dans le limbe de la cornée.

Chapman et Knapp firent connaître un autre fait d'épithélioma de la conjonctive bulbaire, chez un homme de soixante-dix ans ; l'origine était traumatique. La tumeur de l'angle externe de l'œil se portait vers la cornée et en avait envahi la partie périphérique supérieure et externe. On énucléa le bulbe.

De l'examen macroscopique il résulta que la tumeur avait pris naissance dans le tissu épithélial de la conjonctive et s'étendait à la sclérotique et à la cornée.

---

[1] Althof. — *Arch. f. opht*, VIII. (p. 137-140).

W. A. Brailey cite un cas de carcinome conjonctival enlevé trois fois, chaque fois avec récidive ; finalement, on procéda à l'énucléation du bulbe.

Bloydt (de Boston) rapporte aussi un carcinome de la conjonctive bulbaire, qui dut être rapidement extirpé. Le diagnostic fut vérifié par l'examen histologique. Deux semaines après la première opération, le néoplasme reparut et l'on dut intervenir à nouveau. Toutefois, l'œil et la vision furent conservés.

Heyder dans son substantiel article déjà cité fait connaître les faits suivants que nous donnons ici à titre d'indications bibliographiques et en regrettant qu'ils ne soient pas assez complets pour mériter de figurer dans nos tableaux :

1° Thos. Reid [1], mentionne très rapidement un cas qui ne paraît avoir été rapporté nulle part plus explicitement.

2° A. Closson [2], cite le fait d'un pâtre, âgé de 53 ans, portant depuis plusieurs années une petite tumeur qui dans les derniers mois avait rapidement augmenté de volume, elle était grosse comme une noisette et douloureuse, la tumeur était située sur la marge de la sclérotique et de la cornée, il n'y a pas d'autres détails cliniques.

3° Keyser [3], rappelle l'observation d'un malade de 59 ans qui depuis quatre années constatait le développement lent d'une large tumeur cancroïdale sur la marge scléro-cornéenne ; il y avait de vives douleurs, l'excision fut pratiquée ; six mois après il n'y avait pas de récidive.

4° Schiess [4] décrit une tumeur à moitié carcinomateuse à moitié sarcomateuse, contenant des cloisons de tissu conjonctif entre lesquelles on trouvait de larges cellules épithéliales.

---

[1] Thos Reid. On épithelioma of the Eye. *Glasgow medical Journal*, t. II. 2,) p. 147,

[2] A. Cosson. A Case of Cancroid of the cornea and sclera. *Arch. f. path. anat.* Vol. 1, p. 56.

[3] Keyser. Clinical contributions to ophtalmology. *Med. and, surg. Reporter*, et *Richmond and Louisville med. Journal*, janvier 1873.

[4] Schiess. *Pesther med. chirurg. Press.* 1876, p. 278.

5° Julian Chisholm[1] signale un cas de cancer de la cornée ayant nécessité l'énucléation d'un œil dans lequel la vision était encore bonne ; le malade âgé de 49 ans portait sur la marge de l'œil gauche, une tumeur douloureuse composée de trois parties; celle du milieu, la plus large ressemblait à un pois cassé, les autres avaient le volume d'un grain de millet.

Une tumeur semblable avait été enlevée au malade un an avant. Six mois après, récidive, et nouvelle opération.

L'opération dut être pratiquée une troisième fois, elle fut suivie de récidive après quelques semaines. Enfin l'énucléation fut pratiquée. L'examen microscopique démontra que les éléments cancéreux (*sic*) avaient envahi le parenchyme de la cornée.

6° Henry D. Noyes[2], relate une observation qui concerne un homme de 48 ans portant depuis 12 ans un néoplasme primitivement développé, sur le côté externe de l'œil gauche, à la marge de la cornée et s'étant particulièrement accru dans les derniers mois ; la tumeur avait dix mill. de long, cinq et demi de large, quatre d'épaisseur, sa surface était rugueuse, sa consistance molle ; la vision était conservée. La tumeur fut extirpée et le microscope démontra l'existence de cellules épithéliales. Le malade ne paraît pas avoir été suivi.

7° Schneider[3] fournit une contribution à la thérapeutique de l'épithélioma de la région scléro-cornéenne.

L'œil droit d'un ouvrier âgé de 68 ans était, en mai 1875, enflammé à un haut degré. Le malade ressentait jour et nuit des douleurs dans le côté droit de la tête. La plus grande partie de la tumeur était située sur la sclérotique, la plus petite sur la cornée. Les plus grands diamètres étaient de neuf et sept millimètres : la surface était fissurée, la consistance dure.

---

[1] JUL. CHISHOLM. *Lancet*, 13 juillet 1872.
[2] HENRY D. NOYES. *Archives of ophtalmology*. Vol. VIII, p. 145, 1878.
[3] SCHNEIDER. *Arch. of ophtalmology*, Vol. XXII, 3 p. 209.

Elle n'était pas mobile sur les tissus sous-jacents, elle paraissait résulter d'un traumatisme. Une première extirpation du néoplasme fut suivie de récidive, une nouvelle opération parut avoir plus de succès, mais l'auteur ne dit pas combien de temps son malade resta guéri.

8° Schmidt[1] dans une contribution à l'étude des tumeurs de la cornée, rapporte quatre cas; pour les trois derniers il donne seulement le résultat de l'examen des tumeurs. Dans le premier cas, il fait aussi l'étude clinique.

Il s'agissait dans ce fait d'un paysan russe portant une grosse tumeur de l'œil gauche, rugueuse, lobulée, d'une couleur noirâtre, dont la cause était, d'après les renseignements, un coup reçu quelques mois auparavant; le segment antérieur du globe fut enlevé, mais dans la même année la tumeur se reproduisit et l'énucléation fut pratiquée.

L'examen histologique montra que la tumeur avait proliféré dans la sclérotique et la substance propre de la cornée. Elle possédait un tissu fibreux compact, à stroma arborescent, riche en vaisseaux; au milieu des petites cellules du tissu de granulation, il y avait, formant la masse morbide, de larges cellules rondes avec deux ou plusieurs noyaux. Au centre de celles-ci il y avait des cellules épithéliales, pigmentées, les unes rangées en boyaux, les autres éparses, diffuses, c'était du carcinome mélanique. Les trois autres examens anatomiques étaient fort semblables à celui-là et, comme lui, n'apprenaient rien de nouveau.

Enfin Pasquale Sgrosso[2] dans un travail récent, écrit exclusivement au point de vue anatomique, donne accessoirement des renseignements cliniques que nous devons mettre à contribution.

---

[1] Schmidt, *Græfe's Arch.* vol. VIII 2 p. 120.

[2] Pasquale Sgrosso. Contribuzione allo morfologia ed alla struttura dei tumori epibulbari con speciale riguardo alle inclusioni parassitarie intra ed intercellulari (psorospermi). *Annali di ottalmologia.* 1892.

Il cite notamment un cas d'épithélioma du limbe, propagé dans les lames superficielles de la cornée, ayant récidivé à la suite d'une simple ablation par les caustiques et qui guérit complètement par l'excision de la tumeur et du tissu sous-jacent à l'aide du couteau de de Graefe. De Vincentiis put réparer la perte de substance de la cornée avec un lambeau de la conjonctive. Il n'y avait pas de récidive trois ans après.

Dans une autre observation le même auteur fait connaître l'histoire d'un épithélioma siégeant sur le limbe conjonctival interne et sur la cornée, formant une tumeur large de six millimètres, haute de trois millimètres, à surface irrégulière. Cette tumeur guérit par la simple ablation avec le couteau de de Graefe; la cornée placée sous la tumeur devint, après la guérison, limpide et assez solide pour supporter la tension intra-oculaire. Cette guérison parfaite fut constatée huit mois après.

Pasquale Sgrosso cite encore un cas d'épithélioma papillaire adhérent au limbe scléro-cornéen par un pédicule assez étroit. Cette tumeur fut excisée et la perte de substance fut réparée à l'aide d'un lambeau conjonctival. Il n'y eut pas de récidive ; mais le malade ne paraît pas avoir été suivi.

Dans un quatrième fait, l'affection épithéliale, excitée dans sa marche par des cautérisations insuffisantes au nitrate d'argent, perfora la cornée et l'énucléation fut nécessaire. Elle fut d'ailleurs suivie d'un bon résultat.

Un cinquième cas, dans lequel la tumeur avait envahi le globe oculaire et occasionné un engorgement des ganglions lymphatiques nécessita l'exentération de l'orbite.

Dans un sixième fait, Sgrosso signale l'existence d'une tumeur épithéliale, développée sur le limbe, ayant récidivé après une première extirpation et dont la guérison fut complète après une seconde intervention portant sur la tumeur seule. Le malade, vu quelque temps après, complètement guéri, portait sur l'œil sain un pinguecula dont le siège était exactement celui qu'occupait la cicatrice sur l'autre œil.

Les autres observations des tumeurs épithéliales épibulbaires rapportées par cet auteur sont plus particulièrement intéressantes au point de vue anatomique; nous renvoyons le lecteur que ce côté de la question intéresse à l'important travail de Pasquale Sgrosso. Retenons seulement qu'au point de vue clinique et thérapeutique, cet auteur et son maître le professeur de Vincentiis en sont pour l'ablation du seul néoplasme toutes les fois que la vision est conservée, quels que soient le volume et l'adhérence de la tumeur à la région scléro-cornéenne. Souvent même de Vincentiis répare immédiatement la perte de substance à l'aide d'un lambeau conjonctival.

Rappelons pour terminer que Alt signale 13 cas personnels [1]. Parmi ces 13 cas, il en est un particulièrement intéressant à cause de l'invasion de la sclérotique.

Voici enfin nos deux faits inédits :

Obs I. — *Épithélioma pavimenteux de la conjonctive bulbaire — Ablation de la tumeur — Guérison.*

Un homme de 27 ans, domestique, quelques mois après un léger traumatisme par une branche d'arbre, voit se développer dans l'angle interne de son œil droit une petite tumeur assez dure, indolente et qui grossit rapidement. Lorsqu'il se présente, six mois après, elle a déjà acquis le volume d'un petit haricot dont elle affecte d'ailleurs la forme, située entre la caroncule et le limbe qu'elle embrasse par sa concavité en le coiffant légèrement. Cette tumeur est irrégulièrement globuleuse à sa surface, sillonnée par des vaisseaux tortueux, mais ni bourgeonnante ni fongueuse. Sa consistance est assez dure. Elle adhère à l'épisclère par une sorte de pédicule élargi. Il n'existe aucune douleur, aucun trouble visuel, simplement de la conjonctivite angulaire. Rien à signaler du côté du système ganglionnaire ni dans l'état général.

La tumeur est excisée aux ciseaux, avec raclage de la sclérotique pour être sûr d'enlever le mal dans sa totalité.

Examen anatomique. — La tumeur présente le volume d'une grosse lentille aplatie, avec une surface lisse et une base rugueuse correspondant à la section faite avec l'instrument tranchant. Sa consistance est assez dure, sa couleur blanchâtre, après que les vaisseaux ont perdu leur contenu.

---

[1] Alt. *Compendium der normalen und pathologischen Histologie des Auges.*

A la loupe, on distingue sur la surface beaucoup de petites cryptes; mais il n'y a ni sillon ni saillie appréciable au toucher.

La tumeur, durcie exclusivement par l'alcool, est coupée perpendiculairement à la surface, de façon à pouvoir poursuivre les progrès de la lésion dans les parties profondes.

Elle est à peu près complètement composée d'épithélium pavimenteux. Cet épithélium a conservé presque sa forme typique; il se présente en masse compacte où les cellules affectent des formes différentes qu'on peut grouper sous trois chefs principaux :

1° Elles sont régulièrement juxtaposées les unes auprès des autres, selon le type pavimenteux; ces cellules sont larges, avec un petit noyau et un protoplasma presque incolore;

2° Elles forment des globes épidermiques; ces derniers sont très nombreux et affectent toutes les dispositions classiques connues, avec toutes les gradations qui séparent l'épithélium jeune de l'épithélium corné;

3° Enfin, en quelques endroits, on trouve des nids de cellules épithéliales plus jeunes, avec un gros noyau; ces cellules sont pressées les unes contre les autres, comme à l'étroit; elles représentent évidemment l'élément le plus vivace et aussi le plus dangereux de la tumeur.

Ces éléments épithéliaux pathologiques occupent la presque totalité de la tumeur qui nous a été remise; la base d'implantation en renferme un nombre beaucoup moins grand. La section aux ciseaux aurait certainement laissé des cellules épithéliales sur la sclérotique, si un râclage énergique n'avait, après l'excision, débarrassé définitivement cette membrane.

Il y a peu de vaisseaux dans la masse morbide; mais, dans quelques points, particulièrement à la surface, on rencontre de nombreuses lacunes remplies de globules rouges. Ce ne sont pas des hémorrhagies interstitielles, car les globules y sont bien conservés. Ces lacunes résultent de la dilatation des vaisseaux normaux de la conjonctive; elles correspondent aux vaisseaux tortueux signalés dans l'observation clinique.

Il s'agit, en somme, dans ce fait, d'un épithélioma pavimenteux avec de nombreux globes épidermiques, aux allures bénignes; ayant envahi, dans une étroite zone, toute l'épaisseur de la conjonctive bulbaire.

Le deuxième fait concerne une tumeur de même nature, mais beaucoup plus envahissante et méritant, au sens grave du mot, le nom de *tumeur maligne*.

Obs. II. — *Epithélioma pavimenteux de la sclérotique, de la cornée et des parties profondes.*

Mme C..., soixante-huit ans, sans profession, se présente à l'hôpital

Saint-André pour une affection de l'œil gauche qui s'est développée dans les conditions suivantes.

Il y a quinze mois, sans cause connue, l'œil est devenu rouge, douloureux et peu à peu une tumeur s'est développée qui, depuis, n'a cessé de grossir. La malade ne peut dire exactement si l'affection a commencé à la partie interne ou externe de la cornée. Depuis trois mois, la vision est complètement abolie.

Le jour où, pour la première fois, nous examinons la malade, nous constatons une ulcération occupant la presque totalité de l'hémisphère antérieur de l'œil.

Cette ulcération, dont le fond est déchiqueté, sanieux, noirâtre, présente à la partie externe de sa circonférence un bourrelet saillant, en forme de croissant d'un demi-centimètre d'épaisseur à sa partie médiane, un peu plus mince dans les parties supérieures et inférieures. Ce bourrelet représente évidemment ce qui reste de la tumeur dévorée depuis quelques mois par l'ulcération.

La coque oculaire est conservée, mais l'hémisphère antérieur de l'œil paraît complètement envahi par le néoplasme.

Non seulement la cornée est en apparence infiltrée, mais la chambre antérieure est remplie. On ne peut se rendre compte de la situation de l'iris. Il n'y a cependant pas, à proprement parler, de perforation de la cornée, car l'œil a conservé sa tonicité normale; il paraît même un peu augmenté de volume.

La conjonctive palpébrale et les paupières sont saines. Un ganglion préauriculaire et plusieurs ganglions sous-maxillaires sont manifestement engorgés. La malade, d'apparence un peu cachectique, porte une petite croûte épithéliomateuse sur le menton.

L'œil est énucléé en ayant le soin d'inciser la conjonctive aussi loin que possible de l'ulcération, de façon à enlever tout le mal.

Examen anatomique. — L'œil incisé dans sa région équatoriale, perpendiculairement à son axe, nous montre, chose prévue, qu'il n'était pas envahi dans son hémisphère postérieur; le cristallin est intact; les désordres portent sur la conjonctive bulbaire, la cornée, la sclérotique et l'iris, dans les conditions suivantes que l'examen histologique nous a fait connaître.

Examen histologique. — La néoplasie intéresse : 1° la sclérotique ; 2° la cornée; 3° les parties profondes jusqu'à l'iris inclusivement.

1° La sclérotique présente à sa surface une couche assez épaisse de tissu morbide essentiellement composé de boyaux formés d'épithélium pavimenteux, touffus, tassés les uns contre les autres avec des vaisseaux assez nombreux, presque tous transversalement sectionnés par les coupes à direction antéro-postérieure. Il n'y a ni pigment mélanique, ni hémorrhagies intracellulaires; la couleur noire de l'ulcération était due à des hémorrhagies superficielles que le lavage de la pièce et son séjour dans les liquides conservateurs ont fait disparaître.

Les cellules épithéliales sont empilées les unes sur les autres, sans ordre, dans les couches superficielles du néoplasme correspondantes à l'ulcération; dans les parties plus profondes, en se rapprochant de la membrane fibreuse de l'œil, on rencontre dans quelques points un peu de tissu conjonctif; en quelques endroits même les boyaux cellulaires sont clairsemés.

La sclérotique s'est-elle laissée envahir par le néoplasme? Oui, le néoplasme l'a entamée et c'est là bien certainement une preuve péremptoire de l'extrême malignité de la tumeur, car la sclérotique est pour l'œil une défense très efficace. Quelques travées épithéliales, peu nombreuses d'ailleurs, s'insinuent dans ses lames externes.

2° A la surface de la cornée ou de ce qui fut la cornée, l'ulcération a en quelque sorte détruit tout le néoplasme; on ne trouve plus qu'un mélange de tissu cornéen et de cellules épithéliales dans toute la moitié antérieure de cette membrane; les lames se sont exfoliées et leurs extrémités effilées sont éparpillées dans la masse épithéliale.

Mais les lames postérieures, celles qui doublent immédiatement la membrane de Descemet, ont résisté partout à la néoplasie; les cellules épithéliales n'ont pas pénétré dans la chambre antérieure à travers la cornée, mais au niveau de la soudure scléro-cornéenne.

Les éléments se sont infiltrés dans la cornée, non pas à travers la membrane de Bowmann, la lame élastique antérieure, mais en cheminant des parties périphériques vers les parties centrales, c'est-à-dire en partant du limbe. Elles se sont aussi introduites dans les interstices et ont détruit les lames cornéennes en les soulevant de dedans en dehors. Il en résulte qu'en certains points où la cornée est aux trois quarts détruite, on voit la membrane de Bowmann soulevée et portant encore intact son épithélium pavimenteux stratifié physiologique.

L'épithélium cornéen n'a probablement joué aucun rôle dans le processus; la cornée a été envahie secondairement au niveau du limbe par un épithélioma purement conjonctival.

3° A travers le limbe scléro-cornéen, qui représente le défaut de la cuirasse de l'œil, l'épithélioma a pénétré dans la chambre antérieure et gagné l'iris. La face antérieure de cette membrane est envahie par les éléments épithéliaux, mais cette face seulement; il a été possible, sur la pièce, de détacher l'iris de la tumeur, qui n'intéressait encore que sa surface.

Il n'y a nulle part d'éléments mélaniques et très peu d'hémorrhagies interstitielles. Les vaisseaux sont d'ailleurs relativement rares.

Au moment où l'énucléation a été pratiquée, le mal était trop avancé pour permettre de découvrir exactement le point de départ et de se rendre compte des divers stades de l'évolution; mais il est au moins très vraisemblable que les diverses étapes du processus ont été les suivantes : épithélioma de la conjonctive du limbe, infiltration de l'épithélium au niveau de la soudure scléro-cornéenne, prolifération dans les lames de la cornée, soulevée et exfoliée; envahissement de la chambre antérieure.

Ces deux observations sont remarquables à des titres divers. La première est intéressante par son étiologie traumatique, par la présence et le nombre des globes épidermiques, par ses allures bénignes ; la seconde a trait à une tumeur maligne au premier chef et mérite d'être retenue par la façon dont elle a envahi la cornée et la chambre antérieure.

Avec les matériaux nombreux qui précèdent, essayons d'écrire aujourd'hui la monographie de l'affection qui nous occupe.

Étiologie. — Les renseignements anamnestiques sont souvent très incomplets ; remarquons cependant que l'âge tient une place prédominante dans l'étiologie ; presque tous les sujets ont plus de cinquante ans ; un seul cas a été observé sur un enfant par Dujardin ; une de nos observations concerne un homme de vingt-huit ans ; un fait de Valude a trait à un homme de trente-cinq à quarante ans ; tous les autres malades sont plus âgés.

La profession prédispose probablement à la production du mal; mais, sur ce point, rien de précis. La plupart des faits ont trait à des malades observés dans un service hospitalier; il s'agit de cultivateurs, de marchands, etc., etc.

Le traumatisme a joué un rôle évident dans quelques cas, dans notre première observation, par exemple; dans beaucoup d'autres, son rôle est effacé, mais certain; ce sont des poussières, agents d'irritation légers mais permanents, qui doivent être souvent incriminés; il n'est pas douteux non plus que des cautérisations inutiles ou intempestives, faites sur des phlyctènes conjonctivales chroniques ou récidivantes, ne rentrent pour une bonne part dans l'étiologie de certains faits.

Enfin la diathèse spéciale, qui pousse à la prolifération épithéliale, doit être évidemment considérée comme la cause principale et nécessaire de l'affection,

Anatomie pathologique. — L'épithélioma de la conjonctive bulbaire est toujours pavimenteux, mais il peut prendre toutes les formes de cette affection, depuis la forme cornée bénigne jusqu'à la forme envahissante en profondeur et en surface, qui est très maligne. A ce sujet, il convient de remarquer qu'il n'est pas possible de diviser l'épithélioma conjonctival en bénin et malin ; il ne peut pas, il ne saurait y avoir de ligne de démarcation tranchée entre ces deux ordres de faits. A propos d'une cause accidentelle sans importance et banale, la production la plus bénigne peut dégénérer et changer très rapidement de forme clinique. N'est-ce pas là d'ailleurs l'histoire même de l'épithélioma ?

En réalité, tous les épithéliomas de la conjonctive bulbaire sont ou peuvent devenir malins et malins à tous les degrés.

C'est parce que Valude a étudié un très petit nombre de faits qu'il croit pouvoir dire que les épithéliomas du limbe scléro-cornéen n'offrent pas une tendance térébrante, pas plus au niveau de la cornée qu'au niveau de la sclérotique, et que la cornée n'est jamais envahie qu'en surface.

Certainement, la coque de l'œil est merveilleusement disposée pour protéger l'organe ; nous avons nous-même récemment rapporté [1] un cas de carcinome très malin, ayant complètement entouré le bulbe oculaire sans pénétrer dans son intérieur ; mais cette cuirasse n'est cependant pas sans défaut et les épithéliomas, dans certaines conditions, peuvent la perforer. Le point de pénétration est précisément le limbe scléro-cornéen.

L'épithélioma de la conjonctive du limbe repose à la fois sur le tissu sclérotical et sur le tissu cornéen dans sa portion la plus périphérique. Sous l'épithélium de la cornée, il trouve la membrane de Bowmann, qui l'arrête souvent par la résistance propre de son tissu ; mais souvent aussi les cellules épithéliales se sont infiltrées dans les lames externes de

[1] Lagrange. *Recueil d'Ophtalmologie*, décembre 1891.

la région scléro-cornéenne pour de là gagner aisément les espace slymphatiques de la cornée. Les lamelles cornéennes ne prennent aucune part au processus, mais elles sont écartées, soulevées et à la longue détruites par les cellules morbides toujours de plus en plus nombreuses. La seule barrière qui s'oppose à l'envahissement définitif de la chambre antérieure est la membrane de Descemet. Dans un fait de Vittorio Basevi, cette lame élastique a pu suffire à arrêter le processus, mais il n'est que trop facile aux cellules de tourner l'obstacle en s'engageant dans les espaces de Schlemm et de Fontana.

Ces espaces sont en relation très étroite avec les milieux de l'œil et les cellules qu'ils contiennent peuvent aisément passer dans la chambre antérieure et attaquer l'iris; c'est ce qui a eu lieu dans le cas de Parisotti, dans notre observation II et dans l'une de celles de Basevi où, bien que la coque oculaire parût intacte, il y avait de l'iritis, des synéchies, une pénétration évidente du néoplasme dans l'intérieur de l'œil.

Cette forme térébrante de l'épithélioma du limbe scléro-cornéen paraît assez rare, puisque, sur 28 cas, nous ne la trouvons mentionnée que 4 ou 5 fois d'une façon très explicite; mais cette rareté est, croyons-nous, plus apparente que réelle, elle tient surtout à ce que le mal a été rapidement attaqué et supprimé par une ablation complète avant qu'il ait pu occasionner de profonds dégâts.

Les cas graves avec pénétration de l'épithélioma ont trait à des malades qui sont venus tard demander les secours de la chirurgie, les autres sont venus tôt ; là est la cause principale de la différence des lésions.

Toutes les fois donc que l'épithélioma du limbe scléro-cornéen n'est pas manifestement corné, sous forme de plaques écailleuses, toutes les fois qu'il présente un grand nombre de cellules épithéliales jeunes, capables de proliférer, il menace de gagner l'intérieur de l'œil par la région du limbe. La chirurgie devra être active, rapide, énergique et large pour être prudente.

Il est même certain que l'ablation simple (sans énucléation) de ces tumeurs ne donne pas toujours la guérison dont se flattent beaucoup d'observateurs, car bien souvent les malades n'ont pas été suffisamment suivis ; ceux de Valude, de Galezowski, les nôtres sont dans ce cas. Nous ne pouvons donc souscrire à la conclusion récente de Galezowski [1], qui dit que les affections épithéliomateuses, lorsqu'elles débutent dans le tissu cellulaire ou épithélial de la conjonctive ou de la cornée, y restent localisées pendant toute la durée de leur évolution sans atteindre les autres parties du globe oculaire.

Nous n'insisterons pas davantage sur les lésions propres à l'épithélioma conjonctival malin ; en se reportant à la description de notre observation II, véritable type du genre, le lecteur trouvera tous les détails utiles.

En terminant, il importe de remarquer que les épithéliomas dont nous parlons ici sont, beaucoup moins souvent que les sarcomes de la même région, le siège d'éléments mélaniques; dans aucun des faits de Guépin rapportés par Boiteau, ni dans ceux de de Wecker, ni dans les deux cas de Basevi, ni dans les nôtres, la mélanose n'existait. Le pigment mélanique, dont la gravité est d'ailleurs bien connue, manque donc très souvent.

Symptomatologie. — Au début, l'affection se présente quelquefois sous la forme d'une conjonctivite phlycténulaire avec de l'épisclérite chronique (Hermann Demme). A ce moment, il n'est pas rare que la lésion méconnue ne soit à plusieurs reprises cautérisée au fer rouge ou au nitrate d'argent. Avec ou sans cautérisation intempestive, la petite production morbide augmente peu à peu et prend ses caractères définitifs.

Le siège de l'épithélioma de la conjonctive bulbaire est variable. Panas estime qu'il est de beaucoup plus fréquent à la partie externe et que c'est là une analogie frappante entre

---

[1] Galezowski. *Société d'Ophtalmologie de Paris*, décembre 1891.

cette tumeur et les dermoïdes congénitaux. Cela est vrai pour l'épithélioma du limbe ; mais lorsque le mal siège à quelque distance de la cornée, il est souvent placé en dedans de cette membrane, entre le limbe et la caroncule.

Dans les premiers temps, c'est sous la forme verruqueuse que la tumeur se présente ; son volume est à peu près celui d'un petit pois, mais dans la suite il peut s'accroître beaucoup, au point que la tumeur écarte les paupières et apparaît dans leur intervalle comme une masse rouge, noircie par des hémorrhagies ou par la mélanose.

Dans certains cas, la tumeur prend et garde longtemps la forme et la coloration des kystes dermoïdes et il y a lieu de bien se rendre compte des antécédents pour ne pas faire une erreur de diagnostic (Panas, Hermann Demme).

Lorsque l'épithélioma prend un grand développement, sa surface est toujours beaucoup plus large que sa base. Elle est quelquefois comme pédiculée et très souvent la cornée, qui en est recouverte, n'a avec elle que des relations de contact. Elle s'étale à la surface de la membrane transparente en détruisant seulement son épithélium (Guaita, Valude). Cependant, dans les cas graves, ainsi qu'on l'a vu dans le paragraphe précédent, la cornée, dont les lamelles sont infiltrées par les cellules épithéliales, est détruite par le néoplasme conjonctival dont les racines ont dès lors pénétré dans l'épaisseur de l'hémisphère antérieur de l'œil.

En présence d'un cas de ce genre, surtout lorsque les ganglions préauriculaires et sous-maxillaires ne sont pas engorgés, il faut, avant d'en arriver à l'intervention, bien reconnaître la base du mal et chercher avec un stylet à limiter le point d'implantation.

La surface de la tumeur est d'habitude mamelonnée, rougeâtre, sanglante ; quelquefois cependant on y trouve comme une substance crayeuse, qui recouvre quelquefois la cornée sans lui adhérer ; par le grattage cette membrane peut reprendre sa transparence (Warlomont). Guépin, chez un de ses malades, put ainsi enlever, sans dégât, des plaques écailleuses assez épaisses.

La tumeur est habituellement unique, mais quelquefois des bosselures distinctes peuvent être placées autour d'elle (Manz).

Les hémorrhagies vraiment dignes de ce nom sont rares à la surface des tumeurs épithéliales ; aucun auteur ne signale ce symptôme comme ayant donné lieu à quelque accident fâcheux. Les mouvements des paupières, les attouchements divers, toutes les causes d'irritation extérieure entraînent, à la surface, de petits épanchements sanguins dont la couleur noire tranche sur le fond rouge, framboisé, quelquefois papilliforme de la tumeur ; mais cet écoulement sanguin est rarement abondant. Une sécrétion séro-purulente résulte aussi souvent des irritations précédentes.

On sait que les affections épithéliales retentissent facilement sur les ganglions voisins.

Galezowski, Bousquet ont constaté cet engorgement ganglionnaire, noté également dans l'une de nos observations. Pasquale Sgrosso le signale aussi plusieurs fois. Nous croyons volontiers que les recherches n'ont pas toujours été suffisamment faites du côté des ganglions préauriculaires et sous-maxillaires; mais il n'en est pas moins certain que l'engorgement ganglionnaire est rare. Ce fait jette un grand jour sur l'absence de récidive après le sacrifice complet de l'organe.

Diagnostic. — Au début, l'épithélioma de la conjonctive bulbaire est souvent confondu avec la conjonctivite phlycténulaire. Il suffira cependant de pratiquer un examen attentif de l'œil pour reconnaître la présence d'une tumeur sous l'ulcération et ne pas rester longtemps dans un doute ou une erreur très préjudiciable au malade. La conjonctivite phlycténulaire est accompagnée d'un cortège inflammatoire plus accusé; les phlyctènes sont en général multiples et quand elles se reproduisent, ce n'est pas à la même place. L'épithélioma ulcéré ne s'amende pas spontanément ; à mesure que l'ulcération s'élargit la tumeur fait saillie davantage ; les bords surmontent l'ulcération dont l'aspect fendillé, sanieux et l'indolence sont les caractères ordinaires.

Quand on constate sur la conjonctive une tumeur non ulcérée, on peut avoir affaire à un épithélioma, à un pinguecula, à un papillome, à la tumeur décrite par Parinaud sous le nom de *dermo-épithéliome*.

Le pinguecula est facilement reconnaissable à son pannicule graisseux, le papillome à son aspect papillaire et verruqueux. Cette tumeur est, d'ailleurs en réalité, formée en grande partie par du tissu épithélial ; mais le tissu conjonctif domine et il est rare, encore que le fait soit possible, de le voir dégénérer en véritable épithélioma.

Le dermo-épithéliome de Parinaud est peut-être une tumeur dermoïde, peut-être un épithéliome bénin (Kalt). Dans tous les cas, ses caractères sont les suivants : la couleur rouge jaunâtre, l'aspect demi-translucide, quelquefois lobulé, le siège près du bord externe de la cornée, la tendance à se développer en nappe et à envahir la cornée sur une assez grande étendue de son bord, l'absence d'ulcérations profondes, la mobilité sur la sclérotique et enfin le jeune âge du sujet.

Ce dernier caractère est le meilleur ; l'épithélioma appartient aux adultes ou aux personnes âgées ; il a été très rarement constaté chez des enfants.

D'ailleurs, il nous paraît à la fois inutile et impossible de tracer un diagnostic précis entre l'épithélioma bénin et l'épithélioma malin. C'est presque un abus de langage que d'accoler l'épithète *bénin* après le mot épithélioma. La transformation d'une pareille lésion est à la merci du moindre incident. L'une et l'autre variété d'épithélioma appartiennent à la même famille et si nous rencontrons jamais chez un de nos malades le dermo-épithéliome de Parinaud, nous l'opérerons *hic et nunc* en dépassant les limites du mal, comme s'il s'agissait d'une tumeur maligne. Les tumeurs dermoïdes ont pour particularité essentielle de coïncider avec d'autres vices de développement de la région ; lagophtalmos, colobome, kyste du sourcil, déformation de la région ; elles siègent à la partie externe de la cornée. A leur surface, on voit à la loupe des cryptes d'où s'échappent des poils ; enfin, elles remontent à la naissance et sont toujours observées dans le jeune âge.

Mais ce n'est pas tout, souvent le diagnostic épithélioma est évident : une tumeur sanieuse, fissurée, grosse comme une noix, recouvre la totalité de l'hémisphère antérieur de l'œil ; la vision est abolie, l'œil paraît lui-même avoir disparu ; il faut alors s'enquérir des limites exactes de l'implantation ; souvent, on constatera que le point de départ de la tumeur est relativement peu étendu, que le néoplasme empiète légèrement sur la cornée et qu'il est presque pédiculé malgré son développement rapide et son incontestable gravité.

Si la cornée est encore transparente, on peut apprécier l'état de la chambre antérieure et de l'iris et les constatations qu'on y fera devront tenir une grande place dans le choix du traitement.

Pronostic. — L'épithélioma de la conjonctive bulbaire est une affection grave, très grave même ; les récidives abondent dans les statistiques et elles seraient encore plus nombreuses si les malades étaient plus souvent suivis.

Quel fond peut-on faire sur la guérison définitive, lorsque l'opérateur publie son observation quelques jours après la guérison de la plaie ? Il faut bien avoir le courage de le reconnaître, la grande majorité des cas connus sont passibles de ce reproche majeur.

L'épithélioma en apparence le plus bénin, avec globes épidermiques, tendance marquée de presque toutes les cellules à la dégénérescence cornée, s'infiltre dans les lames les plus profondes de la conjonctive. Dans notre première observation personnelle, l'excision aux ciseaux, en apparence très complète, avait été faite en plein tissu morbide et si le malade a guéri définitivement, c'est que le raclage de la sclérotique qui a terminé l'opération a supprimé les cellules épithéliales laissées sur cette membrane. Encore ne savons-nous pas si réellement la guérison s'est maintenue, car le malade n'a été suivi que quelques semaines. Toutefois, il est probable qu'en cas de récidive il se serait de nouveau présenté à l'hôpital.

Elle est donc téméraire l'opinion de ceux qui croient l'épithélioma incapable de gagner les parties profondes et nous pensons que les partisans de ce pronostic optimiste s'exposent à des déboires et à des regrets.

Que le lecteur considère les cas assez nombreux de récidive signalés dans nos tableaux et ceux qui sont consignés plus sommairement dans les pages suivantes : il remarquera le fait de Chisholm dans lequel le chirurgien après avoir enlevé la tumeur trois fois, dut enfin enlever l'œil ; il notera aussi que dans les cas de Noyes et Schneider, favorables à l'extirpation simple, le malade n'a pas été suivi du tout.

Au point de vue du pronostic il faut tenir grand compte de l'adhérence du néoplasme aux parties profondes ; si en prenant la tumeur avec les doigts on peut assez facilement la mobiliser, surtout si elle n'adhère pas à la région du limbe, le pronostic est assez favorable et l'ablation du seul néoplasme peut suffire ; les tumeurs largement adhérentes, celles qui tiennent surtout à la marge de la cornée sont au contraire beaucoup plus graves. L'analyse détaillée des nombreux faits qui font la substance de ce travail nous laisse cette sensation fort nette que bien peu de tumeurs placées dans ces dernières conditions sont radicalement enlevées par l'ablation simple, sans amputation de l'hémisphère antérieur ou sans énucléation. Il est en pareille matière plus facile de sentir que de prouver, car pour mille raisons les faits raccourcis, incomplets, non suivis, se prêtent mal à la démonstration.

Traitement. — En présence d'un épithélioma de la conjonctive, il faut donc sans hésiter songer à sa destruction immédiate et totale. Aussi petite que soit la lésion, il faudra toujours l'exciser en dépassant très largement les limites du mal. Cette excision sera faite au bistouri ou aux ciseaux et toujours suivie d'une cautérisation des parties cruentées, cautérisation allant jusqu'aux lames externes de la sclérotique inclusivement et, s'il y a lieu, jusqu'au-dessous de la membrane de Bowmann, au risque de laisser dans la cornée une opacification partielle définitive.

Nous repoussons absolument la pratique récemment encore recommandée par Pasquale Sgrosso [1] qui consiste à réparer la perte de substance de la conjonctive excisée. Il vaut mieux cautériser le point d'implantation et surveiller la réparation lente de la plaie opératoire.

Si la cornée est déformée, bosselée, c'est qu'elle est infiltrée par les cellules épithéliales ; dans ce cas, nous ne voyons d'autre traitement raisonnable que l'amputation de l'hémisphère antérieur au moins, et pour peu qu'avec cette opération la sécurité ne paraisse pas complète, l'énucléation, car le traitement ne saurait être trop radical.

A plus forte raison, et ceci d'ailleurs n'est discuté par personne, l'énucléation s'impose lorsque la chambre antérieure est remplie par le néoplasme, lorsque l'iris est malade.

Si les ganglions préauriculaire et sous-maxillaires sont engorgés, leur ablation est aussi nécessaire que l'ablation de l'œil. Nécessaire aussi sera l'exentération de l'orbite, lorsqu'on craindra la diffusion des éléments épithéliaux dans les tissus péri-oculaires.

CONCLUSIONS

1° L'épithélioma de la conjonctive bulbaire et en particulier du limbe scléro-cornéen est une tumeur très maligne ayant une grande tendance à proliférer dans tous les sens, aussi bien dans les parties profondes qu'à la surface de l'œil.

---

[1] Pasquale Sgrosso. *Annali di Ottalm.*, 1892, fasc. 1.

2° Du côté des parties profondes, elle peut être arrêtée par la sclérotique et la cornée; ces deux membranes, en effet, protègent l'œil avec une efficacité incontestable, mais leur soudure constitue le point faible de cette paroi défensive, comme le défaut de la cuirasse de l'œil.

3° Par le limbe scléro-cornéen, les cellules épithéliales s'infiltrent, s'introduisent dans les lamelles de la cornée, dans les espaces de Schlemm, dans la chambre antérieure, etc., etc.

4° Les épithéliomas en apparence les plus bénins, à surface cornée écailleuse, présentent dans leurs parties profondes des cellules capables de proliférer.

Ces cellules, quand elles existent et *elles existent peut-être toujours*, sont la cause d'un danger permanent, tant que la tumeur n'est pas enlevée, et occasionnent les récidives quand, après l'extirpation, une cautérisation énergique, profonde, au fer rouge, n'est pas venue les détruire.

5° Pour peu que la cornée soit infiltrée d'éléments épithéliaux, il est nécessaire d'en pratiquer l'ablation.

L'énucléation du globe oculaire sera souvent seule capable de dépasser suffisamment les limites du mal.

BIBLIOGRAPHIE

Maitre Jan. *Traité des maladies de l'œil*, p. 413, édit. 1707. — **Duverney.** *Mémoires de l'Académie royale des Sciences*, 1703. — **Saint-Yves.** *Traité des maladies des yeux*, chap. XXII, p. 150, édit. 1722. — **Sichel.** *El Eco de Paris*, 1859. — **Horner.** *Zehender Monatsblätter für Augenheilkunde*, 1871, p. 68. — **Knapp.** *Græfe's Archiv f. Ophth.*, XIV, 280-281. — **Althof.** *Arch. f. Ophth.*, VIII, 137-140. — **Schmid.** *Græfe's Archiv f. Ophth.*, XVIII, 124. — **Quaglino et Manfredi.** *Annali di Ottalmologia*, 1874. — **Chapmann et Knapp.** *Archiv für Augen-und Ohrenheilkunde* 1876. — **W.-A. Brayley.** *London ophth. Hosp. Reports*, 1877, 229. — **Barwel.** *British med. Journ.*, 16 février 1878.— **Voyer.** *New-York med. Journ.*, 1878. — **Baiardi.** *Annali di Ottalmologia*, 1878. — **Lediard.** *Soc. ophth. du Royaume-Uni*, 1880.

N.-B. —Les autres indications bibliographiques importantes sont rapportées dans la deuxième colonne des tableaux et dans les pages suivantes.

III.

Trois cas de tumeurs éphitéliales épibulbaires.

Dans le travail précédent, écrit surtout au point de vue clinique, nous avons étudié l'épithélioma de la conjonctive bulbaire ; depuis, nous avons eu la bonne fortune de faire l'examen histologique de trois tumeurs de ce genre. Ces observations contiennent d'importants enseignements qui devront nous arrêter, mais, avant tout commentaire, nous allons les placer sous les yeux du lecteur.

OBS. I. — *Epithélioma de la conjonctive bulbaire développé entre le limbe cornéen et la caroncule.*

Jean W. âgé de 55 ans, maçon du canton de Saint-Savin (Gironde) se présente le 13 septembre 1892 à l'hôpital Saint-André pour une tumeur oculaire qui s'est développée dans les conditions suivantes :

Les antécédents héréditaires ne nous apprennent rien de particulier et le malade, paysan vigoureux, n'a jamais présenté d'accidents morbides notables.

L'affection pour laquelle il vient demander nos soins a commencé, dit-il, il y a plus de 20 ans par un petit point noir ; son accroissement a été très lent jusqu'à la fin de juillet dernier ; à ce moment elle augmenta de volume avec une grande rapidité et les collyres et pommades diverses que le médecin de sa localité lui conseilla ne firent qu'exciter la poussée du néoplasme qui prit en quelques semaines de grandes proportions.

Aujourd'hui (13 sept. 1892) le néoplasme a le volume d'une noisette ; il est bourgeonnant, en forme de chou-fleur et présente une sorte de pédicule large entouré d'une collerette fournie par la conjonctive bulbaire.

En prenant cette tumeur entre le pouce et l'index on remarque qu'elle jouit d'une certaine mobilité démontrant que ses rapports avec la sclérotique sous-jacente ne sont pas intimes.

La surface de la tumeur est ulcérée, noirâtre, un peu sanglante ; il s'écoule un liquide louche assez abondant ; il y a d'ailleurs un peu de conjonctivite.

La vision est bonne, la cornée et le globe de l'œil complètement indemnes.

Le malade accepte l'intervention qui lui est immédiatement proposée et je pratique séance tenante l'excision de ce néoplasme. Il fut très facile de le séparer de la sclérotique à laquelle il adhérait par quelques tractus courts mais peu épais. Pour éviter les récidives, la base d'implantation est cautérisée avec la lame plate du thermo-cautère, assez profondément pour intéresser les couches externes de la sclérotique.

Nous produisons ainsi une eschare noirâtre qui se détache au bout de quelques jours.

Après un séjour d'une semaine à l'hôpital, Jean W. rentre chez lui d'où il revient un mois après pour nous faire constater sa guérison complète.

Description macroscopique. — La tumeur présente le volume d'une petite noisette; elle est à peu près ronde, noirâtre, irrégulière à sa surface.

Cette tumeur est fixée par l'alcool absolu, colorée en masse par le picrocarmin, traitée par les alcools successifs, le chloroforme et enfin montée dans la paraffine.

Les coupes au microtome mécanique Vialane, sont faites au centième; la coloration en masse étant insuffisante, après avoir dissout la paraffine par le xylol, nous les colorons de nouveau : 1° les unes avec le picro-carmin, 2° les autres avec le carmin aluné, 3° d'autres encore avec le bleu de méthylène et la glycérine iodée. Ce dernier procédé, très favorable pour l'examen des lésions intra-cellulaires, nous a été indiqué par notre savant camarade de laboratoire M. le Dr Sabrazès, auquel nous sommes heureux d'adresser ici nos cordiaux remercîments.

La *description histologique* que mérite cette tumeur comprend en premier lieu la disposition générale des éléments anatomiques, deuxièmement une étude détaillée des intéressantes transformations intra-cellulaires que nous avons constatées.

1° La tumeur est divisée en trois parties, trois lobes distincts, séparés les uns des autres par des cloisons assez épaisses de tissu conjonctif.

Ces cloisons de tissu cellulaire se continuent du côté de l'insertion du néoplasme sur la sclérotique, les ciseaux détachant la tumeur ont porté sur le tissu conjonctif et il est certain à première vue que les limites du néoplasme ont été dépassées, puisque la section a été faite au-dessous de la capsule d'enveloppe. Au niveau de cette section, on trouve une nappe hémorrhagique produite sans doute au moment de l'intervention chirurgicale.

Les trois lobes du néoplasme présentent dans leur intérieur quelques cloisonnements imparfaits venus de la capsule enveloppante.

Il est probable que ces enveloppes fibreuses ne sont autre chose que le tissu conjonctif préexistant, dans les mailles duquel les cellules morbides ont proliféré.

Ces cellules sont des cellules épithéliales reconnaissables à leur forme polyédrique, à leur volume, à leur noyau.

Les dimensions de ces cellules sont d'ailleurs variables, il en est d'énormes renfermant plusieurs noyaux; quelques-unes, peu nombreuses, possèdent des granulations de pigment intra-cellulaire, véritable mélanine.

Ces cellules sont tassées les unes sur les autres et constituent un épithélioma diffus sans globes épidermiques, contenant un très petit nombre de vaisseaux.

2° Les cellules offrent des altérations qui méritent de nous arrêter.

a.) Ce sont d'abord des dégénérescences celluloïdes représentées sur la fig. 1. Cette figure est prise au niveau de la surface, sur les confins de l'ulcération. Ainsi que le dessin l'indique, ces cellules donnent la sensation d'une vacuole, comme si le contenu s'en était échappé pendant les manipulations imposées à la coupe.

b.) Il est des dégénérescences cellulaires plus intéressantes encore ; car elles rappellent les parasites intra-cellulaires, les coccidies dont on s'occupe tant aujourd'hui.

On sait que l'interprétation de ces lésions est très variable selon les auteurs ; avant de nous arrêter aux explications qui ont été données, efforçons nous de décrire exactement ce que nous avons vu.

Deux ordres de préparations nous ont paru utilisables à cet effet. *a*), les unes colorées par le picro-carmin, *b*), les autres par la double coloration au bleu de méthylène et à la glycérine iodée. Pour obtenir un bon résultat par cette dernière méthode, il suffit de tremper pendant une minute les coupes dans une solution neutre de bleu de méthylène (deux gouttes de la couleur dans 20 gram. d'eau distillée) et de monter la coupe dans la glycérine iodée. Ces préparations ont l'inconvénient d'être peu stables ; au bout de quelques semaines elles commencent à pâlir, mais examinées immédiatement, elles montrent à merveille tous les détails des cellules, les parois, les noyaux, le protoplasma et, ce qui importe surtout dans l'espèce, les organismes ou pseudo-organismes intra-cellulaires.

Les figures 2, 3, 4, 5, 6, 7 montrent mieux que nous ne saurions le dire les diverses particularités intra-cellulaires. Nous appelons surtout l'attention sur la fig. 2 où le double contour du corps inclus est très net.

Dans cette première observation les cellules de ce genre ne sont pas très nombreuses ; nous les avons trouvées au contraire en grande quantité dans l'observation II, les cellules de l'une et l'autre tumeur méritent d'être comparées ; nous exposerons plus loin les considérations générales qu'elles comportent les unes et les autres.

Obs. II.— *Epithélioma du limbe. Ablation simple. Récidive. Enucléation.*

Cette deuxième observation nous a été obligeamment communiquée par notre savant confrère le Dr Chibret (de Clermont-Ferrand), elle a trait à un malade de 58 ans, cultivateur, qui présenta en 1888 les premières atteintes de son mal.

Une première opération consistant dans l'excision du néoplasme fut pratiquée en 1891, mais la récidive survint bientôt et quand le malade se présenta au Dr Chibret, il était justiciable du diagnostic suivant : Epithélioma récidivé du limbe scléro-cornéen de l'œil gauche, ayant envahi la moitié externe de la cornée et la conjonctive bulbaire jusqu'au cul-de-sac conjonctival externe.

L'énucléation fut pratiquée et suivie d'une prompte guérison.

Description anatomique. — Après la conservation dans l'alcool, le néoplasme se compose d'une saillie de 3 ou 4 mm. de hauteur placée en fer à cheval sur le limbe scléro-cornéen et siégeant à moitié sur la cornée, à moitié sur la sclérotique ; toute la surface est ulcérée, aplatie, et présente des saillies séparées par des sillons peu profonds.

Une section méridienne divisant la tumeur par son milieu permet de se rendre bien compte de ses rapports. L'examen de la fig. 8, qui montre une coupe d'ensemble, est à ce point de vue très instructif.

Pour le néoplame on constate un épaississement considérable de la cornée, qui garde son aspect fibrillaire ; la sclérotique a son épaisseur normale, l'iris est intact ainsi que la chambre antérieure, le reste de l'organe ne présente rien de particulier.

Examen histologique. — Les coupes ont été faites après l'inclusion dans la paraffine selon les procédés ordinaires, Elles ont été colorées, la paraffine étant dissoute par le xylol, par le picro-carmin, l'éosine hématoxylique, la safranine, le bleu de méthylène et la glycérine iodée.

La fig. 8 (grossie 50 fois) montre la disposition lobulée du néoplasme ; à gauche et en bas on remarque la cornée très épaissie, l'iris normal, en haut la sclérotique, les procès ciliaires, le corps ciliaire, le canal de Schlemm.

La cornée n'a souffert que sous l'influence de son mauvais voisinage ; elle s'est admirablement défendue, s'est épaissie, sans nulle part se laisser entamer. On peut suivre la membrane de Bowmann dans toute la partie antérieure de la cornée ; elle n'a faibli qu'en deux ou trois points de très peu d'étendue. L'épithélium seul a disparu. La structure du parenchyme cornéen est absolument normale.

La sclérotiqne à sa partie postérieure est aussi restée indifférente au contact du néoplasme manifestement développé dans la conjonctive ; mais au niveau même de la soudure scléro-cornéenne, en face du canal de Schlemm, bien visible sur toutes nos coupes (fig. 8) nous remarquons un phénomène très intéressant ; les cellules ont commencé à s'introduire dans les mailles du tissu fibreux ; elles ne sont pas allées bien loin, mais on peut dire que là elles ont commencé l'infiltration de l'œil.

Pour bien nous rendre compte des détails des lésions, étudions-les à un grossissement convenable.

Avec l'oculaire 1 et l'objectif 6 (de Verick) les globes épidermiques apparaissent en grand nombre en se présentant d'ailleurs selon leur type ordinaire. Entre les globes épidermiques, les cellules épithéliales du type pavimenteux sont étroitement serrées les unes contre les autres. Sur toute l'étendue de la coupe nous ne notons pas un seul vaisseau. Sur la cornée, entre les cellules du néoplasme et la membrane de Bowmann, on distingue une zone fibrillaire (fig. 8) parsemée de quelques cellules épithéliales et présentant quelques bouches vasculaires. C'est le lit sur lequel repose la tumeur et le point d'où elle tire en partie ses éléments de nutrition. Cette couche connective placée entre le néoplasme épithélial et la cornée est évidemment une émanation du limbe conjonctival.

De tous les points de cette tumeur, le plus intéressant est à coup sûr celui qui siège au niveau du limbe scléro-cornéen. En cette région, qui est celle de l'angle de filtration, on est frappé par l'amincissement du tissu cornéen et par les nombreuses cellules épithéliales qui s'avancent dans l'épaisseur de la paroi et se dirigent vers la chambre antérieure en proliférant du côté du canal de Schlemm. Peu avancées sur cette route, les cellules morbides y sont évidemment engagées.

La fig. 9 montre un coin du néoplasme à un fort grossissement (ocul. 3 et obj. 7 de Verick, tube tiré); elle permet de reconnaître des faits très curieux concernant les altérations cellulaires et intra-cellulaires.

Ces faits, moins intéressants pour la pathologie oculaire que pour la pathologie générale, méritent que nous nous y arrêtions.

En 1, 1, fig. 9, on remarque deux cellules portant dans leur intérieur une cellule incluse avec un double contour bien évident. La cellule incluse présente un protoplasma granuleux sans noyau, différent du protoplasma de la cellule contenante par sa couleur plus foncée.

A côté de ces cellules on remarque des éléments épithéliaux à l'état de multiplication avec des noyaux en voie de division (2, fig. 9, planche I) ou présentant une forme bourgeonnante. (3, fig. 9, planche I).

Pour pénétrer autant que possible dans les détails de ces lésions intra-cellulaires nous avons essayé les méthodes de coloration les plus diverses, l'éosine, la fuchsine, la vésuvine, la safranine, l'éosine hématoxylique de Renault; nous avons obtenu les meilleurs résultats, 1° par le carmin suivi de l'action de l'eau picriquée; 2° par la safranine alcoolique, 3° par la double coloration du bleu de méthylène et de la glycérine iodée. Borrel, dans une très remarquable thèse[1] sur les dégénérescences intra-cellulaires, considère comme très défavorables les examens de ce genre après la fixation à l'alcool absolu ou l'action du liquide de Müller, et estime que la liqueur de Fleming seule permet de donner de bonnes préparations. Nous n'avons pas d'expérience en ce qui concerne la liqueur de Fleming, mais les méthodes de coloration ci-dessus signalées après la fixation des

---

[1] Borrel. *Evolution cellulaire et parasitisme dans l'épithélioma*. Th. Montpellier. 1892.

éléments par l'alcool absolu nous ont donné des préparations très nettes et riches en renseignements morphologiques.

Sur chaque coupe il existe un très grand nombre de lésions intra-cellulaires analogues aux coccidies.

Tandis que dans notre première observation il fallait chercher quelquefois assez longuement, pour voir une cellule intéressante, à ce point de vue, dans cette seconde observation nous n'avons que l'embarras du choix.

Les figures 10, 11, 12, 13, 14, 15, représentent les six types principaux ; ces figures reproduisent très exactement ce que nous avons vu et une description n'ajouterait rien à ces dessins fidèles. La figure 12 est peut-être la plus intéressante ; elle pourrait faire admettre qu'un élément parasitaire entre par effraction dans une cellule épithéliale. Dans les cellules 10 et 11 l'organisme intra-cellulaire est-il une coccidie ? En vérité la ressemblance est frappante. Notre ami le Dr Sabrazès nous a montré des coccidies trouvées dans la maladie de Paget et nous ne voyons pas qu'il soit possible de donner un nom différent aux éléments intra-épithéliaux visibles sur nos préparations.

Nous reviendrons plus loin sur cette question difficile et encore loin d'être résolue.

Obs. III. — *Epithélioma du limbe scléro-cornéen. — Envahissement de l'œil au niveau de l'angle de filtration. — Énucléation.*

Mad. X. 50 ans, sans profession, a vu se développer il y a trois ans sur son œil droit une tumeur qui s'est de bonne heure ulcérée et de laquelle s'écoule depuis longtemps une sanie purulente mélangée de sang.

En venant nous consulter, le 10 novembre 1892, cette malade très impressionnable, d'une santé médiocre, raconte que sa tumeur présente des variations régulières, coïncidant aux époques menstruelles ; au moment des derniers flux cataméniaux, qui depuis quelques mois tendent à disparaître, la tumeur paraît gonfler et le liquide qui s'écoule est plus abondant.

De plus la malade croit avoir remarqué qu'à l'occasion d'une affection pulmonaire, l'écoulement de son ulcération s'est ralentie ; mais étant donné son caractère prompt à l'exagération et son manque absolu d'esprit d'observation, il n'y a pas lieu de tenir grand compte de cette affirmation.

Cette tumeur se présente sous la forme d'un chou-fleur occupant la partie externe et supérieure du globe oculaire et remplissant complètement la fente palpébrale. La cornée apparaît encore saine en bas et en dedans, la vision est encore assez bonne et l'éclairage oblique ainsi que l'examen de la tension oculaire démontrent que la cavité est saine dans toutes les parties. Il s'agit d'une tumeur épi-bulbaire à cheval sur le limbe scléro-cornéen.

Il y a une sorte de pédicule large, mais très court, ne laissant à la tumeur aucune mobilité sur les parties sous-jacentes.

Instruit par de nombreux faits de ce genre, nous n'hésitons pas à proposer à notre malade une intervention radicale et l'énucléation est pratiquée le 15 novembre 1892 avec l'aide de notre confrère le Dr Rivals (de Bordeaux).

Description macroscopique. — La tumeur a le volume d'une petite noisette, elle recouvre presque complètement la cornée sauf dans une minime étendue en bas et en dedans. Elle est ulcérée sur toute sa surface. Par une coupe méridienne faite dans le plan horizontal, cette tumeur est partagée en deux parties égales et l'on peut ainsi très aisément se rendre compte des rapports du néoplasme.

La simple inspection de la fig. 16 (planche III) montre que la tumeur est adhérente au niveau du limbe scléro-cornéen et du segment externe de la cornée, très épaissie à cet endroit comme sur notre deuxième observation.

La chambre antérieure, ainsi que l'examen clinique le démontrait, est indemne ; à l'œil nu on se rend très bien compte que la tumeur adhère à la cornée dans une étroite zone (bien visible sur la fig 16, planche III). Le reste de la cornée est en simple contact avec le néoplasme ; au-dessous de lui (en 2, fig 16) on reconnaît la conjonctive qui le sépare de la sclérotique.

Examen microscopique. — A un faible grossissement on est frappé par la grande vascularisation du tissu ; vers la surface surtout les lacs sanguins, les hémorrhagies interstitielles sont très nombreuses ; à la base du néoplasme du côté de son point d'implantation sont béantes de nombreuses bouches vasculaires.

Le tissu est manifestement de l'épithélium dérivé de l'épithélium pavimenteux de la conjonctive ; à certains endroits il est encore typique, mais le plus souvent cependant il est modifié.

Il n'y a pas de globes épidermiques ; l'épithélium morbide est infiltré, diffus comme celui de notre première observation ; nous n'y avons pas rencontré les formes coccidiennes.

La fig 17 (planche III) montre en détail les rapports de cette tumeur avec le limbe ; ils sont très intéressants ; on y voit l'infiltration lente des cellules à travers les lames de la membrane scléotico-cornéenne. La lecture de la légende de la figure (page 71) parlera mieux à l'esprit que toutes les descriptions On remarquera particulièrement les îlots épithéliaux (7, 7, fig. 16 planche III) qui se dirigent vers le canal de Schlemm.

Sur la même coupe, on distingue l'hypertrophie du muscle ciliaire, hypertrophie qu'il est difficile d'expliquer autrement que par une irritation de voisinage. Il n'y a pas dans l'intérieur du muscle d'infiltrations épithéliales pas plus que dans les procès ciliaires et dans l'iris.

En ce qui concerne le muscle ciliaire, cette préparation est aussi remarquable par l'abondance, le volume et la netteté des fibres méridionales qui se propagent dans la choroïde. On sait depuis Yvanoff que ces fibres particulièrement développées chez les myopes jouent un rôle considérable dans la production des désordres choroïdiens, staphylome et autres; chez notre malade ce vice de réfraction n'existait cependant pas.

La cornée est, après l'angle de filtration, la partie la plus intéressante de cette pièce anatomique; elle s'est épaissie ainsi que l'indique la fig. 15 dans une assez notable étendue; mais en s'épaisissant elle a conservé sa structure normale, nulle part les cellules épithéliales n'ont pu l'infiltrer. Comme dans tous les cas de ce genre que nous avons étudiés, elle a fait preuve d'une très grande force de résistance. En ce qui concerne cette membrane, nous ne pourrions que répéter ce que nous avons dit dans la précédente observation.

Les trois observations qui précèdent appellent deux ordres de réflexions; les unes d'ordre anatomique concernant l'existence des formes coccidiennes, les autres ont trait au mode de propagation du néoplasme, à l'infiltration dans la coque oculaire des éléments épithéliaux.

1° Des formes coccidiennes.

Les figures 2, 3, 4, 5, 6, 7, 10, 11, 12, 13, 14, 15, (planche I et II), rappellent les coccidies décrites par de nombreux auteurs dans les cancers épithéliaux depuis les travaux de Malassez[1], de Darier[2], d'Albarran[3] et de Wickham[4].

Il semble bien au premier abord qu'il s'agit là de corps cellulaires, organismes distincts et parasitaires inclus dans les cellules; presque tous ont un double contour bien net et occupent dans le protoplasma une place qu'ils se sont créée en repoussant le noyau de la cellule et le protoplasma vers la paroi cellulaire.

S'agit-il bien de coccidies? Il y a une très grande différence entre les coccidies du lapin et les lésions intra-cellulaires représentées sur nos coupes. Pour croire qu'il s'agit là d'éléments parasitaires, il faut admettre d'une part que ce sont

---

[1] Malassez. Sur les nouvelles psorospermoses chez l'homme. *Archives de médecine expérimentale*, 1890.

[2] Darier. *Annales de dermatologie*, 1889, n° 7, p. 117.

[3] Albarran. Tumeurs épithéliales contenant des coccidies. *Semaine Médicale*, 1889.

[4] Wickham. Th. Paris, 1890.

des coccidies dégénérées et d'autre part que les formes de dégénérescence des coccidies sont analogues aux formes de dégénérescence cellulaire. C'est l'opinion qu'a exposée Malassez.

Sodakewischt[1] qui vient d'écrire sur ce sujet de très intéressants travaux a rencontré les lésions de ce genre 95 fois sur 95 cas de cancer et croit pouvoir affirmer d'une façon absolue leur nature parasitaire.

Cependant Cornil[2] étudiant les modes de multiplication des noyaux et des cellules dans l'épithélioma, pense qu'il s'agit le plus souvent, peut-être toujours, de modifications successives de la substance nucléaire ou bien que ces pseudo coccidies ne sont autre chose que des cellules migratrices faufilées dans le protoplasma. La cellule de la fig. 5 est peut être passible de cette interprétation.

Borrel[3] a écrit sur ce sujet une thèse récente et remarquable dans laquelle il défend cette opinion de Cornil, qui est aussi celle de Duplay et Cazin[4], de Steinhaus et de beaucoup d'autres, il reproche notamment à Sodakewischt de s'être la plupart du temps placé dans de mauvaises conditions pour étudier les coccidies qui, assure-t-il, sont difficiles à mettre en lumière dans les pièces fixées par l'alcool et le liquide de Muller.

Dans son travail, Borrel décrit soigneusement les formes anormales de l'évolution cellulaire et montre que la division du protoplasma ne suit pas toujours la division du noyau. Il peut se produire ainsi des formations cellulaires endogènes par la lobulation du noyau dans l'intérieur de la cellule. Un bourgeon du noyau principal peut aussi s'entourer d'une couche de protoplasma et la cellule endogène est constituée. Les figures 5, 6, 7 peuvent s'expliquer de cette façon.

---

[1] SODAKEWISCHT. *Annales de l'institut Pasteur*, 1892.

[2] CORNIL. Modes de multiplication des noyaux et des cellules dans l'épithélioma, *Journal de l'anatomie*, 1890.

[3] BORREL. *Evolution cellulaire et parasitisme dans l'épithélioma*. Th. Montpellier, 1892.

[4] DUPLAY ET CAZIN. *Semaine médicale*, 1891.

Plus difficile, nous semble-t-il, est l'explication des cellules figurées en 3, 10, 11, 12; il n'est pas impossible qu'elles contiennent un élément nouveau, parasitaire, dans tous les cas rien n'autorise à penser qu'il s'agisse là d'une dégénérescence cellulaire ordinaire.

Il convient, pour l'interprétation de ces lésions, de rester dans la réserve, deux raisons majeures nous y invitent. 1° la découverte de ces *formes coccidiennes* a été pour nous accidentelle, et la fixation par l'alcool, que seul nous avons employé, étant de l'avis général (Sodakewischt, Borrel) un moyen défectueux, nos préparations perdent par ce fait beaucoup de leur valeur à ce point de vue spécial; 2° la question est encore très controversée et il faut savoir attendre l'accord qu'apporteront sans doute les travaux ultérieurs des histologistes particulièrement versés dans ces questions.

Cette prudente réserve, qui nous est inspirée par les travaux de Kiener, de Cornil, de Malassez lui-même, contraste avec les affirmations de Pasquale Sgrosso[1], élève de de Vincentiis qui, dans une étude récente, d'ailleurs fort instructive, sur les épithélioma épi-bulbaires, n'a pas craint de décrire des parasites intra-cellulaires qui sont très certainement pour la plupart de simples phénomènes de dégénérescence. Pasquale Sgrosso fait reposer la nature parasitaire des corps qu'il décrit sur leur nature hyaline, sur la présence de l'enveloppe à double contour, sur l'absence de fusion malgré le groupement, sur le siège intra et extra-cellulaire, sur l'absence de réactions propres aux dégénérescences spéciales.

Ce sont là d'insuffisantes raisons; il faudrait montrer l'évolution du parasite, son stade originel, son âge adulte, sa multiplication, le suivre enfin dans ses phases évolutives et notre auteur ne l'a pas fait. Tout ce qu'ont dit et démontré Cornil et Borrel sur les transformations anormales des

---

[1] Pasquale Sgrosso. *Annali di Ottalmologia*, 1892.

cellules épithéliales du carcinome explique les faits constatés par Sgrosso.

Cela dit à propos du travail de notre confrère italien, il faut le féliciter et le remercier d'avoir apporté des faits qui, par leurs détails minutieux, constituent des matériaux très importants.

En effet, il importe moins en ce moment de conclure que de rassembler des matériaux; c'est là raison pour laquelle nous avons avec quelque soin appuyé sur les détails anatomo-pathologiques de nos observations.

2° Du mode de pénétration de l'épithélioma conjonctival.— Comment il devient dangereux.

Ce que nous avons à dire à ce sujet n'est que le corollaire nouveau de notre récent travail déjà cité ; à côté des considérations cliniques précédemment exposées, il convient de placer les faits anatomiques de la 2e et de la 3e observations. Les données cliniques prendront, à la lumière de ces faits, un caractère scientifique très précieux.

Nous disions que le point de pénétration, le défaut de la cuirasse de l'œil est le limbe scléro-cornéen et que les cellules peuvent facilement s'engager dans les espaces de Schlemm et de Fontana. Au point de vue clinique cette térébration de l'épithélioma du limbe paraît assez rare puisque, sur plus de 30 cas, nous ne l'avons trouvé que 6 fois d'une manière très explicite ; c'est là une rareté apparente et il appartient à l'anatomie pathologique de montrer à la fois, la fréquence et les stades de ce mode de pénétration.

Qu'on jette un coup d'œil sur la figure d'ensemble qui concerne notre deuxième observation (fig. 8, planche II) on y remarque des cellules épithéliales s'avançant en colonnes serrées vers l'angle de filtration. Cet envahissement épithélial est d'autant plus dangereux que les cellules de cette partie de la tumeur sont jeunes, actives, en voie de prolifération. Elles sont encore loin des espaces lymphatiques et de la chambre antérieure, mais il n'est pas douteux que par là l'entrée du mal dans l'œil aurait eu lieu.

La troisième observation montre le même processus à un stade plus avancé; les éléments morbides sont tout près des canaux de Schlemm, de plus on distingue en beaucoup d'endroits de petites travées épithéliales du plus mauvais augure.

L'excision de la tumeur sans ablation du globe de l'œil aurait été une opération très fâcheuse et cependant elle paraissait justifiée par les symptômes; la chambre antérieure était conservée, la vision assez bonne, les milieux normaux; la coque oculaire semblait encore intacte et la tumeur épibulbaire était au premier chef parmi celles que beaucoup de praticiens excisent sans toucher au globe. Notre étude anatomique mérite d'être considérée attentivement par les partisans de cette thérapeutique conservatrice. Elle contient pour eux un précieux enseignement.

En dehors de cette conclusion majeure, il en est une autre concernant l'intégrité absolue de la sclérotique et de la cornée, excepté dans la région du limbe.

Il nous paraît démontré, disions-nous [1], que la sclérotique et la cornée servent aux tumeurs « malignes épi-bulbaires de point d'appui et non de point d'origine » et nous faisions remarquer qu'il existe dans l'économie humaine un tissu absolument comparable au tissu sclérotical, c'est celui des tendons et que les tendons ne sont jamais le siège de néoplasmes. Schwartz n'a pu en trouver aucun exemple authentique. Nous même avons publié [2] un cas de sarcome tendineux qui, selon l'opinion du Pr Cornil avait pris racine dans la séreuse enveloppante.

Il en est ainsi pour les tumeurs épibulbaires, elles se for-

---

[1] LAGRANGE. *Arch. d'Ophtalmologie*, 1884.

[2] LAGRANGE. *Bull. Soc. anat. de Paris*, 1882.

ment aux dépens de la conjonctive muqueuse enveloppante de la sclérotique.

Aux auteurs qui nous reprochent de comparer des tissus de nature différente[1] nous répondrons que l'histologie est avec nous. Quelle différence y a t-il entre la sclérotique et une aponévrose et quelle différence entre une aponévrose et un tendon? Ce sont des tissus non pas analogues, mais semblables, composés d'éléments également immobilisés dans leur forme, également peu aptes à faire les frais d'une néoplasie. En ce qui concerne la cornée, nous n'avons jamais méconnu sa nature spéciale et la puissance de ses réactions biologiques; mais comme nous avons presque toujours trouvé cette membrane intacte au-dessous des tumeurs les plus malignes, nous en avons conclu qu'elle se comportait comme la sclérotique, sans d'ailleurs donner l'explication de ce fait.

Depuis l'époque de notre première étude, une tumeur primitivement développée dans la cornée a été observée par le Dr Blanquinque[2] et Panas (de Gaillardon)[3] et étudiée par Malassez; on peut à bon droit dire ici que l'exception confirme la règle, car il n'y a que deux ou trois autres faits de ce genre, notamment celui extrêmement succinct de Galezowski, dans lequel Cornil et Ranvier démontrèrent l'existence d'un carcinome occupant les couches superficielles de la cornée.

Pasquale Sgrosso[4], dans l'étude dont nous avons plusieurs fois parlé, cite deux cas d'épithélioma primitif de la cornée qui trouvaient ici leur place naturelle.

Le premier fait est celui d'un épithélioma à cellules polygonales, à gros noyau, développé dans la cornée, à un millimètre du limbe sans que celui-ci participât en rien au néoplasme.

---

[1] PASQUALE SGROSSO. *Annali di Ottalmologia*, page 19, 1892.

[2] BLANQUINQUE. Un cas de mélano-sarcome de la cornée, *Recueil d'Ophtalmologie*, avril 1892.

[3] PANAS. *Tumeurs primitives de la cornée*. Th. Paris 1887.

[4] PASQUALE SGROSSO. *Annali di ottalmologia*, 1892, pages 54, 55, 56.

Ces cellules formaient des cônes qui s'avançaient dans le parenchyme cornéen après avoir complètement détruit la membrane de Bowmann.

L'opérateur avait enlevé seulement un feuillet de la cornée, en empiétant sur le tissu sain, ce qui fait présumer que l'infiltration épithéliale était très superficielle. L'auteur ne dit pas quel a été le résultat de cette parcimonieuse opération.

Dans le second fait, il s'agit encore d'une prolifération sus-cornéenne de l'épithélium normal; les cellules morbides sont irrégulières, inégales, et présentent tous les caractères des éléments épithéliaux mélangés à des éléments embryonnaires dépassant en même temps les limites du néoplasme. Ces éléments embryonnaires séparent l'épithélioma des lamelles cornéennes qui n'ont pas été entamées.

D'un côté même, la membrane de Bowmann intacte protège encore la cornée. Le professeur de Vincentiis avait fait l'ablation de ce néoplasme avec assez de bonheur pour que la cornée, après guérison, ait pu reprendre presque complètement sa transparence.

Il conviendrait ici de se demander si cette dernière observation d'épithélioma de la cornée diffère des plaques épithéliales décrites par Hocquard [1]. Ces plaques, qui ne sont nullement des néoplasmes, sont constituées par une lésion entièrement placée en avant de la membrane de Bowmann. La cause en est, en général, dans une irritation légère longtemps continuée ; quelquefois la plaque épithéliale résulte de la cicatrisation d'une plaie cornéenne, mais toujours elle est caractérisée « par une hyperplasie du revêtement épidermique et la formation de cônes épithéliaux ».

Peut-être aussi y aurait-il quelques renseignements supplémentaires à demander touchant la nature des faits de Vincentiis

---

[1] Hocquard. Plaques épithéliales de la cornée. *Archives d'ophtalmologie*, septembre 1881.

et l'absence du limbe dans la production de cette affection ; mais il ne nous en coûte nullement d'admettre que l'épithélium pavimenteux de la cornée peut être le siège d'une néoplasie primitive. Cet épithélium fait en somme partie de la muqueuse oculaire qu'il continue sur la membrane transparente ; il doit posséder toutes les aptitudes pathologiques propres à l'épithélium conjonctival.

Il est bien évident, à plus forte raison, que la cornée peut se laisser infiltrer par un épithélioma venu du voisinage ; nous en avons nous-même rapporté un cas et il en est quelques autres dans la collection des faits cités dans notre travail, mais il n'en est pas moins certain que la règle est ce que nous avons constaté six fois sur sept examens microscopiques personnels, et ce que nous avons lu dans le plus grand nombre des observations utilisées pour la rédaction de nos trois mémoires publiés sur ce sujet ; la membrane fibreuse qui forme la coque, la boîte oculaire, est d'habitude pour les tumeurs épibulbaires un simple point d'appui et non un point d'origine. La sclérotique résiste même avec une très grande force à l'attaque du néoplasme.

La cornée peut s'épaissir sans se laisser entamer ; son épithélium seul, prolongement de l'un des feuillets de la conjonctive prend rapidement part au processus ; dans les observations II et III de ce travail, la membrane de Bowmann a partout résisté ; en s'épaississant, la cornée a conservé sa structure.

L'observation I, est une preuve négative, mais convaincante aussi de la réalité des phénomènes dont nous parlons. Il s'agissait d'une tumeur de la conjonctive développée loin du limbe et assez volumineuse pour venir recouvrir une portion marginale de la cornée ; cette tumeur, composée de jeunes cellules en prolifération active, s'était étalée à la surface de la sclérotique sans adhérer notablement à cette membrane. Il est évident qu'en gagnant le limbe, cette tumeur devenait dangereuse, mais elle y était arrivée depuis trop peu de temps pour inspirer des inquiétudes ; d'ailleurs à ce niveau elle était mobilisable, et cette mobilité montrait bien l'absence de propagation vers l'angle de filtration.

Il a même été remarquable de constater combien facilement la tumeur s'est séparée de la sclérotique pendant l'opération, comme s'il n'y avait eu qu'un simple contact entre les deux tissus, le tissu normal de la fibreuse, le tissu pathologique de la tumeur.

La clinique nous avait montré la gravité des tumeurs du limbe, l'anatomie pathologique la démontre de nouveau et en fait comprendre la raison. Cette étroite union de l'anatomie pathologique et de la clinique méritait bien d'être soigneusement précisée.

Elle le méritait d'autant mieux que la thérapeutique de ces tumeurs épibulbaires peut être bien fixée par ces notions anatomiques. Sans revenir ici sur ce que nous avons dit ailleurs, nous dirons, qu'en présence d'une tumeur épibulbaire, le chirurgien doit premièrement se préoccuper des rapports de la tumeur avec le limbe.

De deux choses l'une, ou bien la tumeur est développée sur le bulbe, loin de la cornée, ou bien elle affecte des rapports à la fois avec la cornée et la sclérotique.

Quand la tumeur épibulbaire siège à distance du limbe, toujours elle peut être excisée ; il suffit de cautériser le point d'implantation, la guérison sera la règle.

Quand la tumeur occupe la région du limbe, nous conseillons au clinicien de la prendre entre les doigts, de la mobiliser, afin d'en bien reconnaître les adhérences, les connexions profondes. Peut-être par cet examen arrivera-t-on à se convaincre que la tumeur en se développant en forme de chou-fleur a envahi, a recouvert la région scléro-cornéenne, sans lui adhérer ; un stylet mousse pourra passer entre la tumeur et la cornée jusqu'à sa périphérie, démontrant qu'il n'y a qu'un simple contact entre le néoplasme et le limbe. Il faut alors comme précédemment se contenter d'exciser, en conservant le globe et en cautérisant au fer rouge le point d'implantation.

Mais si le néoplasme adhère à la soudure scléro-cornéenne, s'il est attaché étroitement à ce niveau, le pronostic est grave, l'œil est menacé malgré l'intégrité absolue de ses milieux et la conservation de la vision. Sans doute si le néoplasme est très petit, à son début, on pourra tenter l'excision simple ; mais il sera sage de bien surveiller la cicatrisation et de suivre son malade. Si la tumeur est ancienne, largement adhérente au limbe, s'il y a eu récidive après une première extirpation, l'énucléation est indiquée.

L'infiltration précoce (Voyez fig. 8, planche II, et fig. 17, planche III) de la soudure scléro-cornéenne est un fait que le praticien doit toujours avoir présent à l'esprit. Il sera ainsi conduit, dans les cas où l'énucléation ne s'imposera pas, à cautériser soigneusement et profondément cette partie de la coque oculaire.

LÉGENDES DES PLANCHES

PLANCHE I.

Fig. 1. — 1, 1, 1, épithéliums en dégénérescence muqueuse. — 2, cellules épithéliales constituant la tumeur.

Fig. 2, 3, 4, 5, 6 et 7. — Cellules rappelant les coccidies.

Fig. 9. — 1, 1, corps intra-cellulaires à double contour. — 2, 2, Cellules épithéliales. — 3. Cellule épithéliale dont le contenu s'est divisé. (Verick, Oc. 3. Obj. 7, tube non tiré.

PLANCHE II.

Fig. 8. — 1, 1. Cornée épaissie. — 2, 2. Membrane de Bowmann. — 3. Iris. — 4. Procès ciliaires. — 5. Muscle ciliaire. — 6. Canal de Schlemm. — 7. Cellules épithéliales s'avançant vers l'angle de filtration.

PLANCHE III.

FIG. 10, 11, 12, 13, 14, 15. — Cellules.

FIG. 16. — 1. Tumeur épibulbaire — 2. Conjonctive s'insinuant sous la tumeur. — 3. Cornée épaissie ; à ce niveau seulement la tumeur adhère à la cornée. — 4. Cornée transparente, permettant une bonne vision.

FIG. 17. — 1. Sclérotique. — 2. Corps ciliaire artificiellement détaché de la sclérotique en 4, à cause de la déformation de l'œil pendant la conservation de la pièce. — 5. Chambre antérieure. — 6. Canal de Schlemm. — 7. Cellules épithéliales infiltrées dans la région du limbe, se dirigeant vers l'angle de filtration. — 8. Iris.

IV.

Tumeurs épithéliales péribulbaires,

La tumeur dont nous allons rapporter l'histoire est intéressante à la fois par son siège et par les rapports qu'elle affecte avec les membranes de l'œil. Par son siège, car nous nous sommes convaincu, en faisant de longues recherches dans la littérature médicale française et étrangère, que les carcinomes péribulbaires sont extrêmement rares.

A notre connaissance, un seul mémoire a été publié sur la question. Il appartient à Heyder. Cet auteur a recueilli à la clinique de Bonn deux cas typiques de carcinome entourant presque complètement le bulbe; il a fait suivre leurs relations de tous les cas de ce genre qu'il a pu recueillir dans les publications scientifiques, mais il n'y a dans son travail aucun exemple de tumeurs absolument péri-bulbaires. Plus loin nous rapprochons de notre observation les deux faits de Heyder[1] qui présentent avec elle le plus d'analogie.

Les rapports de notre tumeur avec les enveloppes de l'œil sont particulièrement remarquables : toutes les membranes, y compris la cornée, étaient indemnes; elles ne présentaient d'autres lésions que celles qui résultaient de l'atrophie par compression de voisinage. Nulle dégénérescence épithéliale dans la cornée et dans la sclérotique. L'enveloppe externe de l'œil avait protégé ses milieux très efficacement.

Ce qui est plus remarquable encore, et ce que Heyder n'a pas constaté, c'est que la tumeur a fait complètement le tour de l'œil; en avant, sur la cornée, il n'en existe qu'une mince

---

[1] Heyder. *Arch. für Augenheilkunde*, 1887.

couche, mais en arrière, derrière la sclérotique, son épaisseur est très grande.

Ce n'est pas par conséquent d'un carcinome épibulbaire qu'il s'agit, mais d'un carcinome péribulbaire, particularité qui ajoute encore à l'intérêt de cette observation.

Dans aucun des faits rapportés par Heyder, l'œil n'était entouré complètement; il s'agissait toujours d'une tumeur épibulbaire plus ou moins développée, non d'une tumeur péribulbaire.

Le cas actuel est donc très rare, peut-être unique. Cette condition, plus encore que le soin avec lequel nous l'avons étudié, le recommande à l'attention de ceux qui s'intéressent à l'anatomie pathologique de l'œil. Voici cette observation dépouillée de tous les détails inutiles.

Une femme de 73 ans entre le 23 février 1889 à l'hôpital Saint-André, dans le service du Dr Baudrimont, pour une tumeur de l'orbite. L'œil a disparu sous le néoplasme depuis longtemps ulcéré et c'est après avoir suivi des traitements empiriques très variés, longtemps après le début des accidents, que la malade se décide à venir demander les secours de la chirurgie.

Elle accepte l'intervention radicale qui lui est proposée par le Dr Baudrimont et ce chirurgien pratique le curage de la cavité orbitaire.

L'opération eut lieu sans incident particulier, mais quelques jours après éclatèrent des accidents méningitiques, et la malade succomba à une phlébite du sinus, ainsi que le démontrèrent les pièces de l'autopsie apportées à la Société d'anatomie et de physiologie de Bordeaux par notre excellent confrère et ami le Dr Audebert, alors interne du Dr Baudrimont.

Le chiasma et ce qui restait des gaines optiques baignaient dans un manchon purulent; l'espace perforé antérieur était un lac de pus; les méninges de la base étaient le siège d'une inflammation violente, mais ces détails de l'autopsie présentent un intérêt bien secondaire à côté de la pièce anatomique enlevée par le curage orbitaire.

Cette pièce mérite la description suivante :

Elle est grosse comme une mandarine, à peu près ronde, assez régulière, d'une couleur rouge foncé, d'une consistance uniforme. Rien, à première vue, n'annonce qu'il s'agit d'une tumeur de l'orbite ou de l'œil. Cependant, un examen très attentif permet de reconnaître, à la partie antérieure, une surface lisse, ronde, charnue, cédant assez facilement sous la pression du doigt. En raclant cette surface avec un scalpel, on met à nu le tissu cornéen.

Le nerf optique a disparu, du moins la dissection la plus minutieuse ne permet pas d'en trouver trace ; les muscles de l'œil, la capsule de Tenon, sont détruits ; en un mot, la tumeur remplissait l'orbite et du contenu de l'orbite rien n'est reconnaissable.

Désireux de savoir ce qu'était devenu le globe oculaire en pareille circonstance, nous avons fendu cette tumeur d'avant en arrière, en divisant la cornée en deux parties égales. Il en est résulté une coupe dont l'aspect est minutieusement représenté sur la figure 1 de la planche annexée à ce travail.

On voit que le globe oculaire a complètement disparu dans l'intérieur du néoplasme, particulièrement épais en arrière. La surface de la coupe est lisse, d'un rouge foncé, en quelques endroits une couleur noirâtre indique la présence d'hémorragies interstitielles d'ailleurs peu abondantes.

L'œil est diminué de volume, ainsi que le montrent les plis de la sclérotique ; la choroïde et la rétine sont à leur place ; le corps vitré serait intact, n'était l'action de l'alcool dans lequel la pièce avant de nous être remise a été longtemps plongée. La région ciliaire, le cristallin, sont normaux ; en somme, l'œil présente tous les désordres d'un organe atrophié, comprimé, depuis longtemps hors de service, mais il est toujours resté à l'écart du processus néoplasique qui s'est passé autour de lui.

De quelle nature était cette tumeur ?

L'examen *histologique* a démontré qu'il s'agissait d'un

néoplasme essentiellement composé de tissu épithélial. Ce n'est ni à proprement parler un épithélioma, ni, au sens étroit du mot, un carcinome.

La totalité de ce néoplasme sur lequel nous avons pratiqué de nombreuses coupes est composée par des cellules qui sont représentées sur la figure 2 de la planche IV.

Ce sont des éléments épithéliaux déformés ; on y voit même des cellules en raquette ; en certains points on distingue comme des ébauches de tractus disposés sous la forme d'alvéoles.

Il n'y a pas de globes épidermiques et nulle part de dégénérescence cornée.

D'où est venue cette tumeur épithéliale ? Evidemment de la conjonctive bulbaire. La prolifération de l'épithélium pavimenteux de la muqueuse a, peu à peu, gagné les couches profondes, englobé l'œil, rempli l'orbite. Tout a été détruit, muscles, nerfs, aponévrose, vaisseaux. La sclérotique seule, enveloppe protectrice de l'œil, a résisté. C'est en cela autant que dans la forme anatomique du néoplasme que réside l'intérêt de cette observation.

Nous disions au commencement de ce travail que Heyder avait fait connaître deux cas analogues à celui que nous rapportons. Ces faits méritent d'être ici analysés.

Le premier concerne une femme de 52 ans admise à la clinique chirurgicale de Bonn en juillet 1884 pour une volumineuse tumeur développée dans le globe de l'œil droit.

Cette malade autrefois atteinte de la variole, fut traitée en 1863 pour une double conjonctivite granuleuse. Au printemps de 1879 elle eut un érysipèle de la face, enfin en mars 1883 elle remarque une petite saillie sur l'œil droit. Le point de départ était le limbe scléro-cornéen ou la cornée elle-même sans qu'il soit possible de préciser.

Cette tumeur acquit bien vite le volume d'une tête d'épingle ; en septembre elle était large comme une noix et grossit ensuite avec rapidité. A la même époque la tumeur devint le siège de douleurs vives, spontanées, accrues encore par les attouchements.

A son entrée à la clinique la malade présentait à la place de l'œil droit une tumeur du volume d'un œuf de poule. Dans les fissures de la surface on trouvait la trace d'hémorrhagies récentes. La tumeur sortait de l'orbite comme un large champignon qui ne laissait rien paraître du globe oculaire. Le nerf frontal douloureux sur son trajet, était englobé par le néoplasme. Il n'y avait pas de ganglions engorgés; l'état général était bon.

L'évidement complet de l'orbite fut pratiqué; la guérison se maintenait encore sans menace de récidive 11 mois après l'intervention.

L'examen *macroscopique* de la pièce montre l'existence d'une tumeur séparée en plusieurs parties par de profondes dépressions. Sur une coupe sagittale on remarque que le globe est respecté dans tous ses points. La tumeur, comme si elle avait diffusé autour de l'œil, recouvre complètement la cornée et s'étend sur la sclérotique jusqu'au delà de l'équateur. Le globe avait toutefois été attiré en avant et il en était résulté un allongement considérable des muscles et du nerf optique. Tout le postérieur de l'œil était libre; d'après les dessins donnés par Heyder on peut dire que le quart environ de la surface du globe avait été respecté, tandis que dans notre fait personnel le globe tout entier était entouré.

Le néoplasme adhérait à la sclérotique au point qu'on ne put les séparer que par une forte traction, mais la structure de la membrane fibreuse n'était pas altérée ainsi que l'examen microscopique le démontra.

La cornée remarquablement mince dans la partie supérieure n'était pas perforée ; en bas son épaisseur était normale ; au milieu le tissu de la tumeur est uni au tissu de la cornée au point qu'on ne voit pas la ligne de démarcation ; la surface postérieure de la cornée est cependant parfaitement lisse. L'iris, la rétine, la choroïde aussi bien que le nerf optique et les muscles ne présentent rien de particulier.

L'examen *microscopique* démontre que la sclérotique est essentiellement saine ; les caractères épithéliaux de la tumeur qui repose sur elle sont parfaitement évidents.

La cornée a cédé particulièrement au niveau de la marge scléro-cornéenne. Entre la tumeur et la cornée on trouve des tractus de tissu fibreux analogue au tissu cicatriciel ayant la même épaisseur que la cornée elle-même. Ce tissu est la continuation du tissu conjonctif qui entoure la sclérotique. Il s'étend en diminuant graduellement d'épaisseur sur un quart de la cornée. Les masses épithéliales sont ainsi placées au-dessus de la cornée dont le tissu un peu altéré, se laisse en divers points pénétrer par quelques cellules.

Les éléments épithéliaux qui composent le néoplasme sont relativement petits, avec un large noyau. Le diagnostic est bien carcinome épibulbaire, mais l'examen anatomique ne nous apprend pas le point de départ.

Le deuxième cas concerne un paysan âgé de 55 ans qui avait entièrement perdu la vision de l'œil droit depuis dix années. Au début la cornée se couvrit d'un nuage, puis se perfora, au bout de deux ans une petite tumeur apparut à la place où la cornée s'était perforée spontanément. La tumeur grossit rapidement et occasionna de vives douleurs.

En janvier 1886 le malade porte une volumineuse tumeur qui soulève les paupières dont la peau est livide, œdémateuse, sillonnée de gros vaisseaux. La palpation fait sentir des inégalités à la surface de la tumeur, qui est fissurée en forme de chou-fleur.

Le globe oculaire a complètement disparu.

L'évidement de l'orbite est pratiqué avec conservation de la paupière supérieure.

La guérison est complète et trois mois après il n'y a aucun signe de récidive.

L'examen *macroscopique* de la tumeur montre qu'elle atteint le volume d'un œuf de poule; on y remarque le lambeau de peau qui a dû être sacrifié pendant l'opération.

Une coupe sagittale de la tumeur fait voir le globe atrophié et très changé dans sa forme à cause de la pression qu'il a supporté. La tumeur entoure le globe jusque derrière l'équateur.

La sclérotique ne semble pas changée dans sa structure, mais la cornée est rompue et ouverte. Les masses de néoplasme qui s'étaient insinuées entre les lèvres de la cornée n'avaient cependant produit aucune atrophie du tissu cornéen. On peut suivre dans la tumeur les contours exacts de la cornée, même à l'œil nu on peut reconnaître que le point de départ de la tumeur, le centre d'où elle s'irradie n'est autre que l'ancienne rupture de la membrane transparente.

L'examen *microscopique* montre que la tumeur est constituée par des cellules épithéliales; la cornée est surtout intéressante.

Dans sa partie postérieure elle a conservé son épaisseur normale; elle a été poussée par le néoplasme vers la chambre antérieure; dans sa partie centrale, au contraire, cette membrane est plus mince, mais sa structure est devenue plus compacte, ce qui s'explique bien par ce fait qu'à ce niveau elle était soumise à une pression et à une contre-pression.

Des cellules épithéliales ont proliféré entre les lamelles de la cornée, et celles-ci au niveau de la rupture deviennent de plus en plus minces jusqu'au moment où elles disparaissent tout à fait.

La tumeur qui pénètre ainsi dans la cornée paraît à Heyder avoir son origine dans la couche antérieure de l'organe.

Le point de départ était probablement la cicatrice cornéenne qui avait suivi la perforation de cette membrane.

Les deux faits de Heyder sont les seuls à notre connaissance qui par la façon dont ils entourent le bulbe se rapprochent de notre observation personnelle, véritable type de tumeur épithéliale péribulbaire.

LÉGENDE

PLANCHE IV.

Fig. 1. — 1. Corps vitré. — 2. Cornée. — 3. Choroïde. — 4. Sclérotique. — 5, 6. Surface de la coupe du néoplasme. — 7. Surface extérieure.

Fig. 2. — 1, 1. Cellules épithéliales arrondies avec un gros noyau. — 2. Cellule épithéliale polyédrique. — 3, 3. Cellules en raquette. — 4, 4. Cellules et travées conjonctives cloisonnant imparfaitement la tumeur.

B. — TUMEURS INTRA-OCULAIRES

I.

Du myome du corps ciliaire.

Les tumeurs de la région ciliaire sont assez fréquentes; les sarcomes mélaniques et les leuco-sarcomes y ont été maintes fois signalés et quelquefois la présence de fibres musculaires, lisses, plus ou moins nombreuses, a permis de donner aux tumeurs de cette région le nom de myo-sarcome; mais les myomes purs, les liomyomes du corps ciliaire, sont à peu près inconnus. Il n'en existe, croyons-nous, qu'une observation publiée par Ivanoff dans le compte rendu du Congrès international d'ophtalmologie (Paris, 1867).

Cette rareté du myome dans une région si riche en fibres lisses est faite pour étonner. Alors que l'utérus, les trompes, la prostate, les diverses parties du tube digestif et tous les organes contenant dans leur structure beaucoup de fibres musculaires lisses sont si fréquemment atteints de liomyomes comment le corps ciliaire, dont les fibres musculaires travaillent constamment, sont incessamment le siège d'une nutrition très active, comment, disons-nous, le corps ciliaire est-il si rarement affecté par cette variété de néoplasme?

Il est permis de supposer que bien des cas de tumeurs fibreuses ou sarcomateuses auraient changé de nom si leur analyse histologique avait pu être faite avec beaucoup d'attention; peut-être se passe-t-il pour le corps ciliaire ce qui a lieu pour l'utérus, et les myomes du muscle de Brucke sont-ils très fréquents?

En analysant soigneusement quelques-unes des observations publiées sur les tumeurs du corps ciliaire, il serait à notre avis possible de démontrer qu'il s'agissait de myomes, mais une restauration de ce genre ne peut aboutir à des résultats rigoureux. Il vaut mieux se contenter d'appeler sur ce point l'attention des ophtalmologistes en apportant à l'histoire de cette affection des matériaux indiscutables.

M. le professeur Badal a bien voulu nous confier l'examen histologique de la tumeur qui fait l'objet de ce travail.

Il en a lui-même fait connaître à la Société de médecine de Bordeaux l'histoire clinique dans la séance du 5 février 1886.

Il s'agit d'une femme âgée de 34 ans qui avait conservé jusqu'à 32 ans une vision parfaite de l'œil droit. Peu à peu la vision s'affaiblit de ce côté au point que la malade ne peut, le 5 février 1886, compter les doigts. Il n'y a jamais eu la moindre souffrance et l'affection a évolué sans déterminer de réaction et sans se traduire à l'extérieur par aucun signe apparent. Le trouble croissant de la vision est le seul motif qui ait poussé Mme X. à consulter un oculiste.

Lors du premier examen pratiqué par M. Badal, le 19 janvier 1886, on constatait ce qui suit : à la partie inférieure et interne de la chambre postérieure, c'est-à-dire entre l'iris et le cristallin, apparaît une petite tumeur arrondie de la grosseur d'un pois, d'une couleur rougeâtre comparable à celle de la viande crue et dont la partie libre, qui fait saillie dans le champ pupillaire, semble légèrement translucide. L'examen ophtalmoscopique ne permet pas de voir nettement à l'intérieur de l'œil. Tout ce que l'on peut constater, c'est qu'il existe en arrière du cristallin, et paraissant faire suite à la tumeur déjà signalée, une seconde tumeur plus volumineuse, à contours indistincts, se perdant dans la profondeur du corps vitré et dont la teinte blanc bleuâtre diffère absolument de la coloration rouge clair qui donne un aspect si caractéristique au lobe antérieur. L'aspect de cette néoplasie intra-oculaire ne diffère guère en somme de celui des décollements rétiniens

Il est difficile de se rendre bien compte des rapports du cristallin avec la tumeur. Il semble que celle-ci se trouve comme à cheval sur le bord équatorial de la lentille, les deux masses principales qui constituent cette tumeur se trouvant, l'une en arrière, l'autre en avant, réunies par une portion étranglée. Ce lobe antérieur semble s'être creusé une loge aux dépens du cristallin et l'iris le recouvre étroitement sans que l'œil saisisse aucun espace libre entre ces différents organes.

De quelle nature est la tumeur? La malade depuis plusieurs années rend des fragments de tænia, et bien qu'elle ait cherché à diverses reprises à se débarrasser de ce parasite, elle n'est pas certaine d'être encore guérie. Ce fait méritait d'appeler l'attention et il y avait lieu de se demander si l'on n'était pas en présence d'un cysticerque intra-oculaire. La teinte de la portion postérieure de la tumeur et pour la partie antérieure un certain degré de translucidité pouvaient venir à l'appui de cette hypothèse.

Toutefois, d'une manière générale, l'aspect ne rappelle guère celui des kystes parasitaires de l'œil et il n'a pas été non plus possible d'observer, malgré un examen attentif, ces déplacements si caractéristiques qui décèlent la présence du cysticerque. C'est pourquoi, sans rejeter d'une manière absolue l'existence d'une tumeur kystique, Badal se range plus volontiers à l'hypothèse d'une néoplasie solide ayant son point de départ dans la région ciliaire et, de là, ayant envahi d'une part la loge antérieure, d'autre part la loge postérieure du globe. C'est du reste, ajoute-t-il, le siège habituel des sarcomes de l'œil, et le cas ne présenterait qu'un intérêt secondaire, n'était la coloration du lobe antérieur de la tumeur.

La néoplasie prolifère rapidement, car dans l'intervalle de deux examens pratiqués à quinze jours de distance on a pu noter son accroissement.

Les ophtalmologistes présents à la séance de la Société de médecine de Bordeaux dans laquelle le professeur Badal exposa le cas de sa malade dans les termes qui précèdent, l'examinèrent avec beaucoup de soin. Armaignac émit l'opinion qu'il s'agissait d'un sarcome de la région ciliaire et Georges Martin agita l'hypothèse d'une luxation du cristallin tout en reconnaissant « que la teinte rosée de cette production est très exceptionnelle sur le cristallin et en outre, que « si l'on fait baisser la tête de la malade, la tumeur reste fixe, « raisons qui viennent à l'encontre de ce diagnostic ».

Sous, qui connaissait déjà la malade, rappelle que, lors de son premier examen (juillet 1885), la tumeur se présentait à l'éclairage direct sous la forme d'une masse rougeâtre, limitée par une courbe sombre à concavité supérieure. Cette tumeur dit-il, réfléchissant fortement la lumière, paraissait comme transparente et rappelait assez l'aspect de ces ballons d'enfants colorés en rouge et vus à travers une lumière. L'aspect du corps vitré variait suivant l'intensité de l'éclairage. Avec un fort éclairage on avait la sensation de pointillés obscurs disposés par groupes et à différentes profondeurs, comme des écrans d'inégale grandeur et placés les uns au devant des autres ; avec un éclairage faible le pointillé obscur faisait place à des lignes sinueuses perlées. Les images de Purkinje étaient très nettes.

Lors de son second examen, Sous constata que la tumeur était moins transparente, moins facile à éclairer. Étant donnés les antécédents de la malade, notre distingué confrère inclina à admettre l'existence d'un cysticerque en insistant sur la grande difficulté d'un diagnostic précis.

Le 17 février 1886, le professeur Badal opéra la malade après avoir dû lui promettre de n'enlever l'œil que si l'extirpation de la tumeur ou du kyste, si kyste il y avait, ne pouvait être pratiquée isolément.

La conjonctive fut disséquée au niveau de la tumeur sur une petite étendue, de manière à permettre l'écartement des lèvres de la plaie au moyen de deux crochets mousses.

L'incision de la sclérotique s'accompagna d'une véritable

petite hémorrhagie en nappe, en rapport avec le développement exagéré du système vasculaire. Au moment où l'opérateur achève d'inciser la sclérotique et probablement aussi la choroïde, une petite quantité de sérosité citrine très limpide qui ne ressemblait en rien à l'humeur vitrée s'échappa brusquement à travers la plaie. Il s'agissait sans doute d'un épanchement sous-rétinien.

A travers la sclérotique apparut alors une masse pulpeuse, grisâtre, présentant tous les caractères du sarcome. Il fut impossible à l'opérateur de trouver une enveloppe kystique ; en cherchant dans toutes les directions avec une petite pince courbe à mors plats, il ne put ramener autre chose que des parcelles de la tumeur dont le tissu, extrêmement friable, se réduisait en bouillie sous la pression de la pince.

La tumeur ne pouvant être ainsi enlevée en totalité, Badal fit l'énucléation du globe de l'œil.

L'examen macroscopique de la pièce permit immédiatement de saisir les détails suivants.

Sur une coupe d'ensemble, faite d'avant en arrière, suivant un méridien passant par le sommet de la cornée et la portion centrale de la tumeur, on reconnaît que celle-ci présente un volume relativement considérable, 8 millim. environ de haut en bas et 12 millim. d'avant en arrière, c'est-à-dire à peu près la moitié de l'axe antéro-postérieur de l'œil. La forme est celle d'une noisette qui serait couchée sur la région ciliaire, l'extrémité antérieure arrivant au sommet de l'iris, l'extrémité postérieure plongeant dans le corps vitré.

Les rapports de la tumeur et du cristallin, très difficiles à saisir sur le vivant, sont très nets sur la préparation macroscopique.

La lentille n'a subi aucun déplacement, mais à sa partie inférieure externe, au point correspondant à la tumeur, il y a une dépression très accusée, une sorte d'échancrure et comme une véritable perte de substance faisant place à la néoplasie.

Le ligament suspenseur a disparu ; il reste quelques vestiges des procès ciliaires. La rétine recouvre le lobe postérieur de la tumeur ; elle est décollée en grande partie dans le reste de son étendue et se réduit presque à un cordon fibreux.

La tumeur, bien qu'assez régulièrement sphérique, est divisée dans sa masse par deux scissures profondes et semble comme trilobée, à la façon d'une feuille de trèfle.

Elle repose sur la sclérotique par sa face externe et fait saillie dans la vitrine immédiatement en arrière du cristallin. Son volume est celui d'une petite noisette. Son contour est très exactement délimité et ses rapports faciles à déterminer avec les membranes de l'œil. Elle correspond exactement au muscle ciliaire par son point d'implantation, tandis que son extrémité antérieure touche à l'origine de l'iris ; sa partie postérieure est recouverte par la choroïde soulevée, repoussée et bordant le néoplasme d'une élégante frange noire que nous retrouverons sur les études histologiques.

La surface de contact avec la sclérotique présente une étendue de 10 à 12 millimètres et comme la partie antérieure de cette surface correspond aux fibres radiées du muscle ciliaire, il en résulte que le néoplasme occupe les 12 millimètres de la sclérotique qui sont placés immédiatement au niveau et en arrière de ce muscle.

L'iris, la chambre antérieure, la cornée ont conservé leurs dimensions, leur forme, et leur structure normales. La sclérotique elle-même n'est nulle part altérée, son épaisseur est partout uniforme et dans les points où le néoplasme repose sur elle, elle est restée indifférente à ce contact.

Examen microscopique. — Nous n'avons pas fait de dissociations espérant utiliser plus efficacement par des coupes transversales ce qui reste de la tumeur déjà fort amoindrie par des examens antérieurs.

Ces coupes ont été faites perpendiculairement à la sclérotique, dans le sens de l'un des grands diamètres de l'œil.

Elles comprennent la cornée, l'iris, la sclérotique jusqu'au pôle postérieur de l'œil; outre tout ce qui a été décrit plus haut, elles révèlent la structure suivante :

Sur les coupes traitées par le carmin, on est d'abord frappé par la coloration rouge de la sclérotique, du tissu conjonctif irien et de la cornée, alors que le néoplasme présente une couleur beaucoup plus pâle. Cette différence de coloration tient aux éléments musculaires qui absorbent le carmin beaucoup moins que les éléments connectifs. Presque toutes les fibres musculaires lisses sont coupées en travers; quelques-unes seulement le sont obliquement. Entre les faisceaux que forment ces fibres on distingue des petits amas de cellules embryonnaires d'un rouge très intense. Sur l'une des préparations faites avant notre propre examen par M. Ferré, chef des travaux histologiques à la Faculté, on peut voir une grosse masse de cellules embryonnaires jeunes, en voie de développement rapide, identiques par conséquent aux cellules du sarcome; mais cette production de cellules jeunes est contingente et accessoire dans le néoplasme; nous ne l'avons retrouvée dans aucune des nombreuses coupes que nous avons faites.

Sauf de très petits îlots de cellules conjonctives, les préparations ne contiennent que deux choses : 1° des fibres musculaires; 2° des vaisseaux sanguins.

Les fibres musculaires lisses forment des faisceaux séparés par des intervalles assez larges; chaque faisceau est subdivisé en petits quadrilatères irréguliers (voir fig. 1) (champ de Conheim). Parfois un vaisseau coupé en long glisse obliquement dans l'intervalle de deux faisceaux primitifs; on voit de gros orifices vasculaires, transversalement sectionnés, qui refoulent à leur périphérie les faisceaux primitifs insuffisamment espacés pour les recevoir dans leur intervalle.

Les vaisseaux d'un très petit calibre sont surtout intéressants; ce sont des capillaires formés d'une seule tunique anhiste protégée par une zone très mince de cellules conjonctives. Cette zone est elle-même entourée par une couche radiée de fibres musculaires lisses coupées en travers et très régulièrement disposées.

Afin de mieux étudier les rapports réciproques des vaisseaux et des fibres musculaires, quelques coupes ont été colorées à la purpurine, véritable réactif d'élection pour un pareil tissu.

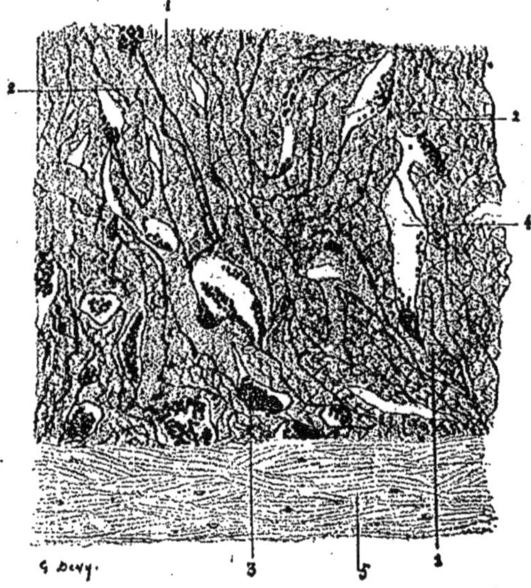

Fig. 1 (Gross. 100 fois).

1. Travées composées de fibres musculaires. — 2. Lignes séparant les fibres coupées en travers (champs de Conheim). — 3. Cavités vasculaires préexistantes au néoplasme, remplies de globules rouges. — 4. Espaces vasculaires sans globules rouges, ces derniers étant tombés pendant la préparation. — 5. Sclérotique.

Par cette substance toutes les fibres musculaires ont été colorées avec une grande intensité, il a été facile de bien voir le double contour de presque tous les vaisseaux de néoplasme.

Il importe de bien noter que toutes les coupes ont été faites dans la direction méridionale; de telle sorte que les fibres méridiennes du muscle ciliaire ont dû être intéressées dans leur longueur et les fibres radiées transversalement.

En effet, les premières fibres sont très visibles; le muscle ciliaire apparaît aussi nettement que possible dans toute sa partie méridionale ; il est possible de le suivre en avant, jusqu'au canal de Fontana.

Les fibres radiées normales, placées surtout à la partie antérieure et interne du muscle ciliaire, ne prennent aucune part au processus pathologique ; toutes les fibres de nouvelle

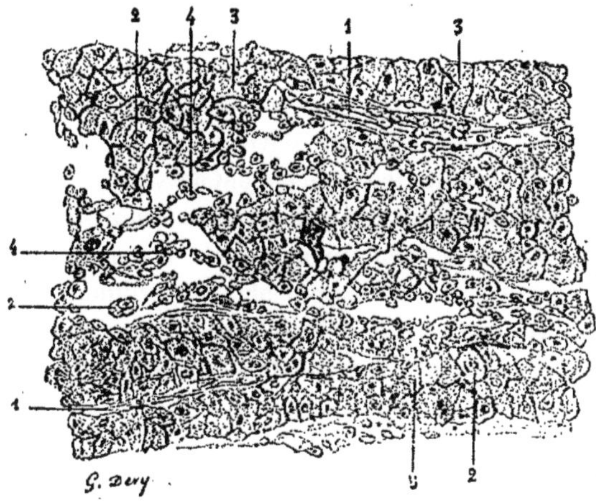

Fig. 2 (Gross. 320 fois).
1. Travées composées de fibres musculaires. — 2. Fibres musculaires coupées en travers avec leurs noyaux. — 3. Fibres sans noyaux, la section étant faite loin du milieu. — 4. Cellules embryonnaires.

formation qui composent la tumeur sont situées en dedans de la région postérieure des fibres méridionales et dans la partie antérieure de la choroïde. Elles représentent comme un muscle radié anormal, monstrueusement développé, séparé du muscle de Muller par toute l'épaisseur du muscle ciliaire.

La figure 1 représente le néoplasme vu à un grossissement de 90 à 100 diamètres ; on y voit de gros orifices vasculaires qui ne sont autre chose que les vaisseaux normaux de la région plus ou moins gorgés de globules rouges (3). Les fibres musculaires sont tassées les unes contre les autres de manière à former des travées séparées par des lignes assez foncées. Chaque fibre musculaire est séparée de ses voisines par de fins interstices qui limitent les champs de Conheim (2).

La figure 2 représente la coupe des fibres musculaires. La plupart possèdent un noyau (2) ; celles qui n'en possèdent pas (3) ont été sectionnées au-dessus ou au-dessous de cet élément.

Sur cette figure on distingue encore des cellules plus petites, plus jeunes (4) qui sont probablement des cellules embryonnaires connectives et peut-être aussi de jeunes fibres musculaires au début de leur développement.

Tels sont les faits, très exactement dessinés d'après nature, que nous avons constatés ; il ne nous paraît pas qu'il soit possible d'avoir le moindre doute sur la conclusion anatomique qui s'impose, mais pour plus de certitude nous avons eu le soin de montrer nos préparations aux professeurs d'anatomie normale et pathologique de la Faculté, Viault et Coyne. Avec leur incontestable autorité, ils ont confirmé notre diagnostic histologique et reconnu l'existence de ce myome.

En examinant cette préparation on pouvait songer un instant à l'épithélioma, puisque, ainsi que Teacher Collins et nous-même l'avons démontré (Voir page 98), au niveau du corps ciliaire l'épithélium normal peut produire une tumeur épithéliale maligne.

Cette interprétation tombe devant ce fait qu'un très grand nombre des éléments représentés sur la figure n'ont pas de noyaux, et que les autres ont un noyau relativement très petit. L'absence de noyaux ne peut s'expliquer que par la section d'une fibre musculaire.

D'autre part, ces derniers jours, examinant de nouveau nos coupes faites en 1886 nous avons eu la pensée de les dissocier afin d'étudier isolément et de voir si ces éléments pris à part avaient figure d'épithélium. Ce nouvel examen a été pleinement confirmatif du premier. Divers histologistes parmi lesquels le Dr Sabrazès, chef des travaux du laboratoire des cliniques, ont bien voulu examiner ces préparations et pour eux comme pour les professeurs Viault et Coyne il s'agit bien d'un myome.

Il importe encore de remarquer que ce n'est pas dans une partie plus ou moins considérable de la tumeur que ces fibres musculaires existent, mais dans toutes ses parties. Cette tumeur est un myome et rien qu'un myome.

Ce fait est tellement exceptionnel que, malgré toutes nos recherches, nous n'avons pu trouver que le cas bien connu d'Ivanoff[1] qui pût lui être comparé.

Les tumeurs du corps ciliaire ont été l'objet de travaux récents très curieux. Fieuzal[2] et Haensell ont étudié le leucosarcome de la région; Goldzieber[3] le sarcome pur, et Schiess-Gemusseus[4] nous a fait connaître la formation d'un tissu cicatriciel, sorte de fibrome, développé dans la totalité du corps ciliaire sans cause connue.

Mais dans tous ces faits les lésions intéressent le tissu cellulaire abondant de la région, et non point les fibres musculaires lisses comme dans le cas d'Ivanoff et celui que nous décrivons.

Dans ces deux observations les analogies anatomiques et cliniques sont très grandes.

Le siège des deux tumeurs est absolument le même, la tumeur d'Ivanoff, plus volumineuse, avait atrophié une partie du cristallin et produit des accidents glaucomateux. Il est probable que sans l'intervention chirurgicale ces accidents n'auraient pas tardé à éclater dans le cas de Badal.

De plus, la tumeur dont nous publions l'histoire anatomique avait envahi de bonne heure le corps vitré, occasionné

---

[1] WECKER et LANDOLT, *Traité d'ophtalmologie*, t. II, p. 477.

[2] FIEUZAL et HAENSELL. *Annales du laboratoire des Quinze-Vingts*, 1888, fac. 1.

[3] GOLDZIEHER. Ueber ein primaris Sarkom des ciliaris Korpers. *Wien. med. Wochenschrifft*, août 1887.

[4] SCHIESS-GEMUSSEUS. *Arch. für Ophtalmol.* Leipzig, 1888, p. 247.

un épanchement liquide assez abondant entre la choroïde et la sclérotique ; ces accidents ne sont pas signalés dans l'observation d'Ivanoff, mais dans les deux cas le processus général est identique ; c'est la même marche lente, la même coloration, les mêmes rapports d'ensemble avec les membranes et les milieux dioptriques.

Dans le fait d'Ivanoff l'examen microscopique montra que la tumeur se composait exclusivement de fibres musculaires lisses. « Toute la portion externe dirigée vers la sclérotique « (épaisse de 4 à 5 millim.) est composée de cellules fusi- « formes avec noyaux très distincts en forme de bâtonnets. « La partie moyenne des fibres musculaires affecte une direc- « tion longitudinale. Ce n'est que dans la partie antérieure « qu'on trouve quelques faisceaux circulaires.

Dans le cas actuel, les fibres musculaires sont au contraire toutes ou presque toutes dirigées circulairement. C'est la seule différence de ces deux faits qui méritent une place unique dans l'histoire des tumeurs du corps ciliaire.

N. B. Ces lignes étaient imprimées lorsque j'ai appris que cinq ans après l'énucléation de l'œil dont il est ici question, une tumeur s'était développée dans le moignon. Etait-ce un néoplasme dû à la généralisation des cellules sarcomateuses, rares d'ailleurs, mélangées au myome. Ce n'est pas vraisemblable car la récidive se serait vraiment fait trop attendre. Il s'agissait probablement d'un nouveau néoplasme sans lien avec le premier. L'examen histologique de cette seconde tumeur n'a pas été pratiqué.

II.

Carcinome primitif des procès et du corps ciliaire.

(En collaboration avec M. le Professeur BADAL).

La tumeur étudiée dans ce travail est intéressante à la fois par son siège, par son origine, par son développement. Par son siège, parce qu'il a été constaté très peu de lésions semblables dans le corps ciliaire ; par son origine, parce que l'épithélium cylindrique des procès ciliaires a pris dans sa genèse une part prépondérante ; par son développement, parce qu'il a été possible de suivre pas à pas l'évolution du néoplasme et de montrer, ainsi que la chose est faite depuis longtemps pour les carcinomes glandulaires, ceux du sein, par exemple, que les éléments essentiels de la néoplasie dérivaient de l'épithélium normal, primitif, de la région.

Le lecteur trouvera la justification de ces propositions majeures dans les détails qui suivent l'observation clinique que voici :

OBSERVATION [1].

En mars 1891 un garçon de huit ans, d'une famille de cultivateurs des environs de Bordeaux, est conduit à M. le professeur Badal pour une affection oculaire au sujet de laquelle plusieurs médecins ont déjà été consultés.

Sous le rapport de l'hérédité des antécédents morbides, de la santé générale de cet enfant, rien de particulier à signaler.

Peu de temps après sa naissance, ses parents avaient remarqué qu'il paraissait y voir mal de l'œil gauche, et que de ce côté la pupille était plus dilatée que de l'autre. L'œil droit n'a jamais rien présenté d'anormal.

Vers l'âge de cinq ans la vison disparut complètement sans souffrances

---

[1] Observation publiée par MM. BADAL et LAGRANGE dans les *Archives d'Ophtalmologie*, 1892.

et à partir de ce moment l'œil commença à grossir. Trois ans plus tard, au moment de l'opération dont il va être question, l'œil apparaît injecté, saillant, d'un quart environ plus volumineux que l'autre; la cornée est à peu près normale, la chambre antérieure très profonde, la pupille fortement dilatée, les milieux inéclairables à l'ophtalmoscope.

L'éclairage oblique du champ pupillaire donne un reflet rose clair, uniforme, sans apparence de vascularisation.

A la partie supérieure du globe en arrière de la cornée, staphylôme intercalaire de la grosseur d'une fève; un autre staphylôme un peu plus volumineux, à bosselures multiples, occupe la partie inférieure de la région ciliaire. La sclérotique, très amincie au niveau de ces staphylômes, laisse voir des masses vascularisées, noirâtres, constituées probablement par un néoplasme. Pas de ganglions lymphatiques intéressés.

Il n'y a pas de grandes douleurs, mais les mouvements des paupières commencent à être fort gênés par suite de l'augmentation de volume du globe et de la présence des ectasies dont il vient d'être question ; depuis quelques semaines la maladie semble faire des progrès rapides ; l'œil est rouge, larmoyant, dur, très sensible à la lumière. Une opération s'impose L'énucléation est pratiquée le 16 mars ; les parties postérieures du globe et le nerf optique paraissent sains.

L'enfant guérit rapidement, et un œil artificiel peut être mis en place quelques jours après. Deux années sont aujourd'hui écoulées, et la guérison se maintient, puisque l'enfant n'est pas revenu demander de soins spéciaux. Au sujet de la non récidive il ne peut y avoir cependant qu'une grande somme de probabilité, mais non une certitude complète.

Le malade avait à diverses reprises subi les traitements les plus variés, collyres, pommades, iodure de potassium, mais aucune opération n'avait été pratiquée.

Étude anatomique. — L'œil que nous examinons après un assez long séjour dans l'alcool offre une coque mince, vide de son contenu, le cristallin et le corps vitré, étant spontanément sortis au moment où la pièce anatomique a été incisée, aussitôt après l'opération. Le cristallin présentait dans la région équatoriale une fossette assez large pour loger le néoplasme.

La rétine complètement décollée flotte à l'intérieur de la cavité oculaire la choroïde adhère à la sclérotique ; cette dernière membrane ainsi que la cornée ne présentent rien d'anormal. Rien d'anormal non plus dans le point où le nerf optique entre dans l'œil.

Le néoplasme se trouve exclusivement au niveau des procès et du corps ciliaires et consiste dans la présence de deux petits noyaux blancs, inégaux placés l'un près de l'autre dans la situation représentee sur la figure 1.

Ces tumeurs appartiennent toutes les deux à la région ciliaire ; elles vont de la sclérotique à l'équateur du cristallin comprimé.

Le plus gros de ces noyaux a le volume d'un pois ; l'autre est à peu près trois fois moindre ; leur aspect est tout à fait analogue au sarcome blanc de la choroïde.

Ils sont séparés par un sillon incomplet, et si l'on examine la pièce anatomique à la loupe on reconnait qu'en somme les deux tumeurs ne forment qu'une masse ayant subi une sorte d'étranglement artificiel, la divisant en deux lobes étroitement reliés entre eux.

La choroïde s'arrête à la base du néoplasme et en limite la partie postérieure; en avant l'iris est envahi, sa grande circonférence et plus de la moitié de son tissu sont annexés au néoplasme.

Les autres parties du corps ciliaire examinées très attentivement ne présentent aucune excroissance apparente.

Examen microscopique. — Les coupes ont été faites dans la partie la plus épaisse de la tumeur dans le sens du méridien, au microtome mécanique, après le durcissement de l'alcool et le montage dans la celloïdine selon le procédé classique. Elles ont été faites dans le laboratoire de M. le professeur Viault qui a bien voulu les examiner. Sur chacune de nos préparations à un très faible grossissement on distingue les détails suivants visibles sur la fig. 2, pl. V.

La sclérotique un peu amincie (4, 4) limite le mal en dehors. On la voit se continuer en avant avec la cornée, on distingue même à ce niveau le limbe conjonctival dont l'épithélium se continue avec l'épithélium cornéen.

En arrière on aperçoit à la face interne de la sclérotique un lambeau de choroïde. Vers la partie moyenne de la tumeur la membrane fibreuse se divise en deux faisceaux comme si elle était dissociée par les éléments morbides. Le faisceau interne va se perdre dans le néoplasme.

La masse même de la tumeur présente un aspect assez irrégulier ; on y voit des îlots nombreux et inégaux plus colorés que le tissu environnant. De plus, déjà à ce faible grossissement, on distingue des tubes avec une lumière centrale (1, 1, 1, fig. 2). Ces tubes sont surtout très abondants à la partie antérieure. La partie interne en contient aussi beaucoup ; en arrière le tissu est plus uniforme.

Dans cette région postérieure on trouve un vestige des procès ciliaires, de même qu'en avant on remarque un lambeau d'iris (2, 2 et 3, fig. 2).

Pour étudier la structure intime de ce néoplasme, nous avons choisi dans la région antérieure cette partie où il existe beaucoup de tubes à lumière centrale, en même temps que beaucoup d'îlots dont les éléments, par leur groupement spécial, rappellent la disposition des tubes eux-mêmes.

En ce point il nous a été possible de pénétrer utilement les détails des lésions. Ce sont ces détails qu'on aperçoit sur les fig. 1, 2, et 3, Pl. VI.

La fig. 1, Pl. VI est remarquable par les nombreux canaux glandulaires qu'elle contient. Elle possède à n'en pas douter les caractères de l'adénome.

Un épithélium cylindrique bien régulier tapisse les parois de ces tubes qui sont tantôt arrondis, tantôt aplatis par la compression du voisinage, ou bien obliquement coupés par le rasoir (1, 1, fig. 1, Pl. VI).

A côté de ces tubes à lumière large, n'ayant qu'une rangée épithéliale sur leurs parois on trouve une masse compacte d'éléments anatomiques dont il est impossible à ce grossissement de distinguer la forme, mais qui ont des rapports évidents avec un segment de tube dont on ne voit qu'une demi-circonférence. La paroi du tube s'est en quelque sorte fondue dans l'îlot (2, fig. 1, Pl. VI).

En 3, 3, fig. 1 pl. VI, on voit encore des vestiges de tubes plus ou moins confondus avec le tissu environnant.

La fig. 2, Pl. VI (grossissement 650 f.) montre avec une grande clarté la structure des tubes, leur contour, la forme cylindrique de l'épithélium, le gros noyau, quelquefois les deux noyaux que chaque cellule contient (1, 2, fig. 2, Pl. VI).

Mais, et ceci est le point capital de la tumeur que nous analysons, la quantité des tubes qui possèdent une large lumière centrale avec une simple couche de cellules est relativement restreinte, il en existe au contraire un grand nombre d'autres dans lesquels les cellules épithéliales ont proliféré (3, fig. 2, Pl. VI). Tel prolifère l'épithélioma intra-canaliculaire du sein par exemple.

Comme dans les épithélioma intra-canaliculaires les cellules épithéliales ont perdu leur forme normale ; pour employer le langage de l'histologie pathologique, elles sont devenues métatypiques. Enfin en beaucoup d'endroits il est facile de constater que sous l'effort de la poussée cellulaire inférieure, le tube s'est rompu laissant ainsi son contenu envahir le tissu voisin.

La 5e figure, fig. 2, Pl. VI nous montre le dernier stade de ce processus épithélial. La partie qu'elle représente a été prise comme au hasard dans la coupe, c'est-à-dire que la tumeur est formée presque en totalité par les éléments représentés sur ce dessin.

Les cellules figurées en 1, 1, fig. 3, Pl. VI, sont semblables à celles qui sont contenues dans les tubes de la fig. 3, Pl. VI. Ces amas de cellules formaient antérieurement aussi de véritables tubes qui se sont déchirés, réunis, en mélangeant leur contenu. Les îlots de cellules épithéliales dégénérées, sont séparés par des tractus conjonctifs, vestiges du tissu environnant ou peut-être de nouvelle formation (2, 2, fig. 3, Pl. VI). Telles pour continuer notre comparaison, les cellules épithéliales atypiques émanées des éléments glandulaires du sein, prolifèrent dans le tissu conjonctif de la mamelle et font un carcinome.

Si maintenant avec un grossissement plus considérable encore, nous cherchons à étudier les détails de structure des cellules mêmes, que voyons-nous ? Elles sont irrégulières dans leur forme, allongées, polyédriques ovoïdes avec une extrémité très pointue ; un très grand nombre possèdent un gros noyau unique, d'autres ont au contraire plusieurs petits noyaux multiples. Sur beaucoup d'entre elles, on voit ainsi la preuve de leur vitalité et de leur prolifération active.

A côté de ces cellules qui dérivent à n'en pas douter des cellules contenues dans les tubes, il en est d'autres qui sont de simples cellules sarcomateuses; elles sont plus petites, arrondies et se rencontrent surtout dans la partie postérieure de la tumeur.

En résumé, l'examen histologique a révélé dans ce néoplasme :

1° Des tubes réguliers avec une lumière centrale, tapissés d'une seule rangée d'épithélium cylindrique. De pareils tubes caractérisent l'adénome.

2° Des tubes remplis par la prolifération épithéliale (épithélioma intra-canaliculaire);

3° Des masses cellulaires formées par l'épithélium déformé métatypiqu ou atypique, séparées par de frêles cloisons conjonctives (carcinome encéphaloïde).

Mais que sont devenus les éléments normaux de la région, savoir les vaisseaux, les fibres musculaires, les cellules pigmentées et les éléments épithéliaux qui constituent le « parsciliaris retinæ » ?

Les vaisseaux de nouvelle formation sont extrêmement rares ; presque tous les conduits vasculaires sont antérieurs à la tumeur, présentent un double contour et encore ces derniers sont-ils peu nombreux. Nul lac sanguin, nulle hémorrhagie interstitielle ; cette tumeur était remarquable par sa faible vascularisation.

Les fibres musculaires ont presque toutes disparu ; il n'en existe plus que quelques-unes à la partie moyenne et sur le côté sclérotical du néoplasme, elles sont atrophiées, dévorées par le mal et ne jouent dans l'affection qu'un rôle passif très effacé.

Les éléments pigmentés ont aussi disparu comme ils disparaissent dans les leuco-sarcomes de la choroïde et de l'iris. Deux points de la tumeur seuls en renferment. Tout le reste est absolument dépourvu de pigment, on n'y trouve même pas trace de cette poussière noirâtre qu'on rencontre en général en petite quantité dans la plupart des leuco-sarcomes.

Nous arrivons maintenant aux cellules épithéliales du « pars ciliaris retinæ ». Quelle part ont-elles dans cette affection?

Cette part est *grande, capitale* à notre avis. Il convient de la faire soigneusement ressortir.

Rappelons d'abord en quelques mots les notions aujourd'hui classiques sur l'anatomie normale de cet épithélium. Après la description qu'en donna Muller (1857), Schwalbe (1874) nota sa ressemblance avec l'épithélium glandulaire et Boucheron [1], dans une intéressante étude, formula d'une façon expresse cette opinion à laquelle les travaux récents de Nicati [2] ont donné une définitive consécration.

Il suffit de regarder les figures qui accompagnent le remarquable travail de cet auteur pour reconnaître qu'il s'agit bien là d'un revêtement épithélial en tout semblable à celui des culs-de-sac glandulaires. On voit sur les procès ciliaires un grand nombre de cryptes et replis tapissés par de grosses cellules à forme prismatique présentant sur les côtés les effets de la compression réciproque et à l'intérieur un gros noyau ovalaire.

Ce sont les mêmes cellules que nous avons trouvées dans les tubes visibles sur nos coupes.

Teacher Collins a dernièrement publié un excellent et substantiel travail qui se rattache directement à notre sujet [3]. Cet auteur étudie la glande ciliaire dans l'œil humain. Il rappelle les expériences de Deutschmann qui, après avoir excisé l'iris et le corps ciliaire de l'œil d'un lapin, remarque que la sécrétion de l'humeur aqueuse est arrêtée et que le corps vitré est en souffrance.

Il cite les travaux de Schaler et Uhthoff qui en faisant des in-

---

[1] BOUCHERON. *Société française d'ophtalmologie*, 1883, Sur l'épithélium aquipare et vitréipare des procès ciliaires.

[2] NICATI. La glande de l'humeur aqueuse (avec planches). *Archives d'ophtalmologie*, 1890, p. 490.

[3] TEACHER COLLINS. *Ophtalm. Society Trans.*, 12 mars 1891, vol XI.

jections sous cutanées de fluorescéine constatent, quelques minutes après l'injection, que la matièrecolora ntevisible à travers la pupille envahit la chambre antérieure. La dissection de l'œil démontre qu'au moment même où la pupille est ainsi colorée les procès ciliaires renferment aussi la matière colorante. De plus le corps vitré est envahi par une coloration qui vient évidemment des procès ciliaires. Si au préalable la région ciliaire est atrophiée ou détruite, nulle matière colorante, d'après ces auteurs, ne rentre dans l'œil.

Tous ces travaux conduisent à la même conclusion que les travaux français de Boucheron et de Nicati.

Les recherches histologiques personnelles à Teacher Collins l'ont également porté à admettre que dans la région ciliaire existe une véritable glande tubulée, dans laquelle il localise la maladie décrite en 1808 par Wardrop sous le nom d'aquo-capsulite, affection qui pour lui ne serait que le catarrhe de cette glande.

Il faut bien reconnaître que cette hypothèse est très séduisante, car tous les symptômes propres à cette affection sont ainsi bien expliqués.

Enfin Teacher Collins rapporte dans son travail deux faits qui nous intéressent spécialement, ce sont deux cas de tumeurs épithéliales du corps ciliaire.

Le premier fait, concernant une jeune fille de 19 ans, décrit comme un sarcome mélanotique, était très pigmenté ; il s'agissait d'une tumeur épithéliale, mais l'examen anatomique ne put être fait complètement. L'autre, heureusement plus complet, concernait une femme de 63 ans qui, 25 ans auparavant, avait reçu sur l'œil un traumastisme violent (coup de poing) et deux années après avait perdu la vue,

Neuf semaines avant l'énucléation commencèrent les accidents inflammatoires. La tumeur partiellement pigmentée, siégeait dans les procès ciliaires et envahissait le muscle ciliaire et l'iris à son point d'insertion. On avait originellement décrit cette tumeur comme un sarcome ayant subi la dégénérescence muqueuse. Plus tard, elle fut examinée de nouveau par M. Solly et montrée à la Pathological Society, le 15 avril de l'année dernière, comme une tumeur mélanotique de l'œil ayant une apparence épithéliale.

Teacher, Collins après avoir de son côté examiné cette tumeur ne conserve aucun doute sur son caractère épithélial. Dans plusieurs points les cellules ont subi la dégénérescence colloïde ; en d'autres endroits plus pigmentés on trouve des boyaux épithéliaux coupés dans des directions diverses. Une figure du travail de Teacher Collins montre les détails de la lésion.

Le malade, revu trente mois après l'énucléation, était encore bien portant.

L'auteur n'hésite pas à affirmer que beaucoup de tumeurs décrites sous le nom de sarcome du corps ciliaire ne sont que des carcinomes. Nous approuvons pleinement ses conclusions et l'esprit qui anime son travail, mais il nous permettra cependant de lui faire une objection grave. Il ne s'est pas assez préoccupé de savoir si dans les cas qu'il cite, ou plutôt dans le cas unique qu'il fait connaître (car le premier est vraiment trop bref), la tumeur était primitive ou secondaire.

Un carcinome secondaire du corps ciliaire, par généralisation d'une tumeur épithétiale lointaine, est chose fort admissible, l'existence d'une pareille tumeur ne prouverait rien en ce qui concerne les aptitudes pathologiques de la région. Il faut, quand on veut entreprendre une pareille démonstration, commencer par établir qu'il s'agit d'une tumeur primitive, née sur place.

C'est ce qui a eu lieu dans notre fait et nous croyons que sa valeur en est particulièrement accrue.

Il est probable, sinon certain, que de la surface des procès ciliaires sont partis des tubes épithéliaux formant, dans l'épaisseur même du corps ciliaire, une sorte de tissu glandulaire. Ici le tissu de nouvelle formation a gardé l'aspect général de l'adénome, plus loin il s'est transformé en épithélioma intra-canaliculaire, ailleurs enfin et presque partout, en carcinome selon le processus connu de l'origine épithéliale de cette dernière affection.

La tumeur dont il est ici question ressemble beaucoup à celle dont Gayet a publié l'histoire en 1889 dans les *Archives d'ophtalmologie* sous le titre d'adénome de la choroïde. Le professeur de Lyon a aussi constaté que son adénome prenait en certains endroits l'allure carcinomateuse, mais dans son cas il s'agissait de la généralisation d'une tumeur cancéreuse née dans l'estomac. Rien de pareil dans le fait actuel ; l'*étude clinique établit qu'il s'agit d'une tumeur primitive.*

Cette observation présente donc un intérêt de premier ordre. Elle démontre que l'épithélium de la région ciliaire se comporte en pathologie comme un épithélium glandulaire.

La théorie de la *glande de l'humeur aqueuse* trouve dans ce fait une confirmation qu'il serait superflu de faire ressortir d vantage.

LÉGENDES DES PLANCHES

PLANCHE V

FIG. 1. *Face postérieure de la moitié antérieure du globe oculaire.*
a. Cristallin. — b. Tumeur.

FIG. 2. — *Vue d'ensemble d'une coupe* (grossissement 25 fois).
1. 1. 1. Tubes à lumière centrale. — 2. 2. Vestiges des procès ciliaires.
3. Vestige d'iris. — 4. 4. Sclérotique.

PLANCHE VI

FIG. 1. — *Coupe possédant un grand nombre de tubes* (grossissement 250 fois).
1. 1. Tubes à lumière centrale avec une paroi d'épithélium cylindrique. — 2. Tube à moitié détruit se continuant avec un gros îlot de cellules. — 3. 3. Tubes en voie de dissociation, sur le point de perdre leurs caractères. — 4. Vestige de l'uvée.

FIG. 2. — *Coupe montrant les détails de la structure des tubes* (grossissement 550 fois).

1. Tube bien arrondi n'ayant presque partout qu'une rangée d'épithélium. — 2. Tube présentant sur sa paroi une double rangée épithéliale. — 3. Tube rempli par l'épithélium proliféré.

FIG. 3. — *Coupe montrant la partie carcinomateuse* (grossissement 650 fois).
1. 1. Contenu des alvéoles. — 2. 2. Trame conjonctive des alvéoles.

III

Tubercules du corps ciliaire et de l'iris.

Nous rapportons ici, sans commentaires, une observation de tuberculose du tractus uvéal, intéressante autant par la difficulté du diagnostic que par les détails histologiques.

Voici le fait :

François B... 7 ans, le 12 janvier 1893 est amené par son père, à notre clinique pour une affection de l'œil gauche dont l'histoire est la suivante.

Les antécédents héréditaires sont bons ; les parents sont de vigoureux campagnards très robustes, chez lesquels l'enquête la plus minutieuse ne révèle rien de fâcheux au point de vue pathologique.

L'enfant s'est aussi toujours très bien porté ; sa première affection sérieuse est la lésion oculaire pour laquelle il vient demander nos soins.

Cette affection remonte à peu près à trois mois ; le père affirme qu'en octobre 1892 le petit malade a reçu sur l'œil un coup dont il a beaucoup souffert ; mais cet homme, domestique habitant loin de son enfant, ne connait qu'indirectement la relation de cet accident et le sujet interrogé particulièrement sur ce point précis donne des réponses contradictoires.

Il parait toutefois certain qu'il y a trois mois la vision des deux yeux était bonne ; tous les renseignements recueillis sont unanimes à cet égard. Le début du mal semble donc remonter environ au mois d'octobre ; dans ce cas la marche aurait été assez rapide, car à la fin de novembre le malade avait complètement perdu la vision du côté gauche.

Dans le courant de décembre et dans le mois de janvier l'œil a augmenté de volume ; il a perdu son éclat, s'est déformé, il a en somme pris rapidement les caractères qu'il présente aujourd'hui.

Etat actuel. — Avant d'analyser les lésions locales, disons que cet enfant présente un bon état général, il est un peu pâle, mais il n'y a chez lui aucun signe de la diathèse scrofulo-tuberculeuse, les ganglions sont intacts, il n'y a pas d'affections cutanées.

L'œil gauche est beaucoup plus volumineux que l'œil droit ; il est saillant, la cornée qui a presque complètement perdu sa transparence est rejetée en bas, derrière elle dans la chambre antérieure on entrevoit une masse rougeâtre ; c'est cette masse qui a repoussé la cornée et trop à l'étroit dans la chambre antérieure, a défoncé la coque oculaire. La coque a cédé à la partie supérieure et antérieure de l'œil, au-dessus du limbe, au niveau de l'attache du droit supérieur et en avant de cette attache. Dans ce point on aperçoit une tumeur d'un *blanc sale, laissant voir de petits îlots jaunâtres.* La palpation de cette masse morbide donne une sensation de résistance, elle est douloureuse, mais il n'y a pas de douleurs spontanées.

La tension est normale ; les parties postérieures de l'œil sont saines ; il est clair que le néoplasme n'occupe que les parties antérieures.

En revanche tout ce qui est placé en avant du cristallin fait corps en quelque sorte avec la masse morbide ; la cornée est encore reconnaissable, mais elle est envahie ; la sclérotique est détruite dans toute sa partie supérieure, en bas elle est infiltrée par le néoplasme.

Nous faisons le diagnostic de tumeur maligne, *sarcome* ou *épithélioma du corps ciliaire* ; les points jaunâtres bien visibles que nous avions notés auraient dû nous éclairer et nous mettre sur la voie, mais il n'en fut rien et sans détour nous avouons ici notre erreur de diagnostic.

L'énucléation est faite le 13 janvier 1893 à l'hôpital des enfants dans le service de notre ami le Professeur Piéchaud qui voulut bien nous confier cet intéressant malade.

Examen anatomique. — Le globe de l'œil est déformé en avant ; dans toute sa partie antérieure et supérieure il présente un vaste staphylome intercalaire au niveau duquel on remarque, sous la sclérotique presque complètement détruite, la masse néoplasique blanchâtre, d'une consistance ferme.

La cornée est refoulée en bas par la tumeur.

En ouvrant l'œil par une section antéro-postérieure, le partageant exactement en deux parties égales, on constate que toute la partie postérieure est intacte, la rétine, la choroïde, le corps vitré, la sclérotique en arrière de la portion ciliaire sont indépendantes du mal. Le cristallin opacifié se détache spontanément au moment de l'incision, il occupait dans l'œil une fossette creusée sur la face postérieure du néoplasme avec lequel il n'avait d'ailleurs contracté aucune adhérence. (6, fig. 1, planche VIII). La tumeur occupe tout l'espace placé en avant du cristallin et autour de lui ; l'iris confondu avec elle, est reconnaissable à un tractus noirâtre très visible sur la tranche fraîche de la section. Trop à l'étroit dans cet espace restreint, le néoplasme a défoncé la coque oculaire par la partie supérieure de la chambre antérieure et déterminé le staphylome dont nous avons parlé.

La figure 1 de la planche VIII représente la coupe verticale de la tumeur exactement sectionnée selon son milieu ; on y voit la fossette dans laquelle le cristallin était logé ; en 3 sont les débris pigmentaires, vestiges de l'iris ; en 2 on voit la coupe de la cornée, enfin en 1 et 4 la partie de la tumeur sortant au niveau et au-dessus du limbe scléro-cornéen. L'aspect de cette tumeur est blanc jaunâtre comme celui du leuco-sarcome ; la surface de section est lisse, aucun liquide ne s'en échappe ; aucun flot de matière caséeuse, aucun foyer de ramollissement. Cette moitié de la tumeur est elle-même divisée en deux parties, colorées en masse, incluses dans la paraffine et coupées au microtome Vialane.

On obtient ainsi des coupes d'ensemble qui allant d'arrière en avant intéressent ce qui reste du corps ciliaire et de l'iris, la tumeur dans laquelle ces organes sont étouffés, enfin la cornée. Ces coupes étudiées à des grossissements variables ont montré les détails suivants :

1° Le muscle ciliaire est encore reconnaissable à ses fibres musculaires méridiennes sur la limite postérieure de la coupe ; mais des procès ciliaires il ne reste rien que des lignes sinueuses pigmentées (4, fig. 1) ; les vaisseaux ont complètement disparu ; tout le tissu normal de cette région a été remplacé par des cellules jeunes bien colorées, douées d'une active prolifération ; vues à un fort grossissement beaucoup de ces cellules présentent deux, trois, quatre, jusqu'à cinq noyaux ; quelques-unes, moins vivaces, sont fusiformes, fibro-plastiques. On peut suivre la trace de l'iris sous la forme d'une bandelette pigmentée qui court tout le long de la partie postérieure de la préparation; (Fig. 2, pl. VIII) du tissu normal de l'iris, de ses vaisseaux, de ses muscles, on ne trouve aucune autre trace.

Quelques grains de pigment, en avant de ce qui reste du corps ciliaire et de l'iris, sont répandus dans la tumeur, mais ces grains sont très rares et sans importance.

Le fond du tissu est celui du sarcome à tendance fibro-conjonctive avec de grandes irrégularités dans la distribution des éléments jeunes et adultes. Le diagnostic sarcome s'imposerait, si dans toute l'étendue de la tumeur, notamment en son milieu, on ne rencontrait un grand nombre de follicules tuberculeux.

Nous n'agiterons pas l'hypothèse de savoir si ce ne sont pas là des cellules géantes analogues à celles qu'on trouve dans le sarcome à myéloplaxes. Les plaques à noyaux multiples présentent une tout autre physionomie que celles qu'on rencontre ici; dans ces plaques les éléments de la cellule sont tous bien vivants, c'est même l'excès de cette vitalité qui entraîne la multiplication des noyaux.

Dans notre tumeur nous trouvons la structure type des follicules tuberculeux élémentaires, avec tendance plus ou moins marquée, selon les points, à la formation nodulaire fibreuse.

Pour pénétrer plus intimement dans cette structure disons que ces follicules se présentent sous trois formes principales.

1° Autour d'une masse amorphe, arrondie, s'étage une ou deux rangées de cellules épithélioïdes séparant cette masse des cellules embryonnaires voisines (1, 1, 1, Fig. 3)

2° Cette masse présente dans son intérieur un nombre plus ou moins considérable de noyaux ou de jeunes éléments analogues à ceux dits épithélioïdes; examinée à un fort grossissement elle n'est pas arrondie, on y distingue des prolongements rameux qui s'insinuent entre les cellules embryonnaires, voisines, ces cellules géantes sont parfois énormes et la quantité de matière amorphe ou légèrement grenue qu'elles contiennent dépasse de beaucoup en étendue celle que recouvrent les noyaux (fig. 4).

3° On trouve des cellules géantes sous forme d'ellipsoïde, plus ou moins allongés; elles résultent de l'obliquité plus ou moins grande avec laquelle la colonne tuberculeuse a été coupée.

La présence des follicules tuberculeux est donc de la dernière évidence ; il est évident aussi qu'un assez grand nombre de ces follicules subissent la néoformation fibreuse sur laquelle a insisté Grancher.

Quels rapports ces cellules géantes ont-elles avec les vaisseaux si nombreux de l'iris et du corps ciliaire ? nous l'ignorons complètement, car il ne reste pas trace de ces vaisseaux dans cette néoformation dont la vascularisation est aussi pauvre que possible. On sait que pour beaucoup d'auteurs c'est aux dépens des tubes vasculaires que se développent les tubercules. C'est là une question, secondaire d'ailleurs, sur laquelle l'étude actuelle ne nous donne pas de renseignements sérieux.

L'examen bactériologique a d'abord donné des résultats négatifs ; ce n'est qu'à la 37e préparation que la présence du bacille tuberculeux a été démontrée, et encore n'avons-nous pu reconnaître *qu'un seul microbe*, par préparation.

Le Dr Sabrazès, chef du laboratoire des cliniques, qui a poursuivi cet examen avec son application habituelle, a ainsi pu voir dix bacilles incontestables. La plupart siégeaient en dehors des cellules géantes.

Il est fâcheux que chez notre malade nous n'ayons pas songé à la tuberculose avant l'énucléation parce que nous aurions pu faire des inoculations fort instructives. Toutefois malgré cette lacune, le diagnostic tuberculose est certain à cause de la netteté de l'examen histologique et de la présence du bacille tuberculeux.

LÉGENDE DE LA PLANCHE VIII

Fig. 1. — 1, 1, masse tuberculeuse. — 2, cornée encore un peu transparente. — 3, débris de l'iris. — 4, partie pigmentée, vestiges du pigment normal. — 5, sclérotique. — 6, fossette logeant le cristallin.

Fig. 2. — (Grossissement 90 fois). 1, 1, follicules tuberculeux : — 2, 2, débris du procès ciliaire. — 3, grains pigmentaires. — 4, 4, cellules embryoplastiques formant le fond de la tumeur ; en d'autres points, où les follicules tuberculeux sont plus rares, l'organisation fibreuse du tissu est très avancée.

Fig. 3. — (Grossissement 500 D). 1, 1, 1, cellules géantes, on y voit au centre une masse grenue amorphe, entourée de cellules épithélioïdes — 2, 2, cellules dites épithélioïdes. — 3, 3, noyaux embryoplastiques.

Fig. 4. — (Grossissement 500 D). Type de cellules géantes. — 1, masse presque amorphe, contenant de très rares noyaux. — 2, 2, 2, prolongements rameux. — 3, cellules ou noyaux en voie de dégénérescence.

IV

Du leuco-sarcome de la choroïde.

Les leuco-sarcomes de la choroïde sont à la fois assez rares pour que chaque cas particulier intéresse au plus haut degré l'anatomo-pathologiste, et assez fréquents pour que le clinicien doive s'attacher à bien les connaître.

Leur apparition, au milieu d'un tissu pigmenté qui ne prend pas part à leur évolution, constitue une particularité dont l'explication n'a pas été donnée; leur diagnostic différentiel avec les autres néoplasmes de l'œil présente encore bien des points obscurs et la thérapeutique ne peut que gagner à une étude approfondie de l'étiologie et de la symptomatologie de ces productions morbides.

Depuis le mémorable ouvrage de Fuchs sur le sarcome du tractus uvéal (Vienne, 1882), aucun travail d'ensemble n'a été publié sur la question. Il nous a paru opportun de revenir sur ce sujet d'autant plus que, grâce à l'obligeance du professeur Badal, nous avons la bonne fortune de posséder deux observations dont l'histoire anatomique et clinique mérite d'être connue.

Avant d'entrer dans le cœur même du sujet, voyons où en est restée la question du leuco-sarcome choroïdien et quels sont les principaux travaux qui lui ont été consacrés.

Les anciens observateurs, dont l'opinion ne pouvait reposer sur une étude histologique, confondaient sous le nom générique de fongus médullaire le sarcome blanc de la choroïde, le gliome de la rétine et le carcinome métastatique, en général, des membranes de l'œil. Knapp s'appliqua à différencier ces lésions, il leur assigna à chacune une origine particulière et chercha notamment à démontrer que le leuco-sarcome de la choroïde était dépourvu de pigment parce qu'il partait de la couche chorio-capillaire peu riche en substance pigmentaire.

Virchow, qui étudia le leuco-sarcome, fut beaucoup moins affirmatif à l'égard de son origine. « Il y a, dit-il, des sarcomes « incolores qui ont paru primitivement dans la choroïde. J'ai « examiné moi-même un cas analogue qui ne pouvait être « douteux puisqu'on y voyait essentiellement des cellules fu-« siformes. Hulke décrit un cas analogue comme cancer mé-« dullaire. Il est possible que dans ces cas la partie interne « moins pigmentée de la choroïde soit le point de départ de « la tumeur. En attendant, il y a aussi des sarcomes incolores « notamment des sarcomes à cellules multinucléaires qui se « trouvent en des endroits où n'existe normalement que du « tissu pigmenté. J'ai vu un sarcome de ce genre sur l'iris.

« Je ne doute pas que ce phénomène n'ait une cause locale « quoique je ne sois pas dans le cas de l'indiquer ici. »

Brière [1], qui cite cette opinion de Virchow, adopte l'explication de Knapp et pense qu'on peut reconnaître, d'après la façon dont un sarcome est pigmenté, le point de la choroïde qui lui a donné naissance. Ce dernier auteur rapporte plusieurs observations de leuco-sarcome dues à Knapp, de Graefe, Hirschberg, Hasket-Derby; il décrit à part le fibro-sarcome qui cependant, lorsqu'il ne renferme pas de pigment est un leuco-sarcome et rien de plus, celui-ci pouvant renfermer des cellules conjonctives à diverses périodes de leur évolution.

Poncet, dans son atlas, donne deux exemples du sarcome blanc dont l'un à petites cellules, de consistance assez ferme, aux allures bénignes avait fini par amener au bout de plusieurs années l'atrophie du globe. Cet auteur fait remarquer que les sarcomes absolument blancs, sans une tache mélanique, sont extrêmement rares; son cas de sarcome à petites cellules présentait lui-même quelques taches mélaniques, débris évidents

---

[1] BRIÈRE. *Du sarcome de la choroïde*. Th. Paris, 1874.

dit-il, du pigment normal. Cette dernière observation est très judicieuse; il y a presque toujours dans les sarcomes blancs des taches pigmentaires, mais lorsqu'il est certain que ces éléments colorés sont ceux du tissu préexistant et qu'il n'y a pas formation de nouvelles cellules mélaniques, la tumeur est bien un leuco-sarcome.

Fuchs, en 1882, a fait une histoire complète du sarcome du tractus uvéal et tout ce qu'il en a dit reste à peu de chose près définitivement acquis. Nous retrouverons et utiliserons fréquemment dans ce travail les opinions qu'il a soutenues.

Depuis, un certain nombre d'observations et de mémoires ont été publiés sur ce sujet; nous citerons particulièrement la thèse de Papillian (Paris, 1883), une observation de Fieuzal, une étude anatomique de Fontan sur une pièce de Galezowski, le fait typique de Treitel et plusieurs autres qu'on retrouvera plus loin.

Max Maschke dans sa thèse [1] rapporte deux faits de leuco-sarcome qui mériteront aussi notre attention bien que ce travail, écrit sous la direction de Vossius, ait surtout pour but l'étude du sarcome mélanique de la choroïde.

Tous ces faits sont résumés dans les tableaux suivants. Nous les faisons suivre de l'histoire in extenso de deux observations inédites qui nous ont été communiquées par le professeur Badal.

---

[1] Max Maschke. *Ein Beitrag zur Lehre der Aderhautsarkome.* Inaugural Dissertation, 1887. Kœnigsberg.

Numéros	Auteur et source bibliographique	Age, sexe et côté	Anamnèse	État du malade au moment de l'opération	Tension et acuité visuelle	Opération	Résultat	Volume et forme de la tumeur	Origine et siège de la tumeur	Étude microscopique de la tumeur	État des parties voisines
1	LANDSBERG. *Arch. de Knapp*, 2 Abtheilung, 1879.	8 ans, sexe mascul. Œil droit.	Troubles de la vision depuis quatre mois. Pouvait encore lire il y a 2 semaines.	Derrière la lentille apparaît une excroissance blanche.	T. normale et vision nulle.	Énucléation.	Guéri depuis 2 ans 1/2.	La tumeur a le volume d'une lentille.	La tumeur est née dans la choroïde antérieure, couche des gros vaisseaux.	Cellules fusiformes	Rétine décollée au milieu de la masse dégénérée, foyers microscopiques au-dessous de la membrane vitreuse.
2	KNAPP. *Die intraocularen Geschwülste* 1868, Carlsruhe	Homme. 30 ans, A droite	Perte de la vision depuis 7 mois.	Cinq petites grosseurs jaunes avec des stries rouges apparaissent en dedans de la papille.	T. normale $A = \frac{4}{200}$	Énucléation.	Mort après 6 mois avec généralisation dans les côtes	Globuleuse, du volume d'une noisette.	Siège en dedans de la couche Hallérienne.	Cellules rondes disposées en alvéoles, état télangiectasique.	Rétine non décollée et déchirée au voisinage de la tumeur qui tombe dans le corps vitré.
3	H. DERBY. *Boston medical and surgical Journal*, 1872, p. 85.	Homme 58 ans. Œil gauche.	Depuis un mois, rétrécissement du champ visuel par en bas.	Au-dessus de la papille, tumeur bien limitée recouverte par la rétine.	T. normale $A = \frac{20}{30}$	Énucléation.	....	Tumeur aplatie	S'étend du nerf optique à l'ora serrata dans le segment supérieur.	Cellules rondes un peu fusiformes avec des parties alvéolaires.	Rétine adhérente.
4	JEFFRIES *Transactions of the american Journal Ophtal. Society*, 1873.	Homme 60 ans, Œil gauche.	....	Tumeur à la partie interne. A l'ophtalmoscope, on voit que la tumeur est recouverte par la rétine.	Peu de vision.	Énucléation.	....	....	Siège en avant et près le bord interne du corps ciliaire.	Cellules fusiformes	Rétine fait corps avec la tumeur.
5	BECKER. *Arch. de Knapp*, I B., 2 Abtheil., p. 214.	Homme 28 ans. Œil droit.	Depuis dix mois, troubles de la vision ; à cette époque, tumeur circonscrite en dehors de la papille avec rétine adhérente. Depuis huit jours, phénomènes glaucomateux.	État glaucomateux.	T. élevée. A = ?	Énucléation.	Pas de récidive après 9 ans.	Du volume d'une noisette.	Siège en avant, sur le côté externe, dans les couches moyennes de la choroïde.	Petites cellules fusiformes.	Rétine un peu soulevée adhérente au sommet de la tumeur.
6	NETTLESHIP. *Ophtalmic hospital, Reports*, VIII B. 2 Abtheil., 1875, p. 264.	Femme. 12 ans. Œil droit.	Douleurs, depuis six semaines.	Forte inflammation, reflet gris dans la profondeur.	T. nulle. A. nulle.	Énucléation	....	Épaisseur de 5 mill. avec une large base.	Siège contre l'équateur de l'œil à la partie externe et en bas.	Grosses et petites cellules rondes, cellules géantes non typiques.	Décollement de la rétine ; beaucoup de petits nodules dans la choroïde, l'iris et la rétine, filaments tendus de la choroïde à la rétine.
7	FUCHS. *Loc. cit.*	Femme. 53 ans. Œil gauche.	Depuis quatre mois troubles de la vision ; depuis huit jours douleurs.	2e période, apparition du glaucome, reflet jaunâtre en arrière du cristallin.	T. élevée Vision nulle.	Énucléation.	Mort 4 ans après d'un carcinome de l'estomac et du foie.	Grosse comme une amande.	A la partie externe, à l'équateur, dans la couche de Haller.	Petites cellules fusiformes.	Décollement total de la rétine, cristallin comprimé.
8	KNAPP. *Die intraocularen Geschwülste*, Carlsruhe, 1868.	Homme 6 ans. Œil gauche.	Traumatisme depuis assez longtemps. Après une inflammation apparaît une ectasie de la sclérotique.	Staphylôme équatorial interne, derrière le cristallin masse jaune striée de rouge.	T. élevée. A. nulle.	Énucléation.	Encore guérison après 2 ans et 9 mois.	Grosseur du volume d'un grain de millet mamelonnée.	Siège en dedans, à l'équateur.	Foyer central de suppuration semblable à un tissu de granulation.	Entre la sclérotique et la choroïde sous la tumeur un autre foyer de suppuration.

Numéros	Auteur et source bibliographique	Age, sexe et côté	Anamnèse	État du malade au moment de l'opération	Tension et acuité visuelle.	Opération
9	HIRSCHBERG. *Arch. Graefe* XXII B., 1 Abth., p. 135, 1876.	Femme. 2 ans.	Inflammation depuis quatre semaines.	Iritis avec reflet jaune dans la profondeur.	T. élevée. A. nulle.	Énucléation.
10	HOLMES. *Arch. de Knapp.*, VII B., 2 Abth., p. 301, 1868.	Homme, 43 ans. Œil droit.	Depuis deux ans scotôme central. Douleurs depuis trois semaines.	Etat glaucomateux. Cataracte.	T. élevée. A. nulle.	Enucléation.
11	HIRSCHBERG. *klin. Monatsblatt*, VII B., p. 77, 1869	Homme 50 ans. Œil. gauche.	Depuis une année décollement de la rétine en dehors, douleurs depuis peu de temps	Etat glaucomateux	T. élevée. Acuité nulle.	Enucléation.
12	LANDSBERG. *Arch. de Graefe*, XV B., 1 Abth, p. 210, 1869.	Homme 61 ans. Œil droit et œil gauche.	Depuis 5 années la rétine est décollée des deux côtés ; à droite commencement de glaucome depuis 8 jours.	Etat glaucomateux à droite ; à gauche dans la macula la rétine présente reflets jaunâtres avec flocons blancs, gros scotome central	T. élevée. à droite, normale à gauche, acuité 17 % à gauche.	Enucléation. de l'œil droit.
13	FUCHS. *Loc. cit.*,	Femme. 50 ans. Œil droit.	Depuis une année troubles de la vision ; depuis trois semaines douleurs.	Etat glaucomateux ; dans le bord apparaît un reflet jaunâtre.	T. élevée. A. nulle.	Enucléation.
14	HOLMES. *Archives de Knapp*, VIIB., 2 Abtheil., p. 301, 1868.	Homme 85 ans. Œil gauche.	Depuis 25 ans inflammation grave ; depuis lors vision médiocre ; depuis huit ans coup suivi de complications inflammatoires pendant un an, accroissement de l'œil dans les 3 dern. années.	Cornée opacifiée saillante en avant. Staphylôme équatorial en dedans et en haut.	T. normale Vision nulle.	Enucléation.
15	SCHIESS (G.). *Archives de Virchow*, XXXIII B p. 489, 1865.	Femme. 59 ans. Œil droit et œil gauche.	Les deux yeux sont malades depuis neuf mois, l'affection a marché un peu plus vite dans l'œil gauche.	Cornée droite trouble ; œil gauche à l'air d'une masse charnue la cornée est trouble, avec des points blanchâtres.	Vision nulle.	Enucléation.

Résultat	Volume et forme de la tumeur	Origine et siège de la tumeur	Etude microscopique de la tumeur	Etats des parties voisines
....	Tumeur haute et large de 9 millim.	Siège à la partie externe et tout près du nerf optique.	Petites cellules rondes et cellules géantes.	La tumeur s'étend de la lamina fusca à l'épithèle pigmenté ; la rétine est épaissie à son niveau.
....	Tumeur remplit la partie postérieure de l'œil.	Segment postérieur dans les couches moyennes de la choroïde.	Petites cellules fusiformes.	Décollement de la rétine en forme d'entonnoir.
....	Tumeur de 10 mill.	En dehors et en bas de la partie postérieure, dans les couches moyennes et internes.	Cellules fusiformes.	La rétine est complètement décollée et le cristallin repoussé.
Plus tard douleurs apparaissent aussi sur l'œil gauche	Tumeur du volume d'un pois ; pédiculée	Siège des 2 côtés à la partie postérieure. Part de la couche des cellules incolores du stroma de la choroïde.	Grandes cellules fusiformes.	Décollement total de la rétine.
Guérison constatée après un an et demi.	Grosse comme une noisette, pédiculée ; col aminci, parallèle à l'axe du nerf optique.	En dehors, siège dans la couche des gros vaisseaux.	Petites cellules fusiformes.	Décollement total de la rétine.
....	Tumeur remplit la coque oculaire.	....	Cellules rondes et fusiformes dans toute la partie externe du néoplasme ossification partielle	Iris en partie inclus dans la tumeur ; on ne distingue ni le cristallin ni la rétine, la supra-choroïde est conservée ; ce n'était peut-être qu'une production inflammatoire.
Mort six mois après de pneumonie.	A droite épaississement diffus de la choroïde très marqué autour du nerf optique ; à gauche épaississement diffus très marqué à l'équateur ; l'œil est presque rempli par le néoplasme	....	A droite quelques parties contiennent des cellules rondes d'autres du tissu fibreux un peu pigmenté, à gauche petites cellules rondes sans pigment.	Œil droit au moment de l'énucléation en voie de phtisie ; à gauche occlusion de la pupille ; décollement total de la rétine ; les petites cellules s'infiltrent en certains points jusqu'à la sclérotique. Ce n'est peut-être qu'un néoplasme inflammatoire.

Numéros	Auteur et source bibliographique	Age, sexe et côté	Anamnèse	État du malade au moment de l'opération	Tension et acuité visuelle	Opération	Résultat	Volume et forme de la tumeur.	Origine et siège de la tumeur	Etude microscopique de la tumeur	Etat des parties voisines
16	LANDSBERG (de Gorlitz) *Klin. Monatsbl.*, XI B., p. 487, 1873.	Femme 28 ans Œil gauche.	Après l'excision de l'hymen, abcès aux parties génitales, six semaines après perte subite de la vision avec violente irido-choroïdite.	Irido-choroïdite avec cataracte.	T. normale V. nulle.	Enucléation.	Guérison constatée après un an et demi.	S'étend jusqu'à la lentille.	Du côté externe.	Cellules fusiformes.	Pendant l'opération l'œil fut accidentellement ouvert, une cuillerée à café de pus de bonne nature s'écoula. Il s'agissait sans doute d'une choroïdite métastatique. Il y eut erreur de diagnostic.
17	HOLMES. *Arch. de Knapp* VII B., 2 Abth., p. 301, 1868.	Homme 47 ans, Œil droit.	Depuis douze ans, troubles de la vision. Depuis 2 ans douleurs.	Occlusion pupillaire chambre antérieure agrandie.	T. élevée. Vision nulle.	Enucléation.	....	Du volume d'une cerise.	Couches extérieures de la choroïde.	Petites cellules rondes et cellules fusiformes.	Rétine disparue.
18	QUAGLINO et GUAITA *Annali di Ottalmologia*, 1877, 2 fasc. et 1879, 2 fasc.	Homme 43 ans Œil droit.	Douleurs depuis quatre ans, dès le début, on aperçoit dans le corps vitré une masse jaune.	Glaucome absolu.	T. très élevée. Vision nulle.	Enucléation.	Guérison après un an.	Tumeur arrondie 9 mill. de diamètre.	Partie externe du segment postérieur.	Cellules rondes avec substance gélatineuse inter-cellulaire, îlot myxomateux.	La tumeur paraît s'être développée sur la lame vitreuse et recouverte par l'épithélium pigmenté.
19	ALT. *Arch. de Knapp*, VII B., 1 Abth. p. 1, 1877.	?	?	Segment antérieur de l'œil très augmenté de volume.	....	Enucléation.	....	Tumeur remplit toute la partie antérieure de l'œil.	Origine dans la partie antérieure de la choroïde ; s'avance sur la cornée et la conjonctive sans produire une grosse nodosité	Cellules rondes et fusiformes avec nombreux îlots cartilagineux provenant de la dégénérescence du corps vitré.	Le segment postérieur de l'œil est rempli d'un exsudat séreux.
20	ALT. *Arch. de Knapp*. VI B., 1 Abth., p. 1, 1877.	Homme 8 ans. Œil droit.	Huit mois avant traumatisme, deux mois après apparaît une petite grosseur à l'angle interne de l'œil.	A la partie antérieure de l'œil grosseur du volume d'une petite pomme.	Vision nulle.	Enucléation.	Plus tard une récidive fut extirpée.	La tumeur intra-oculaire est petite.	Origine dans la partie antérieure de la choroïde, à travers la cornée détruite sort une grosseur d'un diamètre de 4 centim.	Cellules rondes et fusiformes avec quelques alvéoles ; au milieu îlot cartilagineux.	La rétine est complètement décollée le nerf optique est excavé et atrophié.
21	BERTHOLD. *Arch. de Graefe*, XV B., 1 Abth., p. 159, 1869.	Femme. 7 ans. Œil droit.	Apparition du mal remonte à deux mois.	La rétine est visible à l'éclairage direct.	T. normale Vision nulle.	Enucléation.	Guérison constatée après 9 mois.	Tumeur petite	Siège du côté temporal et en arrière. La tumeur s'avance en avant sur la rétine. Une grosseur du volume de la moitié d'un haricot siège dans la sclérotique, à la partie postérieure de l'œil.	Tissu rappelle celui des granulations.	La choroïde généralement tachetée présente par endroits de petits tubercules blancs la rétine est épaissie mais non décollée.
22	HUTCHINSON. *Ophtalm. Hospit. Reports*, V B., p. 88, 1866.	Femme. 46 ans, Œil droit.	Rétine décollée depuis six mois ; depuis trois jours, douleurs.	Glaucome absolu.	T. élevée. Vision nulle.	Enucléation suivie de l'excision totale du nerf optique.	Guérison constatée après 8 mois.	Tumeur du volume de la moitié d'un noyau de cerise.	Siège au-dessous de la papille ; le nerf optique est dégénéré au voisinage de l'œil.	....	....

Numéros	Auteur et source bibliographique	Age, sexe et côté	Anamnèse	État du malade au moment de l'opération	Tension et acuité visuelle	Opération	Résultat	Volume et forme de la tumeur	Origine et siège de la tumeur	Étude microscopique de la tumeur	États des parties voisines
23	Nettleship, *Ophtalm Hospital Report*, VII B., 3 Abth., p. 385, 1872.	Homme. 78 ans. Œil droit.	Depuis 13 ans, atrophie à la suite d'une inflammation spontanée ; depuis trois semaines, exophtalmie.	Protrusion de l'œil phtisique.	T. abaissée. Vision nulle.	Énucléation.	Mort après deux ans probablement par généralisation.	La choroïde se présente dans l'œil flétri sous la forme d'un tractus noir très épaissi sur un point, la sclérotique déchirée en arrière laisse passer une tumeur grosse comme un œuf de poule.	....	Cellules fusiformes	La partie antérieure du nerf optique est comprise dans la tumeur, la partie postérieure est normale.
24	Hirschberg, *Klin. Monatsblat.*, VII B., p. 77, 1869	Femme 8 ans. Œil gauche.	Depuis plus de 5 mois, troubles de la vision depuis 4 mois, excroissance rapide	Tumeur de la grosseur d'une pomme ; au milieu, la cornée atrophiée ; les ganglions sous-maxillaires sont engorgés.	Vision nulle.	Énucléation ; les ganglions ne sont pas enlevés.	Un mois après les ganglions sont gros comme un poing d'adulte.	La choroïde tout entière est dégénérée surtout en bas où elle a 5 mill. 1/2 d'épaisseur.	Tumeur s'est développée dans le milieu et dans les parties externes de la choroïde ; en arrière, tumeur épisclérale grosseur de 15 à 30 mill. de diamètre.	Petites cellules rondes.	Au-dessus de la tumeur la membrane vitreuse est partout conservée, la rétine est décollée la sclérotique atrophiée ne paraît pas perforée ; le nerf optique est sarcomateux au voisinage du bulbe et atrophié en arrière.
25	Hirschberg, *Arch. de Graefe*, XVI B., I Abth., p. 296, 1870.	Femme. 2 ans. Œil gauche.	Depuis un an, reflet dans les parties profondes ; pas de douleurs.	Glaucome buphtalmie ; la cornée est saillante en dehors en haut.	T. élevée. Vision nulle.	Énucléation ; nerf optique excisé.	Guérison constatée après 4 mois	La choroïde dégénérée présente jusqu'à 5 millim. d'épaisseur.	A la partie supérieure de la cornée grosseur d'une longueur de 9 mill. sur 3, 5 d'épaisseur à ce niveau la coque oculaire est perforée.	Petites cellules rondes.	La rétine est à sa place ; sur un point on y trouve une grosseur de forme lenticulaire de 4-5 mill. sur 1-5 mill.
26	Perrin, *Soc. de chirurgie*, 1875, p. 267	Homme. 22 ans.	....	Décollement occupant toute l'étendue du fond de l'œil, sauf zone transversale, en dehors de la papille, occupée par masse saillante gris jaunâtre, couverte d'un réseau capillaire propre au néoplasme	T. élevée. Phénomènes glaucomateux.	Énucléation.	....	Tumeur ronde saillante, un centimètre dans tous les sens, faisant saillie de 6 mill., vaisseaux nombreux constatés sur le vivant.	....	L'examen histologique montre qu'il s'agit d'un sarcome blanc.	N. B. — Il est probable que cette observation se rapporte à l'un des deux examens de sarcome blanc publiés par Perrin et Poncet, dans leur atlas.
27	Treitel, *Arch. de Graefe*, t. XXIX, fascicule 1, 1883.	Homme. 66 ans.	Tumeur avait depuis longtemps envahi le globe de l'œil.	....	Vision nulle.	Énucléation.	....	Néoplasme remplissait l'œil	Développée dans la couche des gros vaisseaux.	L'auteur diagnostiq. sarcome choroïdien, surtout à cause de l'âge du patient (66 ans).	La tumeur adhère à la coque oculaire par une sorte de pédicule ; adhérence du néoplasme à la papille.
28	Fieuzal, *Bulletin des Quinze-Vingts*, janvier-mars 1884.	Homme. 56 ans. Œil droit.	Il y a quatre ans, névralgie trifaciale, puis sarcome sous-maxillaire à droite. Iritis ayant nécessité l'iridectomie.	Iris présente exsudat jaunâtre semblable à un condylome ; tension normale, poussées de douleurs très vives.	T. normale encore un peu de vision.	Énucléation.	Guérison constatée après 3 ans.	Tumeur molle, grisâtre, de la grosseur d'un petit haricot.	Développée à la fois dans la choroïde et dans le corps ciliaire, point de départ dans la choroïde.	Cellules embryonnaires denses, pressées les unes contre les autres ; cellules petites à noyau volumineux remplissant presque toute la cellule.	Dans le corps ciliaire, les cellules embryonnaires sont clairsemées et séparées les unes des autres par des espaces restés sains ; au côté interne de la tumeur zone pigmentée la délimitant exactement.

Numéros	Auteur et source bibliographique	Age, sexe et côté	Anamnèse	État du malade au moment de l'opération	Tension et acuité visuelle	Opération	Résultat	Volume et forme de la tumeur	Origine et siège de la tumeur	Étude microscopique de la tumeur	État des parties voisines
29	CHEVALLEREAU, Th. Papillian, Paris, 1883.	Femme, 2 ans 1/2	Malade n'a jamais vu de l'œil malade ; depuis trois mois, augmentation rapide du mal.	L'œil offre une fois et demie le volume normal ; ulcération suppurante de la cornée.	Vision nulle.	Énucléation.	Récidive rapide et mort.	Tumeur remplit la coque oculaire.	Dans la choroïde sans qu'on puisse préciser la couche du début,	Tumeur est un leuco-myxo-sarcome ; masse spongieuse formée d'éléments arrondis, embryoplastiques au pourtour du nerf optiq.	La sclérotique très amincie renflée, est infiltrée par des masses sarcomateuses l'entrée du nerf optique est infiltrée par le sarcome, rétine détruite.
30	MAX. MASCHKE *Ein Beitrag zur Lehre der Aderhauts Sarkome.* Inaugural Dissertation (Kœnigsberg) 1887.	Homme 26 ans.	Affection remonte à 4 ans, venue sans douleurs.	Grand décollement de la rétine en dehors en haut et en bas, allant jusqu'à la tache jaune, papille normale ; la ponction du décollement ne donne issue qu'à quelques gouttes de sang ; à l'éclairage direct on reconnaît une tumeur sous la rétine.	Accidents glaucomateux. Un peu de vision temporale.	Énucléation.	Guérison.	Tumeur semblable à un haricot dans la portion temporale du bulbe ; couleur blanc gris ; petite tumeur brune contre la papille.	Développée dans la couche des gros vaisseaux ; au-dessus de la tumeur on reconnaît la couche des capillaires.	Tumeur constituée par de nombreux vaisseaux et par des cellules non pigmentées serrées les unes contre les autres ; foyer nécrotique au centre ; les cellules sont en partie fusiformes avec de courts et fins prolongements, en partie rondes et polygonales.	Rétine décollée ayant conservé toutes ses couches sauf celle des cônes et bâtonnets. Corps ciliaire décollé par la tumeur.
31	Id.	Homme 52 ans.	Blessure par une fourche à l'angle interne de l'œil entraîna peu à peu diminution de la vision.	Inflammation du globe, effacement de la chambre antérieure, œil inéclairable ; on diagnostique glaucome en soupçonnant seulement tumeur intra-oculaire.	Tension élevée ; vision nulle.	Énucléation.	?	Tumeur semblable à une amande remplissant entièrement le segment supéro-externe postérieur ; couleur d'un gris-clair.	?	Une partie de la tumeur est en dégénérescence nécrotique au centre ; autour nombreuses cellules fusiformes, non pigmentées. Avec de courts prolongements sinueux ; quelques cellules rondes.	Rétine décollée, atteinte de dégénérescence conjonctive ; iris et corps ciliaire atrophiés. Cataracte au début.
32	CASTALDI. *Riforma medica.* septembre 1887.	....	Tumeur de la choroïde coïncidant avec une tumeur de la sclérotique.	....	....	Énucléation.	Deux ans après récidive et mort.	....	Lames externes de la choroïde ; tissu connectif de l'espace de Schwalbe.	Sarcome encéphaloïde à petites cellules né dans l'espace de Schwalbe, avec propagation dans la gaine vaginale du nerf optique.	Il existe en même temps un carcinome de la sclérotique qui d'après Castaldi serait un cas unique.
33	DIANOUX. Communication personnelle.	Homme. 45 ans. Œil gauche.	Décollement de la rétine sans traumatisme sans diathèse faisant soupçonner une tumeur.	Six mois après tumeur devient évidente, vue par transparence à travers la rétine sous forme d'un bourgeon à sommet arrondi, corps vitré très transparent, pas de douleurs.	....	Énucléation.	Guérison constatée après huit ans.	Tumeur en forme de champignon.	Développée à la partie supéro-interne de la choroïde.	Sarcome fuso-cellulaire sans mélanose.	....

Numéros	Auteur et source bibliographique	Age, sexe et côté	Anamnèse	État du malade au moment de l'opération	Tension et acuité visuelle	Opération	Résultat	Volume et forme	Origine et siège de la tumeur	Étude microscopique de la tumeur	État des parties voisines
34	PONCET. *Recueil d'ophtalmologie*, 1888, p. 577.	....	Le malade présentait tous les signes des tumeurs intra-oculaires.	Avant l'intervention diagnostic tumeur de l'œil était nettement porté par Galezowski, pas d'autres renseignements.	phénomèn. glaucomat.	Énucléation.	?	Petite sphère de 8 mm. de diamètre, porte un liseré noir sur sa périphérie.	Dans les couches moyennes de la choroïde ; la tumeur est recouverte par la membrane anhiste limitante choroïdienne.	Noyaux plus ou moins irréguliers en bâtonnet, en bissac ; sans fibres ni faisceaux, tumeur trop durcie d'une étude difficile, pas de pigment dans les cellules, sauf dans quelques cellules plates provenant elles-mêmes de la choroïde.	Excavation glaucomateuse très marquée dans la papille ; rétine très altérée ; possède encore ses deux couches granuleuses, n'a plus de cônes ni de bâtonnets.
35	GALEZOWSKI-FONTAN. Communication personnelle et *Recueil d'ophtalmologie*, juillet 1889, p. 388.	Homme. 40 ans. Œil gauche.	Depuis deux ans, œil totalement perdu ; la perception lumineuse n'existe pas.	Douleurs très vives ; œil très volumineux, Dur au toucher.	T. élevée. Vision nulle.	Énucléation.	....	Tumeur de 18 millimètres d'épaisseur.	Siège au niveau de l'insertion des deux obliques et du droit externe, dans la choroïde sans qu'il soit possible de préciser la couche.	Sarcome globo-cellulaire substitué à la choroïde Cellules fusiformes	Sclérotique détruite ; traînées sarcomateuses sous-conjonctivales ; cellules sont rondes dans la choroïde, fusiformes dans les traînées scléroticales ; région cilio-iridienne n'est pas envahie par le sarcome. Transformation fibreuse de la rétine.
36	DUCAMP. *Montpellier méd.* juin 1889.	Homme, 36 ans. Œil gauche.	Quatre années avant, traumatisme violent sur l'œil ; un mois avant l'entrée à l'hôpital, saillie staphylomateuse.	Douleurs très vives ; la chambre antérieure est effacée.	T. + 3	Énucléation.	Six mois après récidive.	Tumeur remplit la coque oculaire.	Développée à la partie supéro-antérieure de la choroïde.	Sarcome ossifiant, à dispositions alvéolaires, renfermant quelques amas pigmentaires.	....
37	BADAL et LAGRANGE. présent mémoire.	Femme. 4 ans. Œil droit.	Début de l'affection remonte à huit mois.	Œil très augmenté de volume, très déformé.	T. élevée. Vision nulle.	Énucléation.	Récidive très rapide. Mort.	La tumeur remplit les quatre cinquièmes de la coque oculaire.	Développée dans les couches externes de la choroïde.	Sarcome encéphaloïde à petites cellules, avec un petit nombre de vaisseaux ; la choroïde et son pigment sont refoulés vers le corps vitré.	Le corps vitré ou ce qui en reste est rempli de produits cellulaires, émanés de la tumeur qui a complètement détruit la rétine. Le nerf optique est très épaissi et presque entièrement détruit.

Numéros	Auteur et source bibliographique	Age sexe et côté	Anamnèse	État du malade au moment de l'opération	Tension et acuité visuelle.	Opération	Résultat.	Volume et forme de la tumeur	Origine et siège de la tumeur	Étude microscopique de la tumeur	État des parties voisines
38	BADAL et LAGRANGE présent mémoire.	Femme. 3 ans. Œil droit.	A depuis un temps indéterminé perdu la vision du côté droit ; depuis 15 j. exophtalmie.	Saillie de l'œil très accusée ; sang en abondance dans la chambre antérieure ; petit enclavement de l'iris.	Tension normale. Acuité nulle.	Enucléation, puis évidement de l'orbite.	Récidive rapide et mort.	Tumeur remplit la moitié de la coque oculaire a envahi l'orbite par la gaine du nerf optique.	....	Sarcome encéphaloïde à petites cellules avec peu de faisceaux ; cellules irrégulières, rappelant cellules endothéliales ; analogie grande avec cas très récent de Taylor (*Annal. di Ottalmologia*, Anno XX, Fasc. 3) Mais très peu de pigment ; la choroïde et son pigment sont refoulés vers le corps vitré.	Corps vitré rempli de produits cellulaires, rétine soulevée et détruite sauf dans sa couche externe. Nerf optique entièrement détruit ; propagation au chiasma, siège d'une volumineuse tumeur constatée à l'autopsie.
39	TAYLOR XIIe Congrès de l'association ophtalmologique italienne 27 septembre 1890 et *Annali di ottalmologia* (Anno XX fasc. 3)	....	....	....	....	Enucléation	?	....	Dans la partie externe de la choroïde, région péripapillaire ; origine dans les éléments endothéliaux de revêtement des lamelles choroïdiennes.	Eléments incolores fusiformes, quelques-uns arrondis ressemblant à des leucocytes ; cellules ressemblant à certains éléments épithéliaux dans des préparations faites *par écrasement*, (sic) dégénérescence jaunâtre des cellules.	Cavité bulbaire remplie de la même substance jaune trouvée dans la tumeur ; cette substance infiltrait les procès ciliaires, l'iris, le cristallin, la rétine détachée.
40	DUTILLEUL *Bulletin médical du Nord*, 1892.	Homme 31 ans.	A été atteint aux yeux par un jet de vapeur.	Décollement de la rétine, tache vasculaire bien visible.	T. normale	Énucléation	Pas de récidive un an après l'opération	Tumeur occupe la moitié supérieure du segment postérieur.	?	Tissu embryonnaire plongé dans une gangue uniforme, amorphe.	Tumeur remarquable par son évolution sourde et la conservation du tonus.

N. B. — Deux observations de leuco-sarcome de la choroïde sont mentionnées par Poncet dans son atlas d'anatomie pathologique ; nous n'avons pas cru devoir les faire entrer dans nos tableaux car elles sont complètement dépourvues de renseignements cliniques ; leur étude histologique est au contraire complète et très intéressante. — Les 25 premières observations de ces tableaux ont été empruntées à l'ouvrage souvent cité de FUCHS.

Obs. I. — *Sarcome blanc de la choroïde.*

Marie M... âgée de 4 ans, d'Espine (Gironde), entre à l'hôpital St-André, service de la clinique ophtalmologique, dans le courant de janvier 1889, pour une tumeur de l'œil droit.

Cette enfant, dont les antécédents héréditaires et personnels n'offrent rien d'anormal, a présenté il y a huit mois les débuts de son affection. La vision a peu à peu disparu; l'œil est devenu très volumineux; au moment de l'admission à l'hôpital, il atteint les dimensions d'un gros marron; il est irrégulier, et staphylomateux; la cornée opaque ne permet pas d'apprécier l'état des milieux transparents, mais il est évident que la coque oculaire est remplie et que la sclérotique cède sous la pression interne d'un néoplasme.

L'affection en est à la 3e période, car la sclérotique déformée mais résistante oppose encore une barrière suffisante pour que l'orbite ne soit pas envahi; ce que démontre la mobilité en tous sens de l'œil malade dans la capsule de Tenon.

L'enfant a souffert d'une façon intermittente mais d'une manière générale les douleurs ont été peu accusées.

Le diagnostic, tumeur maligne de l'œil, s'impose et l'énucléation est pratiquée par le professeur Badal le 18 janvier 1889.

La dissection de la conjonctive très amincie présente quelques difficultés; toutefois l'énucléation a lieu régulièrement sans ouverture de l'œil.

La section du nerf optique montre que le nerf est augmenté de volume et envahi par le néoplasme.

L'enfant quitte le service le 2 février 1889, mais l'affection ne tarda pas à récidiver et la mort survint quelques mois après.

L'état anatomique de la pièce, qui nous fut remise quelques jours après l'opération, mérite la description suivante.

Examen macroscopique. — A première vue, la tumeur paraît remplir presque complètement la coque de l'œil et tenir la place du corps vitré. Il semble qu'un néoplasme du volume d'une petite noix s'est introduit dans ce milieu transparent, a distendu l'œil, repoussé le cristallin et la cornée en les atrophiant et les déformant.

En réalité, ce n'est pas dans l'intérieur de la coque oculaire que s'est développé le néoplasme, mais dans l'épaisseur même des membranes. La cavité représentée sur les figures 1 et 2 (Pl. VII) montre ce qui reste de la vitrine; de chaque côté de cette cavité se trouvent la choroïde et la rétine.

Le néoplasme s'est donc formé au-dessous de la rétine entre cette membrane et la sclérotique, c'est-à-dire dans la choroïde. L'examen à l'œil nu permet encore de constater que la lésion a envahi l'espace vaginal qui sépare virtuellement les deux gaines du nerf optique (fig.1).

C'est par cette gaine que le nerf optique a été envahi et, disons-le d'avance, détruit.

La papille a été en quelque sorte attaquée d'arrière en avant par les éléments infiltrés sous la première enveloppe du nerf. Les diverses coupes que nous avons faites ont bien montré l'indépendance de la papille et du néoplasme. La lame criblée s'est épaissie, changée en une cloison fibreuse continue. Derrière elle le nerf optique a été complètement désorganisé.

Jusqu'où allaient ces désordres le long du nerf ? Il est impossible de le préciser. L'excision a été faite en plein néoplasme ; ce qui d'ailleurs explique bien la récidive immédiate qui a eu lieu.

Examen histologique. — Dans cet examen, trois parties nous ont paru plus particulièrement attirer l'attention.

1° La tumeur proprement dite.

2° Ses rapports avec les membranes de l'œil.

3° L'état du nerf optique.

1° La tumeur proprement dite se compose de jeunes cellules rondes, extrêmement abondantes et serrées les unes contre les autres, contenant un ou plusieurs petits noyaux avec de très nombreuses granulations dans le protoplasma.

Ces cellules sont supportées par une trame conjonctive très irrégulière ; dans certains points elle est très développée, se présente sous forme de bandelettes fibreuses entrelacées qui donnent à la tumeur l'aspect des sarcomes alvéolaires (fig.5) ; ailleurs au contraire, et plus souvent, cette trame est insaisissable et les cellules sont tassées les unes contre les autres sans cloisons connectives. Un très petit nombre d'entre elles sont fusiformes. Il n'y a que de très rares vaisseaux dont aucun n'a de double contour. Le pigment y fait absolument défaut.

Rapports du néoplasme avec les membranes de l'œil. — L'examen de nos préparations démontre avec la plus grande évidence que les éléments morbides se sont formés sous la sclérotique aux dépens de la choroïde.

La sclérotique est restée partout intacte, indifférente en quelque sorte au contact des éléments cellulaires; partout cette membrane apparaît avec son épaisseur normale, ses contours nets, sa coloration régulièrement rosée sous l'influence du carmin.

La masse morbide est donc en contact direct avec elle, sauf en certains points peu nombreux, peut-être même dans un point unique où l'on voit le long de la sclérotique une bandelette jaunâtre régulière, large à peu près d'un demi-millimètre, séparée de la membrane fibreuse de l'œil par une ligne de démarcation bien tranchée et du reste de la néoplasie par des limites moins nettes, mais encore bien distinctes (voir fig. 3).

Cette bandelette paraît composée de diverses lamelles feuilletées, comme fibrineuses; afin de mieux pénétrer sa nature intime nous en avons fait, par dissociation, des préparations spéciales et il nous a paru probable, sinon certain, qu'il s'agissait d'un exsudat épanché sous la sclérotique, entre cette membrane et le néoplasme proprement dit. Cette opinion est aussi celle de notre ami Ferré, professeur à la Faculté, ancien chef des travaux d'histologie, qui a bien voulu étudier nos préparations.

Le bord interne de cet exsudat est infiltré par de jeunes cellules (fig. 3), en quelques points même on y trouve de véritables îlots cellulaires.

La tumeur s'est donc développée dans la choroïde, mais dans quelle couche? Il est impossible de répondre d'une façon précise à cette question, toutefois il nous paraît probable que la lésion primitive siège dans le feuillet supra-choroïdal dans la couche la plus externe de cette membrane, sur la limite de l'espace de Schwalbe; nous en avons une première preuve dans la facilité avec laquelle la gaine vaginale du nerf optique a été envahie, et une dernière preuve plus frappante dans cet autre fait que toute la zone pigmentée de la choroïde se trouve rejetée sur les limites internes du néoplasme du côté du corps vitré, avec la rétine.

Ainsi, sur la périphérie de la tumeur on trouve une frange noire représentant le pigment choroïdien et l'épithèle. Cette frange limite le néoplasme en suivant les contours de sa paroi.

Mais cette barrière fragile en somme n'est pas sans présenter d'assez nombreuses brèches par lesquelles les jeunes cellules embryonnaires ont pu émigrer dans le corps vitré, emportant avec elles et détruisant par leur contact prolongé les éléments de la rétine dont il ne reste plus trace.

Le nerf optique est détruit. Les éléments cellulaires ont très probablement commencé par fuser dans la gaine vaginale du nerf optique et tout d'abord étranglé les faisceaux nerveux en les entourant d'un cercle toujours plus étroit.

Le nerf optique paraît d'ailleurs s'être longtemps défendu contre cet envahissement ; ses tuniques fibreuses, ses cloisons sont épaissies, mais son tissu nerveux a complètement disparu (fig. 4).

Le diagnostic anatomique de cette tumeur s'impose, il s'agit évidemment d'un sarcome embryonnaire, alvéolaire en quelques points, (fig. 5), dont l'origine est dans les parties externes de la choroïde.

Ce qui le prouve c'est le revêtement pigmenté régulier de toute la face interne du néoplasme qui montre que les éléments pigmentés de la choroïde et de la rétine ont été écartés vers le corps vitré par la masse morbide. A la vérité, il ne nous a pas été possible de retrouver la rétine, mais ce qui restait du corps vitré était rempli de cellules morbides échappées de la tumeur et à leur contact le tissu rétinien n'avait pu longtemps résister.

D'ailleurs, dans bon nombre d'observations analogues à la

nôtre (voir les tableaux) il en était de même; la rétine avait disparu.

Après avoir ainsi localisé l'origine du mal nous pouvons ajouter que cette tumeur est un sarcome blanc embryonnaire, parce qu'on y trouve en très petite quantité des cellules conjonctives fusiformes, d'un âge plus ou moins avancé, parce que les éléments cellulaires en sont assez volumineux, parce qu'il y a dans le néoplasme une trame conjonctive évidente, parce qu'enfin cette tumeur a pris son origine dans la choroïde, la dégénérescence de la rétine ainsi que celle du corps vitré devant être considérées comme secondaires.

On nous pardonnera d'avoir insisté sur ce diagnostic anatomique; il ne pouvait être trop soigneusement établi.

Obs. II. — *Sarcome blanc de la choroïde.*

Marie P..., âgée de trois ans, est amenée le 15 mars 1891 à la clinique ophtalmologique de l'hôpital Saint-André.

L'enfant paraît avoir depuis longtemps perdu la vision du côté droit, mais l'attention des parents n'a été réellement éveillée que depuis quinze jours. A ce moment-là a commencé l'exophtalmie bientôt suivie d'un chémosis volumineux des culs-de-sac conjonctivaux.

Au moment de son admission à l'hôpital l'enfant présente l'état suivant.

L'exophtalmie est très prononcée, le chémosis déborde les paupières; la chambre antérieure est remplie par une suffusion sanguine couvrant complètement la pupille.

La tension intra-oculaire est à peu près normale. La saillie de l'œil est de trois centimètres plus accusée que de l'autre côté, d'ailleurs absolument sain. Les mouvements du globe sont presque complètement abolis, à la partie inférieure externe du limbe on distingue une perforation spontanée avec un petit enclavement de l'iris.

L'intervention chirurgicale, immédiatement acceptée, est pratiquée le 20 mars 1891.

Le globe de l'œil est enlevé par le Dr Badal, non sans difficultés. En dedans et en bas les ciseaux rencontrent une masse néoplasique volumineuse, résistante, faisant corps avec le globe et avec le tissu cellulaire de l'orbite.

Cette masse néoplasique est autant que possible extirpée; pendant cette extirpation on est frappé par le volume très exagéré du nerf optique, envahi, à moitié détruit par le néoplasme.

Après l'opération les choses se passent régulièrement, sans complication et la guérison opératoire paraissait en bonne voie lorsque, assez rapidement, apparut une récidive, si bien que la malade dut être admise le 21 avril 1891 à l'hôpital des Enfants dans le service du Dr Piéchaud qui pratiqua un évidement complet de l'orbite, sans résultat d'ailleurs, puisque la petite malade succomba le 30 mai suivant à des accidents encéphaliques.

L'autopsie faite le 1er juin permit de constater que le chiasma des nerfs optiques était remplacé par une masse cubique noirâtre au milieu de laquelle pénétraient les deux nerfs. Cette propagation au chiasma devait être récente puisque la vision de l'œil gauche ne fut abolie que peu de temps avant la mort.

En coupant cette masse néoplasique développée aux dépens du chiasma on constate au centre des noyaux blanchâtres sur 1 cent. de diamètre environ; la périphérie est spongieuse, noirâtre, infiltrée d'éléments sanguins.

En arrière du chiasma on trouve les lésions de la méningite de la base; l'écorce des circonvolutions est ramollie, notamment à gauche au niveau des circonvolutions sphénoïdales.

De plus, dans l'orbite évidé par l'opérateur, se trouve une masse charnue du volume d'une aveline remplissant, bouchant le fond de la cavité. C'est l'extrémité postérieure du nerf optique qui a proliféré depuis l'opération.

Il n'y a pas d'autre récidive que cette récidive sur place dans le moignon du nerf, dans le chiasma et les bandelettes optiques. Les viscères sont tous sains. Les ganglions lymphatiques étaient tous intacts.

L'œil enlevé et les fragments extirpés de l'orbite nous ont été confiés pour en faire un examen histologique.

Cet examen nous a conduit aux résultats suivants que nous allons exposer d'une façon aussi concise que possible.

Examen anatomique. — L'œil, avec la masse néoplasique qui y adhère, est incisé dans le sens antéro-postérieur, de façon à diviser le nerf optique et la cornée en deux parties égales.

Cette coupe permet immédiatement de distinguer les parties suivantes : 1° une tumeur extra-orbitaire ; 2° la sclérotique; 3° sous la sclérotique un tissu blanchâtre, en quelques rares endroits un peu teinté en brun; 4° la rétine soulevée et rejetée vers le corps vitré.

La sclérotique a conservé son épaisseur normale, elle a

comme toujours résisté au contact des éléments morbides.

La tumeur intra-orbitaire sous-scléroticale, a fusé le long de la gaine externe du nerf optique; le corps vitré et la rétine paraissent n'avoir subi que secondairement l'influence du néoplasme.

La forme générale de l'œil est conservée ; toutefois il est évident que les rapports de l'organe avec la capsule de Tenon ont été changés puisqu'une masse néoplasique, très volumineuse est appliquée contre la face externe de la sclérotique, autour du nerf optique.

La cornée est opaque, mais non infiltrée par le néoplasme; les muscles droits et obliques sont atteints, leurs insertions sont mal délimitées, ils sont, comme le nerf optique, envahis par le tissu pathologique péri-oculaire.

Mais ce qui est surtout intéressant, c'est la surface de la coupe méridienne dont nous avons précédemment parlé. La sclérotique est intacte au milieu du tissu qui l'entoure ; en dehors on y voit la masse péri-oculaire, en dedans le néoplasme interne développé immédiatement au-dessous de la tunique fibreuse de l'œil.

Les deux parties du néoplasme, parties extra et intra-oculaires, se rejoignent par l'intermédiaire d'une bandelette de tissu morbide qui occupe exactement la gaine vaginale du nerf optique. Il est très probable, sinon certain, que c'est par cette gaine vaginale que la tumeur intra-oculaire a envahi l'orbite.

La simple inspection à l'œil nu, ou mieux avec une loupe, permet de bien se rendre compte du chemin fait par le néoplasme entre le feuillet pie-mérien et le feuillet dure-mérien du nerf optique.

Dans l'intérieur de l'œil le néoplasme occupe à peu près le tiers de la cavité oculaire. Il s'avance au delà de l'équateur de l'œil, à quelques millimètres de la région ciliaire.

Cette tumeur était également disposée dans toutes les parties de l'œil, c'est-à-dire qu'elle occupait aussi bien le côté externe que le côté interne, le côté supérieur que le côté inférieur, en rétrécissant ainsi concentriquement l'espace du vitré.

Étude microscopique. — L'examen au microscope a porté.

1° Sur la tumeur extra-oculaire.

2° Sur la tumeur intra-oculaire.

3° Sur le nerf optique.

4° Sur la rétine décollée et le vitré.

1° La partie extra-oculaire du néoplasme se compose exclusivement de cellules jeunes embryonnaires ; ces cellules sont d'un volume inégal, à un ou plusieurs noyaux ; quelques-unes renferment dans leur protoplasma une série de transformations dans lesquelles on reconnaît le processus ordinaire de la karyomytose.

Les éléments conjonctifs adultes sont très rares et il est probable qu'ils proviennent du tissu normal de la région. Les vaisseaux, rares, sont tous jeunes, de nouvelle formation.

2° Dans l'intérieur de l'œil nous trouvons absolument les mêmes cellules embryonnaires ; il s'agit évidemment de la même tumeur. Les éléments morbides reposent directement sur la sclérotique. Vainement nous avons cherché, sur un grand nombre de coupes, quelques traînées cellulaires traversant la sclérotique et faisant communiquer les deux parties intra-oculaire et extra-oculaire du néoplasme.

Dans le tissu de la tumeur intra-oculaire on trouve quelques éléments pigmentés, mais ils sont rares, et représentent évidemment le vestige de la choroïde détruite.

Il est difficile de savoir exactement dans quelle partie de l'œil le mal s'est développé ; il est probable que c'est surtout dans la couche supra-choroïdale, mais sur ce point les détails de nos observations histologiques manquent de précision et il vaut mieux nous abstenir.

En revanche, il est très certain que la rétine est indépendante du néoplasme.

Celui-ci dans toute sa partie interne est limité par la première couche de la rétine, l'épithèle pigmenté qui borde les coupes en se différenciant très nettement des éléments cellulaires sous-jacents.

3° Le nerf optique, envahi par le mal, présente un intérêt tout particulier. Sur une coupe faite perpendiculairement à l'axe, au ras de la sclérotique, on distingue trois zones, d'abord une zone centrale correspondant au nerf dégénéré ; quelques-unes des cloisons normales du nerf persistent encore, mais il n'y a plus un seul tube nerveux ; une bande fibreuse régulière sépare cette partie de la 2e zone.

La 2e zone se compose d'un infiltrat régulier de cellules placées entre les deux gaines du nerf optique ; c'est la tumeur intra-orbitraire qui a ainsi fusé entre les gaines du nerf.

La 3e zone est formée d'une bande fibreuse très nette, très épaisse représentant la gaine externe ; en dehors d'elle on voit encore la tumeur extra oculaire qui, comme nous l'avons dit, remplissait l'orbite.

4° La rétine décollée n'est plus reconnaissable que par ses rapports macroscopiques et sa couche externe, l'épithèle rétinien qui, ainsi qu'on l'a vu, limite la tumeur en dedans. Les autres parties de la rétine sont envahies par les éléments cellulaires qui ont, en beaucoup d'endroits, déchiré la couche pigmentée de la rétine et envahi le corps vitré farci lui-même d'éléments cellulaires jeunes.

C'est avec tous les matériaux qui précèdent que nous pouvons écrire aujourd'hui, telle qu'elle ressort des faits connus, l'histoire du sarcome blanc de la choroïde.

Notre étude monographique reposera donc sur 40 faits qui contiennent en substance tout ce que nous connaissons sur l'étiologie, l'anatomie pathologique, la symptomatologie, le diagnostic et le traitement de cette tumeur choroïdienne.

Étiologie. — La plupart du temps la tumeur s'est développée spontanément ou mieux, sans cause appréciable. Quelques malades accusent cependant un traumatisme antérieur

(Knapp). Dans une observation de Alt, le patient avait reçu un coup sur l'œil deux mois avant l'apparition de la tumeur. Un autre malade signalait une contusion reçue quatre ans avant d'entrer à l'hôpital et trois années avant le commencement des accidents. Il faut évidemment n'accepter qu'avec réserve les renseignements donnés par les sujets sur ce point, car ils sont toujours enclins à rapporter leur affection à une cause accidentelle, mais il est au moins probable que les traumatismes oculaires jouent un certain rôle dans l'affection qui nous occupe. Nous en avons une preuve importante dans ce qui se passe au niveau des autres organes. Les contusions du sein, du testicule sont bien réellement la cause occasionnelle du développement d'un grand nombre de néoplasmes dans ces organes.

Quelquefois le leuco-sarcome paraît consécutif à une inflammation aiguë, et après une violente poussée d'irido-choroïdite le néoplasme apparaît, mais c'est sans doute là une illusion et rien ne prouve la réalité de cette pathogénie. Il ne faut pas confondre ainsi que Knapp l'a fait, dans un cas ancien, les productions consécutives à l'inflammation avec les néoplasmes proprement dits. Lorsque, après une choroïdite, on constate une tumeur des membranes oculaires c'est que la tumeur préexistait. Elle est la cause, non l'effet, des accidents inflammatoires.

Les leuco-sarcomes de la choroïde sont toujours des tumeurs primitives ; les tumeurs malignes secondaires sont des carcinomes qui prennent leur origine dans des cellules atypiques émigrées d'un néoplasme du sein, du testicule ou d'ailleurs.

L'âge joue dans l'étiologie un rôle évident. Les leuco-sarcomes sont relativement plus fréquents chez l'enfant que chez l'adulte ; cette fréquence serait encore bien plus grande sur les statistiques si trop souvent, par défaut d'un examen histologique suffisant, on n'avait confondu le sarcome blanc de la choroïde avec le gliome rétinien, dont la fréquence propre a, par ce fait, été fort exagérée.

Fuchs a constaté que les leuco-sarcomes existaient, par rapport aux sarcomes mélaniques, dans la proportion de 12 pour 100 et encore convient-il de remarquer que les sarcomes pigmentés ne sont pas toujours publiés, leur fréquence même les privant de l'intérêt qu'on accorde toujours aux sarcomes blancs, dont les cas sont soigneusement consignés dans les recueils scientifiques.

Anatomie pathologique. — Les éléments fondamentaux du leuco-sarcome sont les cellules rondes et les cellules fusiformes. Les secondes existent assez souvent seules, mais il n'est pas rare non plus de trouver des leuco-sarcomes à cellules rondes, sans mélange d'autres cellules.

Souvent ces cellules rondes prennent la disposition alvéolaire, dans ce cas la tumeur revêt un caractère particulier de gravité. Ducamp[1] a rapporté un fait de ce genre ; la même remarque s'adresse à l'un de ceux de Knapp. Alt a rapporté une observation analogue dans laquelle il y eut récidive au bout de 6 mois.

Il ne faut pas confondre ces sarcomes alvéolaires avec les carcinomes qui sont presque toujours, dans l'œil, des accidents métastatiques et sont histologiquement constitués comme la tumeur primitive. Castaldi a fait connaître une observation dans laquelle il signale sur un même œil la présence simultanée d'un carcinome et d'un sarcome encéphaloïde. Le carcinome siégeait dans la sclérotique et contenait dans ses alvéoles de nombreux éléments cellulaires ronds, ovoïdes, avec des aplatissements irréguliers rappelant les éléments endothéliaux du tissu conjonctif.

Il ne semble pas, d'après la description de l'auteur, que la structure de cette tumeur scléroticale diffère beaucoup de celle de la seconde tumeur placée dans l'espace de Schwalbe

---

1 Ducamp. *Montpellier Médical*, 1880.

et dans le nerf optique avec propagation dans les espaces sous-vaginaux de ce nerf. Un sarcome alvéolaire de la choroïde envahissant d'une part la sclérotique, de l'autre le nerf et la gaine enveloppante, rendrait peut-être mieux compte de la pathogénie et des symptômes de cette affection qui se termina par la récidive et la mort deux ans après l'intervention. Dans tous les cas, si la nature carcinomateuse de la tumeur scléroticale est acceptée, on doit la considérer comme une rareté, peut-être comme un exemple unique de cette lésion.

Toutes les observations de carcinome vrai développé dans les membranes de l'œil ont trait à des tumeurs secondaires ; à ce sujet nous pouvons citer notamment le cas de Uthoff se rapportant à un malade de Schuler et publié en 1883[1]. Il s'agissait d'un malade devenu aveugle à la suite d'un cancer secondaire des deux choroïdes. Le diagnostic fut longtemps douteux car il n'y avait dans l'œil aucune saillie visible ; mais l'autopsie démontra la présence d'une tumeur compacte, englobant complètement le nerf optique à son entrée dans la sclérotique. L'histologie pathologique établit la nature épithéliale de l'affection, consécutive d'ailleurs à un autre carcinome de l'organisme.

Il faut un examen très attentif pour ne pas confondre les tumeurs de ce genre avec le sarcome blanc choroïdien, parce que dans les deux cas la tumeur est choroïdienne et sans pigment ; d'ailleurs de pareils faits ne sont pas rares et il ne sera pas déplacé de rappeler encore ici le cas récent de Schapringer[2], concernant une femme de 51 ans dont le sein droit avait été amputé en octobre 1885 pour un squirrhe et qui, deux ans après, perdit la vue de l'œil gauche. L'autopsie démontra que la partie temporale de la choroïde était convertie en tissu carcinomateux. Plus récemment Jocqs[3] a cité un fait

---

[1] UTHOFF. *Berliner klin. Wochenschrift*, 22 oct. 1883.
[2] SCHAPRINGER. *Amer. journ. of ophtalm.*, oct. 1888.
[3] JOCQS. Rapport sur un travail de Guende : Néoplasme choroïdien et cancer du sein. *Société d'ophtalmologie de Paris*, 1 juin 1890.

de ce genre et de son côté Gayet[1] a relaté une observation d'adénome de la choroïde.

Nous n'insisterons pas plus longtemps sur ces faits qui doivent rester en dehors de notre étude circonscrite, par son objet même, aux seules tumeurs conjonctives embryonnaires ou adultes, non pigmentées, de la choroïde.

Nous disons, tumeurs embryonnaires ou adultes parce que les fibro-sarcomes blancs appartiennent à la variété des leuco-sarcomes aussi bien que les néoplasmes à cellules rondes. C'est à tort selon nous que Brière et Knapp leur ont consacré un chapitre différent.

En ce qui concerne l'absence de pigment, il importe de remarquer que quelques cellules noires trouvées éparses dans le néoplasme ne suffisent pas à en faire une tumeur mélanique. Ces rares éléments noirs sont les éléments normaux de la choroïde qui survivent à la destruction ou à la transformation de la membrane, Pour qu'il y ait mélanose il faut que les cellules pigmentées entrent elles-mêmes en prolifération : si elles sont simplement englobées dans le néoplasme celui-ci peut-être noir en quelques endroits et n'en mériter pas moins le nom de leuco-sarcome[2].

Dans les leuco-sarcomes nous trouvons deux grandes variétés : 1° les tumeurs à cellules rondes ; 2° les tumeurs à cellules fusiformes.

1° *Leuco-sarcomes à cellules rondes.* — Nos observations personnelles sont des types du genre ; on a vu que les cellules embryonnaires s'y trouvaient presque à l'exclusion de tout autre élément; ce sont des sarcomes encéphaloïdes tels

---

[1] Gayet. Sur un cas d'adénome de la choroïde. *Archives d'ophtalmol.*, 1889 p. 206.

[2] Nous croyons que quelques auteurs ont publié sous le titre *sarcome mélanique* des observations qui pourraient être à bon droit considérées comme des leuco-sarcomes. Nous citerons notamment un fait de Basevi de Padoue (*Annali di ottalmologia*, 1888) et un cas tout récent de Taylor, de Naples, XI° *Congrès de l'association ophtalmol. italienne*, 1890, cas que nous avons cru pouvoir placer dans nos tableaux.

que Hirschberg et Schiess en ont déjà publiés. Ces cellules rondes sont remarquables par leur prolifération active, l'abondance et la division de leurs noyaux.

Dutilleul [1] a publié récemment un beau cas de leuco-sarcome à cellules rondes, à noyaux très distincts, fortement colorés. Cette tumeur née dans la couche externe de la choroïde avait décollé cette membrane et s'était logée dans l'espace supra-choroïdal. Il n'y avait aucun élément fusiforme, aucune trace fibreuse.

Quelques auteurs, notamment Hirschberg et Poncet, ont trouvé des cellules géantes. Dans le cas de Poncet [2] il s'agissait d'un sarcome à petites cellules, de consistance assez dure, tumeur bien limitée, remontant à plusieurs années ; sur la coupe représentée par Poncet, on voit des foyers de ramollissement occupés par une substance amorphe finement granuleuse, sans dégénérescence graisseuse, car elle se colorait très vivement par le carmin.

Dans quelques-uns de ces centres amorphes, Poncet a constaté des myéloplaxes. « Ces dernières cellules étaient beaucoup moins résistantes que le tissu propre du sarcome et « présentaient alors en certains points un aspect granuleux « amorphe, distinct cependant du tubercule et de la dégénérescence graisseuse. »

Il ne faut pas confondre ces tumeurs à cellules rondes avec une inflammation chronique de la choroïde entraînant la formation d'exsudats néoplasiques, parfois même se compliquant de suppuration ainsi que Knapp en a rapporté un exemple au congrès d'Heidelberg.

Mais il faut bien savoir que l'inflammation suppurative est quelquefois un accident du néoplasme venant masquer plus ou moins vite les symptômes de l'affection principale.

Holmes a rapporté une observation de ce genre et dans un

---

[1] DUTILLEUL. Leuco-sarcome de la choroïde. *Bulletin médical du Nord*, 1892.

[2] PONCET. *Atlas d'anatomie pathol.*, pl. XIV, fig. 2.

cas de Landsberg, l'œil ouvert accidentellement pendant l'énucléation, laissa sortir un flot de pus louable. Le microscope révéla l'existence de cellules fusiformes, mais la choroïde suppurée tenait certainement la première place dans la production des phénomènes. Dans ces cas de néoplasmes compliqués d'inflammation, le diagnostic clinique devient évidemment très difficile et souvent ce n'est qu'après un examen anatomique attentif qu'on peut, après l'autopsie ou l'énucléation, se prononcer.

Les sarcomes peuvent, tout en conservant leur caractère essentiel, subir certaines dégénérescences propres aux cellules de tissu conjonctif, notamment la dégénérescence myxomateuse qu'on trouve surtout dans les néoplasmes à cellules rondes. Un cas de myxo-sarcome de la choroïde a été publié par Quagliano et Guaita. Il s'agissait d'un homme qui, pendant, quatre ans, présenta dans le corps vitré une masse jaune très étendue ayant presque un centimètre de pourtour. L'autopsie montra que cette masse était exclusivement composée de cellules rondes avec une substance gélatineuse intercellulaire et au centre un gros flot purement gélatineux. L'origine de l'affection était la lame vitreuse.

Un fait plus récent de leuco-myxosarcome appartient à Chevallereau [1]; ce cas, examiné au microscope par Vassaux, était remarquable par la présence d'une masse spongieuse sans consistance occupant toute la chambre antérieure, une partie de la vitrine et se confondant en arrière avec le nerf optique. Cette masse spongieuse était formée d'une substance gélatiniforme et d'éléments arrondis embryoplastiques; au milieu se trouvait une bande irrégulièrement circulaire pouvant faire penser à des débris du cristallin ou à une condensation du corps vitré autour de la capsule.

2° *Leuco-sarcomes à cellules fusiformes.* — Les leuco-

---

[1] PAPILLIAN, Thèse Paris, 1883.

sarcomes à cellules fusiformes sont, nous l'avons déjà dit, un peu plus fréquents que les autres ; lorsqu'ils contiennent en même temps des cellules rondes, celles-ci occupent principalement le pourtour du néoplasme ; les cellules plus avancées dans leur développement sont surtout au centre. Dans le cas où le sarcome est alvéolaire, les parois des alvéoles sont formées par un tissu conjonctif adulte et leur intérieur rempli par les jeunes cellules embryonnaires. Notre fig. 5 (planche VII) montre cette disposition très visible sur une assez grande étendue de notre tumeur.

Dans son atlas d'anatomie pathologique du fond de l'œil Poncet[1] étudie un cas de sarcome alvéolaire dont nous ne connaissons malheureusement pas l'histoire clinique. Les éléments qui constituent cette tumeur sont de larges cellules à gros noyaux, du volume d'un endothélium ; elles sont tellement serrées les unes contre les autres qu'elles prennent çà et là l'aspect d'éléments polygonaux.

Les débris de la trame de la choroïde constituent les parois des alvéoles. Poncet pense qu'il s'agit dans ce cas d'une prolifération de l'endothélium qui forme le revêtement des différentes lames de la choroïde. La disposition alvéolaire résultait de la structure lamellaire du tissu primitif. C'est là absolument ce qui s'est produit dans nos cas personnels.

Habituellement au centre de la tumeur le néoplasme se substitue entièrement au tissu choroïdien ; le pigment normal peut lui-même disparaître. Les vaisseaux du néoplasme sont néoformés et ne présentent qu'une paroi ; sur les confins de la tumeur la choroïde conserve encore son aspect lamelleux et la pigmentation normale de son stroma. Sur ce point la pigmentation peut même être accrue et il n'est pas rare de constater un liséré noir très épais sur les limites des leuco-sarcomes.

---

[1] Perrin et Poncet. *Atlas d'anatomie pathologique de l'œil*, pl. XIV, Paris. 1879.

De même que les cellules rondes peuvent subir la dégénérescence muqueuse, de même les cellules fusiformes peuvent se transformer en tissu osseux. On constate ainsi la présence de véritables ostéomes de la choroïde qui par leur singularité méritent une attention spéciale, mais ne peuvent trouver place ici, bien qu'après tout, le tissu osseux dérive aussi du tissu conjonctif.

Quelquefois l'ossification de la choroïde est très étendue comme dans le fait de Gillet de Grandmont[1] et dans celui de Bassères et Duvigneaud[2]; Leber[3] a rapporté une observation dans laquelle le néoplasme était entouré d'une coque osseuse, mais il arrive aussi que le tissu osseux ne tient dans la masse pathologique qu'une place absolument accidentelle, comme exemple nous pouvons citer le cas déjà signalé de Ducamp qui trouva de petits noyaux osseux épars dans un sarcome à disposition alvéolaire. De même Alt a constaté la présence d'îlots cartilagineux dans une tumeur à cellules rondes et fusiformes.

En somme, deux types principaux doivent ressortir de cette étude : 1° les leuco-sarcomes embryonnaires ; 2° les leuco-sarcomes fusiformes. Les premiers peuvent se compliquer d'un retour à l'état muqueux, les seconds de productions cartilagineuses ou osseuses, mais ceci ne doit être posé qu'en principe, schématiquement ; les divers éléments embryonnaires, adultes, muqueux, cartilagineux, osseux pouvant très bien s'unir dans un même néoplasme.

A. — Siège des leuco-sarcomes. — Dans quelle couche de la choroïde et dans quelle région de l'œil siègent les leuco-sarcomes ?

Nous avons déjà vu que d'après Knapp les tumeurs non pig-

---

[1] Gillet de Grandmont. *Recueil d'ophl.* 1887.

[2] Bassères et Rochon-Duvigneaud. Ostéome de la choroïde. *Journal de médecine de Bordeaux.* 1887-1888.

[3] Leber. *Société ophtalm. d'Heidelberg.* 1883.

mentées se développeraient dans la couche chorio-capillaire de la choroïde. Cette opinion aussi raisonnable qu'elle paraisse a priori est loin d'être démontrée et la forme absolue que lui a donnée Brière s'accorde mal avec la difficulté, je dirai même avec l'impossibilité de cette démonstration.

La meilleure preuve que le sarcome blanc peut venir d'une région pigmentée, c'est qu'on l'a trouvé dans l'iris, le corps ciliaire, c'est-à-dire dans des parties très riches en pigment.

La plupart du temps la couche des gros vaisseaux représente l'origine du sarcome, et c'est dans la tunique adventice du conduit vasculaire que débute le mal; mais cette origine ne fait pas comprendre pourquoi le tissu reste blanc, car autour se trouvent des cellules pigmentées en très grand nombre qui entrent de bonne heure en prolifération. La cellule physiologique pigmentée engendre une cellule fille de même couleur qui, d'habitude, colore le sarcome, mais cette participation est secondaire ; l'effort primitif du processus siège dans la tunique du vaisseau et si cette participation secondaire est très restreinte ou nulle, la production morbide reste blanche. Une bien courte distance sépare les cellules des tuniques vasculaires des cellules du pigment, c'est pourquoi les sarcomes mélaniques sont la règle et les sarcomes blancs l'exception. Sur 100 tumeurs choroïdiennes, il y en a 88 pigmentées et 12 sans pigment (Fuchs).

Toutefois, en se développant, le sarcome blanc se trouve au contact des cellules pigmentées voisines et, en admettant que celles-ci ne prolifèrent pas, il est évident qu'elles peuvent conserver leur caractère propre ; c'est pour cela que dans la grande majorité des leuco-sarcomes, on trouve quelques éléments noirs. Ce sont des cellules préexistantes dont le rôle dans le néoplasme peut être considéré comme nul.

Il faut être particulièrement favorisé par les circonstances, se trouver en face d'une tumeur très jeune, pour saisir son processus initial. Cette heureuse fortune ne nous a pas été donnée; et en ce qui concerne le sarcome leucotique de la choroïde il ne paraît pas qu'aucun observateur ait été mieux partagé; mais nous trouvons à ce sujet de très précieux renseignements dans un travail de Fieuzal et Haensell[1] sur le leuco-sarcome du corps ciliaire.

De leur très intéressante étude ces auteurs concluent qu'il faut chercher dans le système vasculaire l'origine de l'irritation qui donne la première impulsion aux cellules, ce que prouve disent-ils, la présence de grandes cellules, en état de prophase de la division, surtout dans les environs des vaisseaux.

Pour eux, le sarcome résulte d'une irritation des parois vasculaires qui, comme dans les processus inflammatoires, permet aux éléments du sang de pénétrer dans les tissus. Les bacilles de la tuberculose produisent cette irritation vasculaire et il résulte de leur action spécifique une véritable tumeur du corps ciliaire et de la choroïde présentant une structure semblable à celle du leuco-sarcome; semblable aussi est la structure des syphilomes assez fréquents dans le corps ciliaire; ici c'est le virus de la syphilis qui produit l'irritation du vaisseau comme tout à l'heure le virus de la tuberculose, et dans le cas de leuco-sarcome il est permis d'admettre que la paroi vasculaire est irritée par une matière spéciale apportée par le sang.

Cette explication nous paraît très rationnelle, elle fait bien comprendre pourquoi tous les éléments conjonctifs, le tissu circumvasculaire, le tissu intermusculaire de la lamina fusca, les cellules cylindriques des parois ciliaires prennent part au processus; mais elle ne suffit pas, car elle ne fait en rien connaître pourquoi les cellules du pigment restent indifférentes au contact de cette puissante irritation. C'est cependant là qu'est le nœud de la question; car tout ce que Fieuzal et Haensell disent du leuco-sarcome pourrait s'appliquer aux

---

[1] *Annales du laboratoire des Quinze-Vingts*, t. I, fasc. I, Paris, 1888.

sarcomes mélaniques. Rien ne démontre qu'ils ne commencent pas aussi par une irritation vasculaire.

Encore une fois, pourquoi les cellules du pigment sont-elles tantôt prédominantes et tantôt effacées au milieu des néoplasmes ? *La question, aujourd'hui encore, est à résoudre.*

En ce qui concerne la région de l'œil occupée par le leucosarcome, la statistique de Fuchs démontre que la tumeur siège dans la partie antérieure de la choroïde, dans la proportion de 59 0/0 et 41 fois sur cent entre l'équateur et le nerf optique. Ceci tient probablement à ce que le stroma de la choroïde est plus fortement pigmenté en arrière qu'en avant.

D'ailleurs, très souvent le siège de la tumeur n'est pas précisé dans les observations, et tout ce qui ressort des statistiques ne contient évidemment qu'une partie plus ou moins grande de la vérité. A titre de curiosité nous signalerons des cas dans lesquels la tumeur s'était développée sur la macula et traduite dès les débuts par un scotome central (Griffith).

Hirschberg a fait connaître un fait où la tumeur siégeait sur le nerf optique en dehors et en haut de la papille.

B. — Rapports du leuco-sarcome avec les parties voisines. — La rétine et le corps vitré subissent très rapidement le contre-coup du voisinage de la tumeur, mais réagissent un peu différemment selon les cas.

Tantôt la rétine est déchirée en face de la tumeur dont les éléments tombent directement dans le corps vitré ; tantôt elle est infiltrée par le néoplasme, tantôt elle est décollée et quelquefois séparée du sarcome choroïdien par un exsudat liquide.

L'infiltration de la rétine et son décollement sont plus fréquents que sa déchirure. Quand elle est infiltrée elle adhère étroitement au néoplasme et finit par se confondre avec lui. On trouve quelquefois des filaments qui vont des éléments propres de la rétine au sarcome choroïdien (Fuchs). Quelquefois aussi de la lame vitreuse de la choroïde partent de petites saillies verruqueuses qui soulèvent la rétine en contractant des adhérences avec son tissu. Quand la tumeur est encore peu développée, une partie seulement de la rétine, la partie voisine, est envahie; lorsqu'au contraire le sarcome est très volumineux, la rétine est complètement détruite. On a alors de la peine à en trouver quelques vestiges sur les limites de ce qui fut la vitrine, ou bien on la reconnaît collée contre le cristallin qui se creuse sur elle en cupule. C'est ainsi que dans un cas de Fuchs la rétine était si « fortement pressée contre « le cristallin qu'il ne restait entre eux aucun intervalle et « que même le cristallin portait à sa face postérieure l'em« preinte de la concavité de la rétine ».

D'ailleurs cette membrane peut ne pas se laisser infiltrer par le sarcome; elle peut être atrophiée mécaniquement. Dans sa couche externe Fuchs a vu des vacuoles atrophiques et Hirschberg a constaté sa sclérose totale.

Le simple décollement rétinien est plus fréquent que l'infiltration. En consultant nos tableaux on le trouvera noté dans un grand nombre de cas. Un exsudat est quelquefois compris dans des mailles filamenteuses qui vont de la choroïde à la rétine (Nettleship).

L'exsudat sous-rétinien est variable par sa consistance. C'est quelquefois du pus et il s'agit alors d'une complication inflammatoire accidentelle; plus souvent l'exsudat est séro-sanguinolent; il peut être concret, fibrineux, solide.

Le corps vitré subit évidemment l'influence de toutes ces lésions rétiniennes; quand la rétine est déchirée, il cède la place au néoplasme; quand elle est infiltrée ou décollée, l'espace occupé par la vitrine se rétrécit de plus en plus et bientôt il ne reste plus qu'un canal allant du nerf optique au cristallin, canal dans lequel l'humeur vitrée ne conserve plus aucun de ses caractères ordinaires.

Les autres milieux transparents de l'œil subissent le même sort; le cristallin s'opacifie et se rétracte, l'humeur aqueuse disparaît et par les espaces de Schlemm, voies normales d'écoulement, les cellules morbides s'infiltrent et sortent de l'œil.

Lorsque ces désordres ultérieurs se sont produits et souvent pendant qu'ils ont lieu, la sclérotique supporte le voisinage et l'effort de la tumeur.

Souvent on rencontre dans cette membrane des éléments cellulaires qui l'infiltrent ; ce sont les vaisseaux, les vasa vorticosa qui servent de voies de généralisation. Fontan[1] (de Toulon) a trouvé des gaines sarcomateuses périvasculaires conduisant le néoplasme hors de l'œil et sur la même pièce anatomique des cellules fusiformes réparties par petits groupes dans les interstices du tissu conjonctif. Chose remarquable, ce sont les couches les plus externes de la sclérotique, c'est-à-dire les moins voisines du mal qui se laissent le mieux infiltrer par les cellules morbides. Le quart interne du tissu sclérotical résiste beaucoup mieux et c'est par les vaisseaux qui traversent la membrane que l'affection est apportée dans les lames externes plus lâches et partant plus propres à l'envahissement et à la multiplication des cellules.

Quand le néoplasme est entaché d'un grand caractère de malignité, la sclérotique finit cependant par se laisser infiltrer dans toute son étendue ; on peut voir alors la sclérotique et la choroïde intimement unies de façon à ne former qu'une seule membrane subissant également dans toutes ses parties les atteintes du mal.

Après la sclérotique, le néoplasme atteint les attaches des muscles et le tissu cellulaire de l'orbite ; lorsqu'il en est là, la coque de l'œil est perforée, la sclérotique bosselée, staphylomateuse. C'est la quatrième période du mal, celle de la généralisation.

Cette généralisation ne se produit pas seulement lorsque la sclérotique est détruite ; elle peut avoir lieu bien avant par l'espace supra-choroïdien et la gaine vaginale du nerf optique. Nos deux observations sont de beaux exemples de ce

[1] Fontan. Leuco-sarcome de la choroïde. *Recueil d'ophtalmologie*, 1889.

genre de processus. La sclérotique y est presque saine ; la tumeur prolifère autour du nerf optique au point de former à cet organe une gaine enveloppante de tissu sarcomateux. Ce n'est point d'ailleurs seulement par la gaine que le mal s'est propagé, mais par le tissu même du nerf optique infiltré et détruit (voir planche, VII fig. 1 et fig. 4). Iatsow a fait connaître un cas semblable.

Symptomatologie. — La symptomatologie du leuco-sarcome est conforme au type général des tumeurs intra-oculaires, c'est-à-dire qu'on y distingue quatre périodes : 1° l'apparition de la tumeur à l'intérieur de l'œil ; 2° l'envahissement complet de la cavité oculaire, avec irritation glaucomateuse ; 3° la distension des membranes, leur rupture ou leur destruction sous l'effort du néoplasme ; 4° l'envahissement de l'orbite et la généralisation dans l'économie.

Il serait oiseux de refaire ici, même dans ses grandes lignes, l'étude successive des divers accidents qui sont communs à tous les néoplasmes intra-oculaires ; il suffira de mettre en relief les particularités propres à l'affection qui nous occupe.

Le leuco-sarcome peut se développer dans toute l'étendue de la choroïde, mais, ainsi que nous l'avons déjà dit, il siège dans la partie antérieure de l'œil plus fréquemment que le sarcome mélanique.

Il est rare d'ailleurs que la tumeur soit reconnue à ses débuts ; dans un cas où elle siégeait près de la macula, l'attention fut appelée sur sa présence par un scotome central ; mais de pareils faits sont très exceptionnels dans l'histoire du leuco-sarcome. Souvent c'est par la distension staphylomateuse de la sclérotique qu'il se révèle ; tels les faits de Ducamp et de Galezowski. Dans le premier de ces cas la sclérotique était très distendue, très amincie ; un suintement sanguinolent venu de la tumeur se produisait à travers ses fibres déchirées.

Lorsque l'affection se développe chez un enfant, presque

toujours l'œil est déjà distendu quand on amène le malade à l'oculiste, la tumeur est à la troisième période ce qui rend inutile et impossible l'examen à l'ophtalmoscope ; c'est ce qui eut lieu dans notre fait ; ce fut aussi le cas du malade de Galezowski et de beaucoup d'autres.

Quelquefois cependant l'examen clinique peut être fait de bonne heure et plus complètement. Les observateurs ont pu distinguer une excroissance blanche derrière la lentille (Landsberg), ou des grosseurs jaunâtres en dehors de la papille avec des stries rouges, ou bien encore un soulèvement de la rétine pouvant aller du nerf optique à l'ora serrata (Derby) ou se localiser autour de la papille (Becker).

Dans leur fait de leuco-myxosarcome, Quaglino et Guaita virent dès le début une masse jaunâtre remplir progressivement la coque oculaire ; et Fuchs, dans l'une de ses observations personnelles, constata derrière le cristallin la présence d'un corps concave d'une configuration irrégulière, sans vaisseaux apparents.

C'est après avoir remarqué ces reflets particuliers du fond de l'œil, dans les cas de néoplasme, que Beer établit le signe dit de l'œil de chat amaurotique. Ce signe est loin d'être sans valeur, mais il manque de précision puisqu'il appartient à la fois au gliome de la rétine et à certains décollements rétiniens, et surtout, parce qu'il fait fréquemment défaut dans le sarcome peu avancé.

Il n'en est pas de même d'un symptôme excellent mentionné d'abord par Otto Becker [1] dans trois observations de son mémoire, exposé par Brière dans sa thèse et par Perrin à la Société de chirurgie en 1875. Ce signe consiste dans la constatation à l'ophtalmoscope du réseau vasculaire particulier au néoplasme. Ce réseau vasculaire ne peut être confondu ni avec les vaisseaux de la rétine ni avec le réseau choroï-

[1] Otto Becker. Zur Diagnose intra oculären Sarkome. *Archiv für Augen und Ohrenheilkunde*. Carlsruhe; 1880

dien et on le constatera toujours aisément à la condition que la portion de rétine qui coiffe la tumeur ait conservé sa transparence. Perrin rapporte deux faits dans lesquels la présence de réseau vasculaire l'a conduit facilement au diagnostic et depuis, la valeur diagnostique de ce symptôme a été appréciée favorablement par bon nombre de cliniciens.

Quelquefois les symptômes de cette première période sont marqués par une inflammation intense (Nettleship) qui peut cacher complètement les phénomènes propres aux néoplasmes; il faudra songer à la possibilité d'une tumeur lorsque, chez un enfant surtout, apparaît une irido-choroïdite que rien par ailleurs ne vient expliquer.

En somme, dans la première période, l'apparition d'un scotome, le reflet amaurotique, la présence du réseau vasculaire propre à la tumeur, les accidents inflammatoires sont les principaux signes révélateurs. Le scotome paraît avoir rendu de réels services aux cliniciens. Il existait chez un malade de Holmes deux ans avant l'apparition des douleurs.

Mais c'est bien plus souvent avec une perte très étendue du champ visuel et une grande diminution de l'acuité, plutôt qu'avec un simple scotome que le malade se présente à l'observateur. Il est de règle alors de constater un soulèvement ou un décollement de la rétine, expliquant bien les troubles visuels, mais masquant parfois la lésion première au point d'obscurcir beaucoup le diagnostic.

Arrivés à la 3ᵉ et 4ᵉ périodes, les leuco-sarcomes de la choroïde n'offrent rien qui les distingue des tumeurs mélaniques, si ce n'est leur coloration, et le diagnostic est alors trop facile pour qu'il soit utile d'insister.

Dans la symptomatologie du leuco-sarcome il faut surtout s'appliquer à retenir ce qui concerne la première période de l'affection, car c'est à cette époque que le diagnostic est à la fois le plus difficile et le plus utile.

Nous préciserons bien notre pensée en disant qu'à cette période le leuco-sarcome doit être différencié : 1° du gliome de la rétine; 2° du décollement simple de cette membrane. C'est à mettre en lumière les éléments de ce diagnostic différentiel qu'est consacré le paragraphe suivant.

Diagnostic. — Quels sont les caractères qui distinguent le sarcome blanc de la choroïde du gliome rétinien.

A. *Avec le gliome de la rétine.* — Disons tout d'abord que le gliome est, au début, caractérisé par la localisation du mal à la rétine, par l'intégrité des autres membranes de l'œil, par l'absence de réseaux vasculaires particuliers, par l'envahissement rapide du corps vitré.

Tout autres sont les signes révélateurs du sarcome choroïdien.

A la première période de l'affection le sarcome de la choroïde examiné à l'éclairage direct, est caractérisé par le décollement rétinien qui l'accompagne et qui ressemble même trop souvent au décollement ordinaire. Dans le gliome de la rétine, rien de semblable ; on constate une augmentation propre de la rétine, un boursouflement de la membrane et cela à un âge où le décollement de la rétine est absolument rare. En outre, dans le sarcome, il est possible de voir à un bon éclairage deux plans de vaisseaux. Le premier plan appartient à la rétine, le second en propre à la tumeur choroïdienne. Dans le gliome rétinien on ne voit au niveau du néoplasme aucune trace de vaisseaux ; la rétine est détruite et remplacée par un tissu nouveau, blanchâtre, dépourvu de conduits sanguins.

Dans le sarcome de la choroïde, le corps vitré est refoulé par la rétine soulevée, mais il reste intact et transparent; dans le gliome rétinien le néoplasme prend dès la première heure possession du corps vitré. L'examen ophtalmoscopique est même considérablement gêné, quelquefois impossible à cause de cet exsudat ; mais le diagnostic n'y perd rien car il devient dès lors évident que la rétine est le siège du mal.

En interrogeant à cette période les fonctions de la rétine on trouverait peut-être dans l'examen campimétrique des signes différentiels nouveaux. Il est probable qu'à volume égal, le gliome rétinien entraîne des accidents plus marqués que le sarcome; mais ce n'est là qu'une vue de l'esprit, car nous ne pensons pas que cet examen spécial ait été fait.

A la première période des tumeurs intra-oculaires le diagnostic est donc possible; plus tard les difficultés d'ailleurs grandes en tout temps s'accroissent encore et nous ne pouvons plus avoir que des présomptions sur l'existence de l'une ou de l'autre tumeur.

A la 2e période les accidents glaucomateux sont évidemment les mêmes dans toutes les tumeurs qui distendent la coque oculaire.

A la 3e période, il faudra s'enquérir du point où cède la sclérotique; le sarcome porte surtout son effort en avant, du côté du limbe péricornéen, le gliome distend surtout la région équatoriale et déchire la sclérotique à ce niveau (Wecker).

Enfin, à la 4e période, les métastases et les voies de propagation sont tellement semblables, qu'il est bien difficile de les faire servir au diagnostic. Les deux variétés de tumeurs se propagent par le nerf optique au cerveau, remplissent l'orbite, gagnent les cavités voisines, infectent les ganglions, se généralisent dans les os crâniens ou, à distance, dans les parties éloignées du squelette.

Peut-être après avoir bien dépouillé les observations, pourrait-on dire que le gliome de la rétine infecte plus souvent les ganglions que le sarcome, mais c'est là un signe bien fragile et, disons-le, bien inutile car, à cette période ultime, le nom de l'affection n'importe plus du tout; la fin du malade n'est plus qu'une question de jours.

B. *Avec le décollement de la rétine.* — Le second diagnostic est aussi difficile que le premier, d'autant plus que très souvent les deux affections existent ensemble. Ainsi que nous l'avons vu dans le paragraphe précédent le décollement est un des accidents, un des signes du leuco-sarcome et c'est à notre avis, pour ne pas en avoir tenu un compte suffisant que beaucoup d'auteurs ont pris des leuco-sarcomes pour des gliomes.

Mais quand est-ce que le décollement est simple, séreux et quand est-il symptomatique d'une tumeur?

Tout d'abord les renseignements antérieurs sont d'un grand secours; nous savons que le décollement est souvent le fait d'une myopie d'un haut degré, maligne, et on devra toujours s'enquérir de l'état de la réfraction; il faudra rechercher dans les antécédents les traumatismes suivis ou non de déchirure de l'œil, enfin et surtout il faudra par des examens successifs étudier la marche du décollement.

Quand le soulèvement de la membrane résulte d'un néoplasme sous-jacent, il se produit avec lenteur; c'est d'abord un scotome du champ visuel qui s'élargit peu à peu régulièrement; l'acuité visuelle centrale reste assez bonne, les autres parties de la rétine sont saines. Le décollement simple survient au contraire avec brusquerie; c'est un voile qui s'étend tout à coup sur le champ de la vision et même lorsque la partie décollée est peu étendue, l'acuité visuelle est fort diminuée Ce n'est pas en effet seulement au point décollé que la membrane a souffert, sa nutrition est bien souvent depuis longtemps compromise dans ses éléments les plus essentiels.

En outre, dans le décollement produit par un liquide séreux la membrane ondule, flotte, montre une grande mobilité; quelquefois elle se recolle et après cette tentative toujours passagère de guérison spontanée, se décolle de nouveau: le décollement produit par le sarcome est au contraire stable, la rétine soutenue par la tumeur ne remue pas, enfin à travers cette membrane on peut quelquefois apercevoir le néoplasme lui-même.

Malheureusement la perception de tous ces signes n'est pas toujours aussi facile qu'on pourrait le croire au premier abord; il faut en accuser d'une part, les altérations du corps vitré qui masquent les lésions et d'autre part la présence simultanée d'une tumeur et d'un épanchement séreux entraînant le décollement. Dans ce cas le néoplasme peut être d'un petit volume et l'exsudat sous-rétinien abondant; le diagnostic est alors très difficile. A ce sujet Mengin[1] a rapporté une observation qui mérite d'être retenue.

Il s'agissait d'un malade de 30 ans présentant un décollement de la rétine de date déjà ancienne, survenu sans douleurs et insensiblement sur l'œil droit, sans traumatisme antérieur. L'ophtalmoscoque montrait un très vaste décollement. Cinq mois après le premier examen de Mengin éclatèrent des accidents glaucomateux; l'œil fut énucléé et son étude montra la présence d'un petit sarcome siégeant à 3 millim. en dehors et un peu en bas du nerf optique.

Ce n'était donc pas un décollement que portait ce malade; sous la membrane soulevée, il y avait dès le début un néoplasme qui tenait la première place dans la scène morbide.

On a insisté avec raison sur l'augmentation du tonus de l'œil comme élément important de diagnostic différentiel entre le décollement rétinien simple et le décollement symptomatique d'une tumeur.

Il y a cependant de nombreuses exceptions à cette règle : le cas déjà cité de Dutilleul, comme celui de Mengin ne présentait aucune modification dans le tonus malgré la présence d'une tumeur volumineuse.

Pour éviter les erreurs de ce genre, le moyen préconisé par Lange nous paraît tout à fait recommandable. Cet auteur conseille de faire, au moyen d'une lentille, converger un faisceau lumineux sur l'extérieur de la sclérotique, au point correspondant au décollement; on pourra apercevoir par la pupille la partie éclairée s'il s'agit d'un liquide séreux et transparent; si, au contraire, il existe une tumeur sous le décollement, la lumière diffuse ne pénétrera pas dans l'œil et le décollement restera obscur. Ce procédé que nous n'avons pas eu l'occasion

---

[1] Mengin. Décollement de la rétine symptomatique des tumeurs intra-oculaires. *Recueil d'ophtalmologie* février, 1886.

d'utiliser paraît très pratique avec les moyens d'éclairage dont nous disposons. A l'aide d'une petite lampe électrique introduite dans la bouche il est possible d'apprécier la transparence de l'antre d'Highmore et la présence ou l'absence de pus, de productions quelconques à son niveau ; à plus forte raison une pareille lumière pourra-t-elle traverser l'épaisseur des membranes de l'œil.

Pronostic. — Les leuco-sarcomes de la choroïde ont-ils une malignité particulière et quel est le degré de leur malignité ?

Les données histologiques permettent en grande partie de répondre à ces questions. Dans le leuco-sarcome les cellules rondes sont relativement fréquentes. Les tableaux de Fuchs et les nôtres montrent qu'à peu près la moitié de ces tumeurs sont formées de cellules embryonnaires. Dans le mélano-sarcome les cellules fusiformes sont au contraire beaucoup plus fréquentes ; et s'il n'intervenait pas un élément spécial de malignité, le pigment, ces dernières tumeurs seraient beaucoup plus bénignes que les premières. En réalité, le contraire a lieu à cause même de l'absence de mélanine dans un cas et de sa présence dans l'autre.

Sur 24 cas qui ont été plus ou moins longtemps suivis par les auteurs, nous trouvons 13 guérisons ou longue survie et 11 morts par récidive. Fuchs consigne des résultats analogues lorsqu'il écrit que pour la mélanose, la métastase a lieu 19 0/0 et pour le sarcome blanc 7 0/0. Ceci peut s'expliquer en partie par ce fait que les sarcomes blancs qui occupent principalement la partie antérieure de l'uvée sont plus tôt reconnus et plus tôt arrivés en quelque sorte au stade opératoire que les mélaniques, mais la meilleure explication réside bien certainement dans le pouvoir infectieux de la mélanose.

Dans le leuco-sarcome la structure histologique décide de la malignité : les tumeurs à cellules embryonnaires sont incomparablement plus graves que les tumeurs à cellules fusiformes.

Sur les 11 cas de mort, 9 fois les tumeurs étaient embryonnaires; et les cas de guérison se rapportent presque tous à des cellules fusiformes. Dans un cas heureux la tumeur était myxomateuse.

Fuchs, faisant dans son magistral traité une étude pronostique comparée, conclut que le sarcome mélanique de la choroïde guérit 6 fois sur 100, le gliome, 6 fois et demi [1], tandis que les carcinomes en général donnent des guérisons deux et trois fois plus nombreuses. Le leuco-sarcome guérirait encore plus souvent puisque notre statistique donnerait plus de 50 pour cent de succès. Ce chiffre, véritablement trop favorable, ne peut être accepté que sous réserves, car trop souvent les malades n'ont pas été suivis.

Mais il n'en est pas moins vrai que le leuco-sarcome mérite par sa bénignité relative, une place à part dans l'étude des tumeurs intra-oculaires.

Traitement. — Est-il permis, en présence d'un sarcome de la choroïde, de se contenter d'une extirpation partielle? Dans ces derniers temps, quelques auteurs trop préoccupés, suivant nous, de la conservation du globe oculaire ont conseillé d'enlever la tumeur avec un segment de la sclérotique et de refermer la coque de l'œil par une suture appropriée.

Nous croyons que c'est méconnaître les lois imprescriptibles de la pathologie générale que d'agir de la sorte. Sans doute pour une tumeur maligne de la langue on n'enlève souvent qu'une partie de l'organe, mais nous répondrons que les opérations de ce genre sont toujours incomplètes et insuffisantes.

---

[1] En ce qui concerne le gliome, Fuchs émet une opinion analogue à celle que nous avons dernièrement défendue dans les *Archives d'ophtalmologie* · Il pense que lorsqu'on intervient assez tôt le pronostic du gliome est assez bon. Il cite deux cas, l'un personnel, l'autre appartenant au professeur Arlt dans lequel trois ans après l'opération, la guérison se maintenait parfaite. Il y a loin de cette manière de voir à celle des auteurs qui pensent que le gliome est la tumeur maligne par excellence, à récidive certaine.

Quand un organe aussi spécial que l'œil, dont les diverses parties sont intimement reliées par leurs fonctions et leur nutrition, est le siège d'un néoplasme, il n'est pas possible de ne pas sacrifier l'organe tout entier.

L'ablation partielle doit donc être dans tous les cas absolument rejetée ; il reste à choisir entre trois modes différents d'intervention, l'exentération, l'énucléation et l'évidement de l'orbite.

En ce qui concerne l'exentération, il convient de remarquer que ce n'est qu'un mode d'ablation partielle, puisqu'on laisse la sclérotique ; aussi faut-il la rejeter comme insuffisante. Il faudrait admettre une limitation bien précise du néoplasme pour croire que la sclérotique n'est pas envahie par des cellules migratrices. Ce sont les vaisseaux de la choroïde qui sont particulièrement en cause ; ces vaisseaux en traversant la sclérotique portent avec leur gaine des traînées de cellules qu'il est impossible d'atteindre par l'exentération.

L'énucléation est l'opération pratiquée dans presque tous les faits que nous avons recueillis ; elle doit en effet suffire dans un bon nombre de cas, mais nous croyons que son usage, beaucoup trop généralisé, est la cause même de beaucoup de récidives.

A notre avis, il faut dans un leuco-sarcome de la choroïde toujours commencer par l'énucléation du globe dans la capsule de Tenon, mais cette opération peut ne pas suffire et souvent il faudra la compléter.

Aussitôt que l'énucléation est faite un opérateur prudent doit séance tenante examiner la pièce, le néoplasme, et faire autant que possible à l'œil nu son diagnostic anatomique.

A-t-il affaire à une petite tumeur dure, compacte, bien limitée, n'ayant pas en apparence entamé la sclérotique, laissant le nerf optique intact, sans épaississement de ses tuniques vaginales, sans changement de consistance, l'énucléation suffira.

Mais souvent, au contraire, il sera facile de reconnaître

ou que la sclérotique s'est laissée distendre et perforer, ou que le nerf optique épaissi est manifestement envahi par le mal ; il faut alors immédiatement recourir à l'évidement de l'orbite.

Tout sarcome embryonnaire né dans la choroïde se propage par l'espace de Schwalbe avec une extrême facilité, gagne le tissu cellulaire voisin et, de bonne heure, se prête à la généralisation.

Dans ce cas, le curage complet de l'orbite s'impose ; c'est là bien certainement une opération que les ophtalmologistes ne font pas assez. Quand on parcourt les statistiques publiées sur les tumeurs malignes du globe on est surpris de voir que dans presque tous les cas l'énuclétaion seule leur a été opposée. C'est vraiment trop peu. Que dirait-on d'un chirurgien qui opposerait aux tumeurs malignes du sein l'ablation simple de la glande sans jamais évider le creux de l'aisselle ?

Nous devons au moins aussi souvent vider complètement l'orbite dans les tumeurs malignes oculaires, aussi souvent disons-nous que les chirurgiens nettoient le creux de l'aisselle dans les tumeurs du sein. Le jour où cette thérapeutique radicale sera la règle dans les cas qui nous occupent, les statistiques concernant les tumeurs intra-oculaires s'amélioreront dans de larges proportions.

Après avoir pratiqué l'énucléation quelquefois les auteurs trouvant, à sa section, le nerf optique malade, poursuivent ce nerf, l'extirpent isolément. Ceci est bien, mais encore insuffisant; ce n'est pas seulement par la gaine vaginale du nerf qu'émigrent les cellules morbides, elles accompagnent les vaisseaux, l'histologie l'a démontré, et gagnent l'orbite par la gaine des veines et des artères. Tout sarcome embryonnaire de la choroïde, mélanique ou sans pigment doit être supprimé par évidement complet de la cavité orbitaire dont on ne respectera que les parois.

CONCLUSIONS

1° Le leuco-sarcome de la choroïde se rencontre, relativement au sarcome mélanique, dans la proportion de 1 sur 10 environ. Il est un peu plus fréquent chez l'adulte que chez l'enfant.

2° Le leuco-sarcome offre tantôt la structure des tumeurs embryonnaires, tantôt celle des tumeurs fusiformes ; la première variété est aussi fréquente que la seconde.

3° Le leuco-sarcome présente relativement à la gravité des sarcomes mélaniques de la choroïde une bénignité assez grande. La moitié des cas se terminent par la guérison.

4° L'état anatomique de la tumeur indique son degré de malignité. Les cas malheureux se rapportent presque tous aux sarcomes embryonnaires, les cas heureux aux sarcomes fusiformes.

5° Selon que le sarcome est embryonnaire ou fusiforme la thérapeutique doit beaucoup varier. Les sarcomes fusiformes sont justiciables de l'énucléation simple, les sarcomes embryonnaires de l'évidement de l'orbite.

6° Les tumeurs embryonnaires intra-oculaires, mélaniques ou non infectent de bonne heure non seulement la gaine du nerf optique, mais le tissu cellulaire de l'orbite. Leur traitement rationnel consiste dans l'évidement de la cavité orbitaire comme le curage de l'aisselle est le traitement indispensable des carcinomes du sein.

7° Il y a donc lieu de pratiquer l'évidement complet de l'orbite dans tous les cas de leuco-sarcome embryonnaire de la choroïde.

BIBLIOGRAPHIE

Knapp. *Die intra-ocularen Geschwülste.* Carlsruhe, 1868. — **Brière.** *Du sarcome de la choroïde.* Th. Paris, 1874. — **Perrin.** Diagnostic du sarcome choroïdien à sa première période. *Soc. de chirurgie,*

24 mars 1875. — **Perrin** et **Poncet**. *Atlas d'anatomie pathologique de l'œil*. Paris, 1879, pl. 14. — **Papillian**. Etude sur les tumeurs malignes de l'œil. Paris, 1883. — **Leber**. Sarcome de la choroïde. *Société ophtalmologique d'Heidelberg*, 1883. — **Lange**. Diagnostic du sarcome intra-oculaire. *Klin. Monatsblatt. f. Augenheilkunde*, novembre 1884. — **Binet**. Examen histologique d'un sarcome de la choroïde. *Bulletin clinique des Quinze-Vingts*, n° 1, p. 22, 1884. — **Jatsow**. Beitrag zur Kentniss der retro-bulbaren Propagation des choroïdal Sarcome, etc. *Graefe Arch.*, XXXI, 205-270, 1885. — **Haensell**. Sarcome du corps ciliaire. *Bulletin de la clinique des Quinze-Vingts*, n° 2, p. 64, avril-juin 1886. — **Trietel**. Un cas de sarcome blanc de la choroïde. *Arch. de Graefe*, t. XXIX, f. 1, 1885. — **Gillet de Grandmont**. Sarcome de la choroïde. Ossification totale de la choroïde. *Recueil d'ophtalmol.*, p. 221, n° 4, avril 1887. — **Castaldi**. Carcinome et sarcome encéphaloïde siégeant sur le même œil atrophié. *Riforma medica*, septembre 1887. — **Maschke Max**. *Ein Beitrag zur Lehre der Aderhaut Sarcome*. Kœnigsberg, 1887. — **Hill Griffith**. Sarcome intra-oculaire dans la région centrale. *Arch. of. Ophtalmol.*, XVII, t. II, 1888. — **Ducamp**. Un cas de sarcome ossifiant de la choroïde. *Montpellier médical*, juin 1889, — **Fieuzal** et **Hœnsell**. Le leuco-sarcome du corps ciliaire. *Annales du laboratoire de l'hospice des Quinze-Vingts*. Paris, 1888, t. I, fasc. 1. — **Orloff**. Clinique et anatomie pathologique des tumeurs intra-oculaires. *Wratch* Saint-Pétersbourg, 1888, p. 334, 391, 406. — **Schmidt**. Casuistique des néoplasmes intra-oculaires. *Recueil de la marine*, février 1890 (en russe). — **Dutilleul**. Leuco-sarcome de la choroïde. *Bulletin médical du Nord* 1892

Les autres indications bibliographiques importantes sont mentionnées dans la seconde colonne des tableaux.

PLANCHE VII

FIG. 1 et 2. — *Sarcome de la choroïde*. Coupes antéro-postérieure et transversale.

1, 1. Sclérotique. — 2, 2, 2. Sarcome ayant envahi l'espace de Schwalbe. — 3. Sarcome propagé à l'espace vaginal du nerf optique. — 4. Cristallin aplati contre la cornée.

FIG. 3. — *Sarcome de la choroïde*. (Gross. 120.)

1. Sclérotique. — 2. Exsudat placé entre la sclérotique et la tumeur. Cet exsudat n'existe que sur une partie de la tumeur; ailleurs le sarcome repose directement sur la sclérotique. — 3. Tissu sarcomateux à jeunes cellules rondes

FIG. 4 — *Sarcome de la choroïde.* Coupe faite au niveau du nerf optique dégénéré. Destruction complète des éléments nerveux. (Grossiss. 350 fois).

1. Cloisons fibreuses anormalement développées. — 2. Tissu sarcomateux à jeunes cellules rondes.

FIG. 5. — Coupe montrant des éléments fusiformes et embryonnaires réunis.

V

Du gliome endophyte de la rétine.

Le gliome de la rétine n'est pas aussi grave qu'on l'admet communément. A côté des formes très malignes qui sont les plus fréquentes viennent se placer les cas relativement bénins, évoluant lentement, permettant au chirurgien d'intervenir à temps et de guérir le malade.

Après les faits heureux signalés par Hirschberg[1], à qui revient le mérite d'avoir appelé l'attention sur le gliome endophyte, Fouchard[2] a rapporté dans son excellente thèse un grand nombre de guérisons et depuis, Sinclair, Henry Noyes, Galezowski, Grohmann ont également cité d'incontestables cas de guérison.

Il n'est pas sans utilité d'approfondir l'anatomie pathologique et la clinique de cette affection et le lecteur nous pardonnera d'entrer à ce sujet dans de longs détails, d'autant plus que nous apportons à l'étude de la question un cas personnel attentivement observé et longtemps suivi.

Voici ce fait[3].

Henri L. âgé de 7 ans nous est présenté en octobre 1888 au sujet d'une affection oculaire dont les premiers symptômes sont assez récents.

Ce petit malade, vigoureux et d'un bon aspect général, n'a eu dans son enfance aucune affection. Il est né à Versailles et venu à Bordeaux très jeune, il s'y est très bien porté jusqu'à l'apparition des premiers accidents oculaires.

---

[1] Hirschberg. Fragmente über die bösartigen Geschwülste des Augapfels *Knapp Hirschberg's Archiv für Augenheilkunde*, 1880.

[2] Fouchard. *Du gliome de la rétine*. Thèse Paris, 1885.

[3] Cette observation a déjà été publiée dans les *Archives d'ophtalmologie*, 1890.

Les antécédents héréditaires sont également excellents; les parents bien portants ne signalent dans leur famille non seulement l'existence d'aucune affection oculaire, mais d'aucune diathèse d'une importance notable.

Jusqu'à la fin de septembre 1888 ni les parents, ni l'enfant n'avaient rien remarqué dans l'organe malade; à cette époque l'œil devint rouge, on crut d'abord à une inflammation externe sans conséquence et nul médecin ne fut consulté.

Les phénomènes de congestion augmentèrent rapidement, l'œil devint douloureux et le 15 octobre 1888 les parents nous amènent leur enfant.

L'œil droit est sain; l'œil gauche est le siège d'une injection périkératique assez prononcée; la tension est normale, il n'y a pas de déformation de l'organe. La cornée, la chambre antérieure, le cristallin sont intacts.

L'examen de l'œil en face d'une fenêtre, montre un reflet pâle, blanchâtre qui fait immédiatement songer à l'œil amaurotique et l'éclairage oblique indique en effet qu'une production nouvelle envahit le corps vitré.

L'examen à l'éclairage direct permet de mieux constater encore la lésion; on aperçoit dans le corps vitré des filaments blanchâtres qui remuent et flottent au gré des mouvements de l'œil.

La pupille est absolument masquée par les produits qui encombrent la vitrine et l'examen soit à l'image droite, soit à l'image renversée, ne permet de saisir aucune des parties de la rétine.

La vision est totalement abolie. L'âge du malade, la marche insidieuse de l'affection, les résultats de l'examen conduisent au diagnostic gliome de la rétine, et je propose immédiatement l'énucléation, déjà conseillée d'ailleurs par d'autres ophtalmologistes appelés à se prononcer sur le cas de cet enfant.

L'opération est tout d'abord refusée par les parents, mais le 25 octobre éclatèrent des accidents glaucomateux. L'œil s'injecta violemment et l'enfant parut souffrir beaucoup.

En présence de ces désordres prévus et annoncés, les parents se décident enfin à l'opération qui est pratiquée le 3 novembre 1888.

Elle est faite avec l'aide de notre élève et ami le Dr Rouchaud, interne de l'hôpital Saint-André. Tout marche régulièrement. Huit jours après l'énucléation l'enfant est complètement guéri, avec un moignon bien régulier.

Depuis, tout s'est passé le mieux du monde. L'enfant porte un œil artificiel; il y a aujourd'hui quatre ans 1/2 que l'opération est faite et la guérison paraît toujours assurée.

L'étude de la pièce anatomique nous a montré les détails suivants.

Examen macroscopique. — Le globe oculaire a conservé sa forme et ses dimensions normales.

La cornée est intacte, la chambre antérieure libre. Une section transversale faite dans le plan équatorial nous permet de constater que le cristallin et la région ciliaire sont indemnes.

Le corps vitré renferme une bouillie blanchâtre dans laquelle il est facile de distinguer les filaments, les tractus visibles à l'éclairage direct. Ces tractus ont pour point de départ la papille.

Après avoir, avec beaucoup de précaution, vidé la coque de l'œil sous un filet d'alcool, nous constatons à la surface interne de l'hémisphère postérieur les deux productions visibles sur la figure 1.

C'est d'abord une tumeur qui siège sur la paroi inférieure de l'œil, au-dessous et en dehors de la papille. Cette tumeur aplatie, est limitée par une circonférence régulière dont le diamètre a exactement 17 millimètres. La partie la plus voisine de la papille en est distante de 2 millimètres et la partie antérieure de la tumeur arrive jusqu'à 3 millimètres des procès ciliaires.

Cette tumeur est blanche, d'un aspect lisse ; elle repose sur la surface interne de l'œil sans que rien à la périphérie du globe ne trahisse sa présence.

Le reste de la surface intérieure de l'œil ne présente rien de particulier sauf au niveau de la papille, siège d'une lésion particulièrement intéressante.

Le nerf optique se continue dans le corps vitré par une frange irrégulière dont les filaments pouvaient flotter en tous sens dans la vitrine ramollie, sans contracter nulle part d'adhérence avec la tumeur.

En lavant dans l'alcool la pièce anatomique, les extrémités de cette production sont entraînées ; il reste une saillie trifide (2, fig. 1) longue de 4 à 5 millimètres, exactement insérée sur la papille. La section du nerf optique ne présente rien de particulier.

Toutes les membranes de l'œil paraissent normales en

dehors des points occupés par les deux parties bien distinctes du néoplasme. La cornée, l'iris et le cristallin sont absolument sains.

En sectionnant perpendiculairement à la base et par son milieu, selon une coupe méridienne la tumeur figurée (en 1 fig. 1) on voit nettement à l'œil nu qu'il s'agit d'une production développée aux dépens de la rétine ; au-dessous, on constate la choroïde et la sclérotique sans lésions apparentes.

FIG. 1. — La section de l'œil a été faite au niveau de l'équateur.
1. Gliome. — 2. Papille se continuant dans le corps vitré sous la forme d'une frange mobile et irrégulière. — 3. Coupe du gliome à sa partie antérieure.

Après ces constatations macroscopiques est venu l'examen histologique qui a naturellement porté sur les deux lésions distinctes :

1° sur la tumeur proprement dite, 2° sur les lésions papillaires.

Examen microscopique. — Le tissu du néoplasme est essentiellement constitué par des cellules de 12 μ en moyenne, tassées étroitement les unes contre les autres, un peu déformées par la pression réciproque, possédant un gros noyau et une petite quantité de protoplasma.

On remarquera que ces cellules sont plus grosses que ne le sont d'habitude les éléments du gliome qui d'après Poncet ont de 7 à 8 μ ; cependant telles sont bien leurs dimensions que nous avons recherchées plusieurs fois. Afin de pouvoir apprécier ce qu'a d'exceptionnel ce volume, nous avons mesuré récemment les éléments d'un gliome du cerveau étudié par M. le Dr Sabrazès, chef des travaux du laboratoire des cliniques à la Faculté de Bordeaux et nous n'avons pas trouvé de cellules inférieures à 10 ou 12 μ.

Ces cellules sont libres, au milieu d'un liquide peu abondant, nul peut-être. Un petit nombre d'entre elles sont en voie de prolifération ; elles présentent deux, trois, quatre noyaux. Cependant il importe de noter que la segmentation nucléaire existe surtout dans les cellules qui sont directement appuyées sur la trame du gliome.

Cette trame est composée par de rares et irrégulières colonnes anastomosées les unes avec les autres et paraissant toutes avoir pour point de départ la base de gliome.

Pour bien étudier cette trame nous avons soumis un grand nombre de coupes au pinceautage ; sur la plupart d'entre elles le pinceau a tout emporté, mais sur quelques-unes cependant on remarque que des travées principales partent de fines et minces trabécules aboutissant à la formation d'un tissu réticulé.

Sur quelques préparations l'existence de ce réticulum est absolument indiscutable ; la figure II en montre un point très évident. Est-ce un véritable reticulum ? Nous ne devons pas oublier que d'après certains auteurs, Cornil et Ranvier par exemple, ce reticulum est artificiellement produit par les réactifs durcissants. On ne le trouverait pas sur des coupes fraîches.

Malheureusement notre tumeur placée dans l'alcool immédiatement après son ablation était depuis longtemps durcie quand l'examen a été fait ; mais tout en exprimant sur ce point les réserves que commande la haute compétence de ces histologistes, il est impossible de ne pas être frappé par la netteté absolue de ce tissu réticulé, analogue à celui bien connu du lymphadénome.

Nous donnons ci-joint un dessin représentant très exactement ce reticulum après le pinceautage.

L'examen de cette figure fera comprendre mieux qu'une description la disposition de ces fibrilles anastomosées et portant, appendues à leurs parois, des grappes d'éléments gliomateux.

Les colonnes irrégulières, qui en certains endroits cloisonnent la tumeur, sont les points d'attache de ce tissu réticulé. Il est probable qu'il s'agit là du plexus réticulaire interne ou

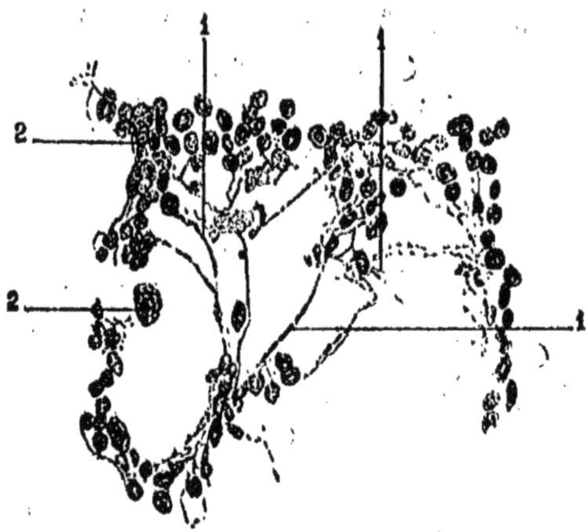

FIG. II. — Reticulum du gliome obtenu après le pinceautage sur une coupe colorée à la purpurine.

1, 1, 1. — Reticulum.
2, 2. — Cellules contenant un gros noyau. Le diamètre des cellules est en moyenne de 12 μ.

cérébral. On sait qu'à l'état normal ce plexus se compose d'une série de lamelles séparées plus ou moins les unes des autres, déchiquetées, irrégulières et réunies entre elles par des fibrilles qui constituent un réseau d'une finesse extrême. On sait aussi que ce sont les prolongements protoplasmiques des cellules ganglionnaires, unipolaires, bipolaires et des fibres optiques qui jointes à des ramifications des fibres de Muller forment ce plexus.

Le réticulum serait donc préexistant au gliome; les éléments sarcomateux se développent dans ses mailles; plus tard, lorsque le gliome plus avancé a détruit la rétine, on comprend que ce réticulum disparaisse et qu'il ne reste plus que les éléments embryonnaires du sarcome.

Notons encore en ce qui concerne le réticulum de notre gliome, qu'il a fallu examiner bien des coupes avant de le découvrir. Peut-être n'existait-il réellement que dans certaines parties du néoplasme.

Que sont devenus les éléments de la rétine ?

Nous n'avons pas trouvé trace des parties qui dérivent du feuillet interne de la vésicule secondaire, c'est-à-dire des éléments qui siègent de la membrane limitante interne à la couche des cellules visuelles (cones et batonnets), mais en revanche nous avons constaté la conservation de l'épithélium rétinien qui a une autre origine puisqu'il est formé par le feuillet externe de la vésicule oculaire secondaire.

Sur la figure III on voit une bande noirâtre, soulevée par des amas de cellules insinuées au dessous d'elle et détachée ainsi de la choroïde sur laquelle la tumeur repose directement : c'est l'épithélium rétinien.

Dans le cas publié par Poncet[1] en 1882, cet observateur éminent a noté le même soulèvement de l'épithèle.

Ce feuillet pigmenté de la rétine, prolongé par la pensée sur la fig. III va rejoindre la coque de l'œil et se juxtaposer à la choroïde. La bande noire 5, fig. III, va rejoindre la bande noire 2 de la même figure. A ce niveau on trouve de gros lacs sanguins, vaisseaux de la choroïde dilatés ou rompus.

Le néoplasme repose donc sur la choroïde après avoir détruit toutes les couches de la rétine qui dérivent du feuillet interne de la vésicule secondaire, et soulève simplement celle qui vient du feuillet externe de la même vésicule. Ce soulèvement n'est visible qu'à la périphérie et sur les parties amincies

[1] Poncet (de Cluny). Du gliome de la rétine. *Arch. d'ophtalmol.* 1882.

de la tumeur. C'est en s'accroissant que le néoplasme s'est ainsi insinué sous l'épithèle.

Au point de contact de la choroïde et de la tumeur on aperçoit une intéressante bande fibreuse, colorée en rose par le carmin, épaisse, résistante, formant comme une barrière à l'envahissement du néoplasme. Cette lame fibreuse doit être

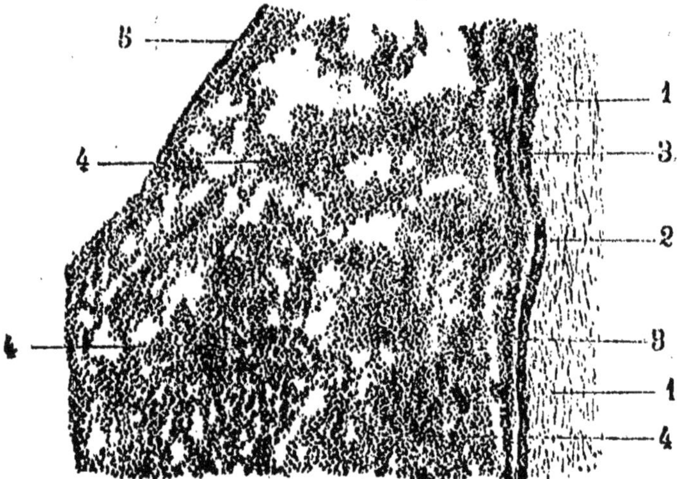

FIG. III. — Grossissement, 120 fois.

1. Sclérotique. — 2. Choroïde. — 3. Épaississement de la lame vitreuse limitant la tumeur. — 4. Cellules du gliome. — 5. Épithélium rétinien soulevé par la tumeur. En prolongeant par la pensée les bandes 5 et 2 elles se réuniraient au-dessus de la figure.

le premier feuillet de la choroïde, feuillet épaissi sous l'influence du processus néoplasique.

La choroïde présente en effet une première lame dite lame vitreuse, qui par sa face interne regarde l'épithèle pigmenté de la rétine. A l'état normal la lame vitreuse se compose d'un réseau serré de fibres très ténues qui peuvent évidemment s'accroître en nombre et en importance sous l'influence d'un processus iritatif.

Les jeunes cellules du gliome ont été arrêtées par cette barrière ; elles ont fait saillie dans le corps vitré et se sont uniquement propagées de ce côté.

C'est là au point de vue de la pathogénie et de la marche du gliome un fait très important.

Fig. IV. — Coupe de la papille parallèlement à l'axe du nerf optique et selon la frange visible en 2, Fig. I.

1. Cellules du gliome. — 2. Sclérotique. — 3. Travées fibreuses indiquant à ce niveau un épaississement de la lame criblée ou une sclérose du nerf optique.

Achevons notre étude histologique par la description de la lésion de la papille.

Il est probable que quelques-unes des cellules tombées dans le corps vitré sont venues se greffer sur cette région et produire la lésion représentée macroscopiquement en 2, fig. I et microscopiquement sur la figure IV.

Les exemples de pullulation, de reproduction du gliome par greffe ne sont pas très rares ; Knapp et de Vincentiis en ont rapporté des exemples, Poncet admet aussi ce mode de propagation.

Nous ne décrirons pas très longuement ces lésions de la papille. Elles sont fidèlement représentées sur la fig. IV ; on y voit le prolongement des cloisons connectives du nerf optique sur lesquelles viennent s'appuyer de gros amas de cellules gliomateuses.

La lame criblée a opposé aux cellules du gliome une barrière suffisante pour les empêcher de s'infiltrer (3, fig. IV). Ici, comme sur la tumeur proprement dite nous constatons que la lésion évolue uniquement vers le corps vitré.

La lame vitreuse d'une part, la lame criblée d'autre part ont donc complètement limité le néoplasme.

L'artère et la veine centrales du nerf optique ne pénètrent pas dans le prolongement papillaire ; on voit sur quelques préparations la coupe des vaisseaux qui s'arrêtent à peu de distance de la papille. Il n'y a d'ailleurs dans toutes les parties de la tumeur qu'un très petit nombre de conduits vasculaires. Nous n'en n'avons vu que sur deux coupes. Il s'agissait de vaisseaux anciens préexistant au mal.

De ces détails anatomiques deux faits majeurs ressortent.

1° La tumeur s'est développée aux dépens des éléments rétiniens, épithèle excepté.

2. Le néoplasme est exactement limité, presque encapsulé dans cette partie de l'œil.

La marche de ce gliome a donc été essentiellement celle du gliome endophyte. Si l'on veut bien se souvenir que cette variété de gliome est rare et même contestée, on comprendra l'utilité des développements suivants qui porteront sur deux points 1. l'anatomie pathologique et la pathogénie du gliome 2° le pronostic et le traitement.

Anatomie pathologique et pathogénie. Hirschberg [1], examinant un néoplasme rétinien tout à fait au début de son évolution, constata à divers endroits la prolifération de cellules

[1] Hirschberg, *loco citato.*

rondes dans la couche granuleuse interne, et plaça le point de départ du mal au-dessous de la limitante interne.

Il ne sera pas déplacé de rapporter ici la description que donne Hirschberg. Cette description est intéressante en premier lieu parce qu'elle est bien faite, en second lieu parce que l'observation d'une telle lésion, examinée à ses débuts, est malheureusement très rare. Hirschberg a eu une bonne fortune dont il faut faire notre profit.

« Le nodule gliomateux, dit-il, est une excroissance cellu-« laire dense de la partie interne de la rétine, tandis que la « partie externe de cette dernière, qui renferme aussi les « principaux vaisseaux sanguins, reste encore visible. Le « nodule est formé principalement par de petites cellules qui « sont pressées les unes contre les autres, comme les grains « d'un panicule de maïs, entourent étroitement leurs noyaux « et montent vers le corps vitré en trabécules radiaires mais « confluents, ou forment des nodules plus arrondis. Au centre « de ceux-ci on voit des fentes microscopiques qui sont vides « ou remplies (mais non complètement) de groupes cellulaires, « de coupes de trabécules cellulaires ou encore (en très grand « nombre) de petits vaisseaux sanguins. Il ne manque pas « du reste de vaisseaux sanguins, plus gros, etc. etc. On voit « peu de tissu interstitiel sur la coupe, mais il se montre sous « la forme d'un réseau fibreux clairsemé sur les bords de « la tumeur. »

Manfredi [1] (de Modène) chercha à établir que l'origine du mal était dans les éléments cellulaires qui se trouvent en dedans de la membrane interne et surtout dans les noyaux qui sont accolés aux fibres de Muller.

Comme celle de Hirschberg, encore qu'elle soit beaucoup moins complète, la description de Manfredi mérite d'être retenue. Il s'agissait d'un enfant de trois ans qui fut énucléé

---

[1] MANFREDI. *Giornale d'oftalmologia italiano* 1868, et *Annales d'oculistique* 1869.

quelques semaines après le début des accidents apparents. Plus de la moitié de l'espace du corps vitré était occupée par une tumeur molle, lobée, partant de la rétine détachée en forme d'entonnoir, non encore épaissie pour la plus grande partie, mais couverte de nodules miliaires.

L'examen microscopique montra dans la tumeur des cellules arrondies à gros noyau et contenant peu de protoplasma, de 5 à 15 μ; en quelques parties de 8 μ, en d'autres de 12 μ. « La tumeur part de la face interne de la lame « limitante interne, peut-être des noyaux situés à la base des « fibres radiaires qui ont été décrites par Kœlliker. » Sur les coupes transversales de petits nodules on voit encore les restes de la couche des bâtonnets. Un an après il n'y avait pas trace de récidive.

A ce fait de Manfredi, il faut juxtaposer celui d'Ivanoff[1] qui présente aussi un très grand intérêt. Nous en trouvons la relation dans le mémoire déjà cité d'Hirschberg et nous n'hésitons pas à la reproduire assez longuement car elle mérite une grande place dans l'histoire du gliome endophyte.

Il s'agissait d'un enfant de deux ans opéré dans la clinique d'O. Becker.

« En examinant les parties rétiniennes périphériques de la portion interne du globe de l'œil, on découvre une saillie d'un éclat intense, blanc-jaune, qui fait une forte proéminence dans le corps vitré, a une forme à peu près ronde et paraît être délimitée par rapport au tissu environnant par des lignes assez nettes et régulières. On porta le diagnostic d'un néoplasme, probablement d'un gliome, et par suite on pratiqua l'énucléation du globe oculaire le 13 nov. 1868. La tumeur, du volume d'une petite noisette, se trouvait dans la rétine, immédiatement en arrière du cristallin, du côté du nez. La situation de toutes les membranes était normale, seul le corps vitré était soulevé par un exsudat séreux, à peu près sur 1/3 de

[1] Ivanoff. *Arch. für Ophtalmol.* t. XV, 1869 et le mémoire cité d'Hirschberg.

son étendue, dans la partie postérieure de l'œil. Déjà avec le grossissement de la loupe on voyait que la tumeur était située à la surface de la rétine, que de plus elle s'était développée dans la direction du corps vitré. Toute la face interne de la rétine était parsemée de petits nodules. En soulevant ceux-ci avec l'aiguille, on voyait immédiatement que leur partie périphérique ne s'appliquait que légèrement sur la rétine et qu'ils étaient reliés à celle-ci en leur milieu par un mince pédicule. Là où la rétine se montre encore normale, la couche des fibres nerveuses est remplie de cellules rondes, les extrémités des fibres radiaires sont fortement épaissies, mais sur la face interne de la rétine on voit une nouvelle couche de 0,08 à 0,2 mill. de fibres entrelacées et de cellules ; en beaucoup de points des prolongements de fibres radiaires pénètrent dans cette couche.

Certains nodules résultent d'une infiltration celluleuse dense de ce réseau. La couche des fibres nerveuses est toujours le plus fortement infiltrée de cellules à la place correspondante. Les cellules des fibres radiaires sont gonflées, en voie de segmentation. Des vaisseaux passent de la rétine dans les plus gros nodules de ce genre.

Une deuxième forme de nodules est constituée aux dépens du tissu rétinien lui-même, c'est un simple épaississement de cette membrane, résultant d'une infiltration des fibres nerveuses par une grande quantité de cellules rondes fortement serrées les unes contre les autres, il y a toujours 1 ou 2 vaisseaux à l'intérieur d'un nid néoplasique de ce genre. La couche granuleuse interne ne participe pas d'abord à la prolifération, mais seulement dans les gros nodules où les produits de prolifération des deux couches (couche des fibres nerveuses et couche granuleuse interne) sont mêlés. Mais dans toute la rétine, la couche des bâtonnets, la couche granuleuse externe, et la couche intermédiaire sont restées intactes. Les gros nodules sont très vasculaires. Les cellules entourent les vaisseaux d'anneaux denses. La tumeur principale est constituée par un agrégat de pareils nodules.

La tumeur est formée d'abord par les cellules de tissu conjonctif qui se trouvent dans la couche des fibres nerveuses et par les cellules de l'adventice des vaisseaux ; plus tard seulement les cellules de la couche granuleuse interne prennent part à son développement.

La tumeur prolifère vers l'intérieur, la rétine n'est pas décollée. Cette forme du gliome est beaucoup plus rare que la forme ordinaire se développant en dehors. »

Enfin Hirschberg signale encore un cas qu'il a publié en collaboration avec L. Happe (de Braunschweig) en 1870 dans lequel il a reconnu aussi tous les caractères du gliome endophyte.

Nous n'insisterons pas davantage sur ces observations qui suffisent bien à montrer la réalité du gliome endophyte.

Grolmann a publié en 1887 sur ce sujet un intéressant mémoire a propos d'un cas de gliome observé à la clinique du professeur Von Hippel et dans lequel on avait tout d'abord diagnostiqué un décollement de la rétine avec masses blanchâtres flottant dans le corps vitré, Grolmann [1] passe en revue un grand nombre de faits et conclut comme nous à l'existence du gliome endophyte proliférant exclusivement dans le corps vitré. Il pense même que la régression du gliome est possible au début de son évolution.

Grolmann insiste sur la multiplicité des lésions et sur la métastase des éléments gliomateux dans le corps vitré. Son observation est un type du genre. Rompe [2], Gama Pinto [3] en ont rapporté de semblables ; de même dans un cas de Treitel [4]

---

[1] GROLMANN. Beitrag zur Kenntniss der Netzhautgliome, *Græfe's Archiv* 1887, XXXII, t. 2.

[2] ROMPE. *Beitrag zur Kenntiss der Glioma Retinæ* Inaug. Dissertation, 1884, p. 6.

[3] DA GAMA PINTO. Untersuchungen über intraocularen Tumoren.

[4] TREITEL. Beitrag zur Lehre von Glioma Retinæ. *Arch. für Ophtalm.* Vol. XXXII, 2, p. 151 et s.

cité par Grolmann, le corps vitré était traversé par d'innombrables petits flocons que l'examen histologique montra composés de cellules gliomateuses, complètement analogues à celles de la tumeur principale.

Gama Pinto rapporte aussi un cas de gliome endophyte dans lequel des fragments, détachés de la tumeur principale, présentaient une prolifération nouvelle « on aurait affaire ainsi à une sorte d'ensemencement des germes gliomateux ».

Ces faits ont avec le nôtre une frappante analogie. A l'examen ophtalmoscopique nous avons en effet constaté ces masses gliomateuses flottant dans le corps vitré, et l'étude anatomique a montré la présence d'une greffe gliomateuse au niveau de la papille.

Nous ne chercherons pas à analyser ici tous les cas de gliome endophyte, nous désirons nous contenter de bien mettre en valeur notre cas personnel en le comparant aux principales observations qui ont été publiées.

Le lecteur qui voudrait connaître la bibliographie complète de la question ne la trouvera pas dans notre mémoire. Pour bien prouver l'existence du gliome endophyte nous avons surtout mis en lumière les meilleures preuves en les dégageant de beaucoup de faits anatomo-pathologiques plus ou moins contestables.

Quelques particularités distinguent notre cas de ceux de Hirschberg, Manfredi et Ivanoff. Ces auteurs ont été assez heureux pour constater des lésions rétiniennes au début et ils en ont profité pour localiser l'origine du mal dans telle ou telle couche de la rétine. Ils ont été téméraires sans doute en allant si vite du particulier au général, mais s'ils n'ont pas prouvé que telle ou telle couche rétinienne devait être plus spécialement incriminée, ils ont établi que le gliome proliférait en dedans, restait localisé au début et pouvait être enlevé sans récidive.

Notre observation conduit aux mêmes conclusions. Il ne nous a pas été possible d'observer le début dans l'une ou l'autre couche, le corps vitré était rempli par la pullulation cellulaire, les phénomènes glaucomateux étaient déjà manifestes, la tumeur était volumineuse, bref la rétine était complètement détruite, mais nous avons constaté plusieurs faits dignes d'attention : 1° l'épaississement de la lame vitreuse et de la lame criblée qui ont contenu le néoplasme et protégé la choroïde et le nerf optique, 2° la greffe de la tumeur sur la papille. 3° le soulèvement de l'épithèle rétinien respecté par les cellules gliomateuses comme la choroïde elle-même dont il fait embryologiquement partie.

Faisons remarquer en outre la présence du réticulum et le volume relativement considérable de nos cellules. Ces cellules à l'encontre de ce que disent les classiques ont un volume assez inégal dans notre cas. Manfredi a fait la même constatation puisqu'il parle de cellules de 5 à 15 μ.

Ce réticulum peut-il être de quelque secours au point de vue de la pathogénie du gliome? Pour nous, il doit être considéré comme un élément très accessoire de la tumeur. C'est le vestige du plexus cérébral décrit par Ranvier entre les cellules unipolaires et les cellules multipolaires.

Déjà Meckel et Pacini regardaient cette couche comme exclusivement formée par un réseau dont les fibres très fines et très nombreuses s'entrecroisent en tous sens et Max Schultze estimait qu'elle est constituée par des éléments nerveux et conjonctifs formant un réseau complet, lorsque Ranvier[1] a décrit dans ce plexus des fibrilles qui s'anastomosent dans tous les sens de manière à former un véritable réticulum.

Il serait ici dangereux d'être trop affirmatif, mais le réticulum du gliome, s'il existe réellement, s'il n'est pas dû aux réactifs durcissants, nous paraît pouvoir être considéré comme le plexus cérébral de la rétine distendu et contenant dans ses mailles les éléments jeunes du néoplasme.

Il est bien évident que ces mailles ne résistent pas long-

---

[1] RANVIER. *Traité technique d'histologie* et *Archives d'ophtalmologie* 1882.

temps à la poussée des cellules ; ce n'est que dans les gliomes jeunes qu'on peut espérer trouver le réticulum ; il ne fait en quelque sorte pas partie du gliome ; c'est le reliquat de la rétine préexistante.

Aux dépens de quels éléments de la rétine se développent les cellules gliomateuses ? Straub [1] à propos d'un gliome de la rétine et de plusieurs du nerf optique qu'il a analysés dans les archives de de Græfe arrive à cette conclusion, que les gliomes de l'œil sont des néoplasmes ayant pour point de départ le tissu conjonctif spécial du système nerveux.

C'est l'ancienne opinion de Virchow et de Lebert qui ont fait du gliome un sarcome de la névroglie, avec cette restriction apportée par les études modernes, que la névroglie étant d'origine épithéliale, le mot sarcome convient mal, ce terme étant réservé aux tumeurs de tissu conjonctif pur.

Poncet a du gliome une conception, à notre sens, très juste. Il pense que les éléments de la rétine quelsqu'ils soient peuvent subir la dégénérescense embryonnaire et fournir les cellules du néoplasme en revenant ainsi au stade indifférent des premiers jours de la vie fœtale.

C'est qu'en effet la substance connective de la rétine ne forme pas un tissu conjonctif véritable. Ranvier a montré la nature purement épithéliale de tout ce qui constitue la charpente rétinienne (cellules à pied, rameuses, irrégulières, plexus, etc; etc).

Par conséquent il n'y a d'autre tissu conjonctif dans la rétine que celui des vaisseaux et il n'est pas probable que la tunique des vaisseaux soit le point de départ des tumeurs, encore que les travaux d'Haensell sur le sarcome du corps ciliaire montrent la grande part des conduits vasculaires dans la production du néoplasme.

Le gliome de la rétine vient des éléments rétiniens, fibres, cellules, siégeant dans n'importe quelle couche, mais la pre-

---

[1] STRAUB. *Arch. f. Opht.* T. XXXII.

mière conséquence de cette tumeur, ce qui caractérise son entrée en scène c'est la transformation embryonnaire des éléments anatomiques.

Ce n'est pas seulement pour la rétine que les choses se passent ainsi, mais au niveau de tous les organes; les sarcomes à cellules rondes sont toujours caractérisés par le retour à l'état primitif, embryonnaires, des éléments qui sont atteints par la lésion, sous l'influence du processus encore inconnu qui occasionne la tumeur.

Retour au stade indifférent, embryonnaire, primitif des éléments rétiniens, tel est le gliome. Retour au stade indifférent, embryonnaire, primitif des éléments osseux par exemple, tel est le sarcome embryonnaire des os.

Le gliome n'est donc autre chose qu'un sarcome embryonnaire de la rétine, nonobstant l'origine épithéliale du *Bindegewebe* et de toutes les autres parties de cette menbrane.

Dans le mémoire suivant nous revenons d'ailleurs sur cette conception anatomique du gliome rétinien.

Quel que soit le point de départ et quel que soit le nom que mérite la tumeur, lorsqu'elle s'est ainsi formée dans l'épaisseur de la rétine elle peut gagner les parties externes, c'est-à-dire évoluer vers la choroïde (gliome exophyte) ou vers le corps vitré (gliome endophyte). Ce dernier cas est le nôtre: du côté de la choroïde le néoplasme a rencontré un obstacle et il n'a pullulé que du côté du corps vitré.

Il nous semble donc que Poncet a tort de ne pas considérer comme fondée la distinction d'Hirschberg. « Le gliome endo-« phyte, dit-il, se développe aussi bien vers la choroïde, que « le gliome endophyte vers le corps vitré. L'hypothèse « d'Hirschberg n'est justifiée ni en clinique, ni en histologie. »

Sans doute il n'est pas prouvé que le gliome développé dans les grains externes soit exophyte et celui des grains internes endophyte; les faits d'Hirschberg, encore qu'ils soient remarquablement étudiés, ne sont pas suffisants pour permettre tant de précision, mais en clinique il y a un gliome endophyte. Notre observation en est un exemple irréfutable.

Il est évident que le gliome n'est endophyte que pendant une partie de son évolution. Dans notre cas, par exemple, il est probable que les barrières auraient été rompues très vite si nous n'avions opéré notre malade, mais elles étaient intactes, bien que l'œil fut presque rempli par la lésion, et c'est à cette heureuse disposition anatomo-pathologique que le petit malade a dû son salut.

En intervenant assez tôt dans les cas de gliome rétinien on a le droit de compter au moins quelquefois sur de pareilles dispositions anatomiques et d'attendre un succès durable.

A ce point de vue il existe un contraste frappant entre le gliome de la rétine et le sarcome de la choroïde.

Le gliome développé aux dépens du feuillet interne de la vésicule secondaire peut trouver dans les éléments du feuillet externe, épithelium rétinien, lame vitreuse, lame criblée, une barrière qui l'arrête au moins un certain temps.

Le sarcome embryonnaire de la choroïde prend au contraire naissance dans un milieu très favorable à la généralisation, puisqu'il siège d'emblée dans le tissu cellulaire choroïdien ; le grand espace lymphatique de Schwalbe ainsi que la gaine vaginale du nerf optique lui livrent largement ouvertes les portes de l'économie.

Il en résulte que si ces deux tumeurs sont également malignes, lorsque leur développement est assez avancé, il y a au début, entre leur malignité une assez grande différence, insuffisamment indiquée par les auteurs qui ont étudié le cancer de l'œil.

Il est certain que le gliome de la rétine est souvent très grave à toutes ses périodes, mais dans un certain nombre de cas il peut rester assez longtemps circonscrit aux membranes de l'œil ; au contraire le sarcome à petites cellules de la choroïde est toujours prompt à la généralisation.

Les faits anatomiques de gliome endophyte, à malignité atténuée sont rares ; ils seraient peut-être plus fréquents si l'intervention chirurgicale n'était pas trop tardive et si tous les examens histologiques étaient attentivement pratiqués.

En attendant des faits anatomiques plus nombreux, il nous sera facile de donner la preuve clinique de la bénignité relative du gliome, en montrant les résultats heureux des opérations faites assez tôt. C'est là l'objet du paragraphe suivant.

Étude clinique. Pronostic du gliome. Le gliome de la rétine ne mérite pas absolument le pronostic très fâcheux que presque tous les auteurs signalent à son sujet.

De Wecker considère cette affection comme étant toujours d'une extrême gravité. Panas[1] en fait le *noli me tangere* de la chirurgie oculaire. C'est certainement là une opinion excessive ; il va nous être facile de montrer que les cas de longue survie, ou même de guérison définitive sont loin d'être rares.

Certains auteurs dont l'autorité ne peut être mise en doute ont même cité des faits dans lesquels l'affection a spontanément rétrocédé. Dans les comptes rendus de la Société ophtalmologique de Londres nous trouvons un cas de Brailey dans lequel la tumeur, après une marche très lente, finit par perforer les enveloppes, fit hernie, subit une transformation régressive et resta stationnaire pendant longtemps.

Le cas de Brailey n'est d'ailleurs pas unique. Il convient d'en signaler ici quatre autres (Wardrop, von Græfe ; Weller, Knapp) dans lesquels le processus régressif se produisit après une vive inflammation et une perforation de la cornée.

Hirschberg[2] qui rapporte ces quatre cas a observé un enfant atteint d'un encéphaloïde des deux rétines qui au bout d'un an environ succomba à cette affection. La marche de la maladie avait d'abord été la même dans les deux yeux. Plus tard l'un deux s'était rompu et atrophié, dans celui-ci la dissection n'a révélé aucune trace de matière encéphaloïde.

---

[1] PANAS, in Thèse FOUCHARD, Paris 1885, p. 74.
[2] HIRSCHBERG. *Der Markschwamm der Netzhaut*, p. 101 et s.

Notons enfin qu'un arrêt prolongé de la maladie a été signalé par Wadsworth [1] qui a observé un repos de 20 mois dans le développement d'un gliome.

Cette regression est si bien acceptée que de Græfe [2] et Leber cherchent à l'expliquer, l'un par une inflammation nécrobiotique, l'autre par une dégénérescence graisseuse, et que Sichel conclut à la curabilité du gliome en s'appuyant sur ces faits de régression.

Malgré l'authenticité de ces cas il est certain que ce sont de pures exceptions et pour obtenir cette régression nous ne pouvons considérer comme ayant une valeur quelconque le traitement mercuriel dont parle Grollmann.

Mais si les cas de guérison spontanée sont rares au point qu'il n'en faut pas tenir compte en clinique, il est certain que beaucoup de gliomes se sont terminés heureusement par l'intervention chirurgicale.

Fouchard a dépouillé complètement les publications périodiques jusqu'en 1885.

Il cite des cas favorables dont on trouvera dans son travail l'histoire in extenso ainsi que l'indication des sources bibliographiques auxquelles il a puisé ses nombreuses observations. Parmi ces faits heureux il en est un (Fano) sur lequel il ne faut pas s'appuyer, car il manque d'examen histologique.

Voici ceux qui sont utilisables pour notre démonstration.

1. Knapp, guérison constatée après 15 années. Examen histologique. Gliome développé dans la couche granuleuse interne.
2. Knapp et Thompson, guérison définitive, examen histologique démontre le gliome.
3. Landsberg, (de Gœrlitz), guérison définitive constatée 16 ans

---

[1] Wadsworth. Cité par Leber. Die Krankheiten der Netzhaut etc. (*Græfe-Sæmisch Handbuch*).

[2] Græfe. *Arch. für optalmol*, Vol. XIV, 2, p. 130.

après. Examen histologique fait par Waldeyer qui trouve un gliome à la deuxième période.

4. Landsberg, (de Gœrlitz) guérison constatée après cinq ans. Examen histologique.

5. Brière, guérison constatée après cinq ans. Examen histologique démontre le gliome.

6. Fano, guérison constatée après trois ans. Examen histologique démonstratif.

7. Vogler, guérison constatée six mois après. Gliome démontré par le microscope.

8. Snell Siméon, guérison constatée après trois ans. Examen histologique démonstratif.

9. Nellessen, guérison constatée après assez longtemps.

10. — guérison constatée après six mois.

11. — guérison constatée après trois ans. Dans ces trois cas, examen histologique.

12. Brudenell Carter, guérison constatée après six ans. Examen histologique démonstratif.

13. Hodges, guérison constatée après deux ans. Examen histologique démonstratif.

1. Agnews, guérison constatée après neuf ans. Examen histologique démonstratif.

15. Théobald, guérison constatée après quatre ans. Examen histologique.

16. Schiess-Gemuseus, guérison constatée après un an. Examen histologique.

17. Santarnecchi, guérison constatée après huit mois. Examen histologique.

18. Steffan, guérison constatée après un an et demi, rétine complètement envahie par le néoplasme.

A ces 18 faits il faut ajouter les cas cités plus haut d'Hirschberg, de Manfredi et d'Ivanoff et quelques autres également favorables publiés plus récemment.

Sinclair [1] au congrès de Washington rapporte l'observation d'un enfant sur lequel il fit une double énucléation. L'examen histologique montre qu'il s'agissait de deux gliomes ; six ans après l'opération la guérison était parfaite. Ce fait parut très surprenant aux membres du congrès et Keyser déclara qu'il considérait comme impossible qu'on puisse si longtemps survivre à un vrai gliome. Power (de Londres) appuya cette opinion.

Galezowski signale au même congrès des cas de guérison sans rapporter de faits précis.

Henry Noyes [2] a communiqué à la Société ophtalmologique (26 janvier 1888) le cas d'un gliome de la rétine, bien démontré par le microscope, qui n'avait pas récidivé après quatorze ans et 1/2.

D'autres faits heureux ont été rapportés par J. B. Lawford et Collins. Les auteurs ont montré que l'intervention chirurgicale avait été favorable une fois sur trois.

Nous avons lu attentivement 97 observations suivies d'examen histologique ; dans 25 cas, le chirurgien a obtenu la guérison complète ou une longue survie.

La statistique opératoire du gliome est par conséquent moins sombre que celle du carcinome du sein, de l'utérus ou de la langue.

Les chirurgiens qui suivent leurs malades savent combien dans ces derniers cas sont rapides et fréquentes les récidives mortelles. Si nous voulions établir un parallèle entre le résultat des opérations faites contre les carcinomes d'une part, d'autre part contre les gliomes, la comparaison serait toute à l'avantage de cette dernière affection, qui est souvent curable quand on intervient assez tôt.

Pour dire complètement notre pensée il nous paraît évident que si nous intervenions aussi promptement dans le gliome

---

[1] Sinclair (de Memphis). *Congrès de Washington*, 7 septembre 1887.
[2] Henry Noyes. *Société ophtal. de New York*, 26 janvier 1888.

qu'il est indiqué et habituel de le faire pour les autres tumeurs malignes, le chiffre des guérisons atteindrait des proportions inconnues dans la thérapeutique des tumeurs de mauvaise nature.

La plus grande partie des cas malheureux ont été opérés à une période trop tardive. Il est clair que lorsqu'on intervient pour un gliome infiltré dans la choroïde, perforant la sclérotique, envahissant le tissu cellulaire de l'orbite, le traitement ne peut être que palliatif sinon tout à fait inutile.

Mais à côté de ces faits très nombreux sans doute il en existe d'autres, semblables à celui dont nous avons fait l'histoire dans ce travail, qui sont pendant longtemps circonscrits à la rétine et au corps vitré et qui se présentent, durant une longue période, dans d'excellentes conditions pour que le sujet soit à jamais débarrassé de son mal par une intervention chirurgicale.

CONCLUSIONS

1° Le gliome de la rétine revêt quelquefois une marche relativement bénigne. Il prend alors la forme endophyte et reste longtemps localisé dans la coque oculaire.

2° Il est possible d'expliquer la bénignité relative de cette tumeur par l'épaississement de la lame vitreuse de la choroïde et de la lame criblée. L'espace de Schwalbe et le tissu propre du nerf optique sont ainsi protégés contre l'envahissement des jeunes cellules du gliome.

3° Le gliome de la rétine, pris dans son ensemble, n'est pas aussi grave que la plupart des classiques se plaisent à l'affirmer. Les cas de guérison définitive ou de très longue survie ne sont pas rares.

4° En intervenant de très bonne heure, au début de l'affection si c'est possible, au moins avant que la coque de l'œil soit entamée, on pourra compter sur un excellent résultat dans un quart des cas.

5° Il convient de distinguer deux variétés de gliome. L'une la plus maligne a été souvent confondue avec le leuco-sarcome embryonnaire de la choroïde, l'autre très curable par une intervention précoce est beaucoup moins grave et sa bénignité relative peut s'expliquer par les détails anatomiques mis en évidence dans ce travail.

VI

Etude comparée du leuco-sarcome embryonnaire de la choroïde et du gliome de la rétine.

Il ne faut pas remonter bien haut dans l'histoire des tumeurs de l'œil pour retrouver l'époque où les néoplasmes malins étaient sans exception englobés sous la rubrique cancer de l'œil. Dans des publications récentes dont la valeur clinique est incontestable, cette confusion persiste encore. Cependant les faits publiés avec un examen histologique sérieux sont très nombreux et permettent de faire plusieurs parts bien distinctes dans l'ancien chaos des tumeurs malignes de l'œil, d'autant plus que les connaissances approfondies que nous possédons sur l'histologie et l'embryologie des membranes oculaires nous montrent sous un jour certain leurs aptitudes pathologiques.

Il est impossible, en effet, que les tumeurs développées sur la rétine ou sur le tractus uvéal ne présentent pas entre elles de grandes différences dans leur évolution et dans leurs symptômes. Ces différences n'ont pas été suffisamment mises en valeur par les auteurs des monographies détaillées qui ont été consacrées au leuco-sarcome de la choroïde et au gliome de la rétine. Nous nous proposons de démontrer que ces deux tumeurs ont été très souvent confondues ; nous trouverons les preuves de cette confusion dans les meilleurs travaux sur la question.

Brière[1] a écrit sur le sarcome de la choroïde une thèse clas-

---

[1] Les indications bibliographiques sont contenues dans les mémoires afférents au leuco-sarcome et au gliome.

sique, Fuchs une œuvre véritablement remarquable sur le sarcome du tractus uvéal; après les travaux si importants de Hirschberg, de Poncet et de beaucoup d'autres, Fouchard en 1885, fit du gliome de la rétine une description qui résume avec exactitude le plus grand nombre des travaux antérieurs.

Nous croyons que dans ces ouvrages, surtout dans ceux qui concernent le gliome, on a fait la part trop grande à cette tumeur et trop petite au sarcome blanc, à petites cellules, de la choroïde. Il en résulte que quelques-uns des symptômes appartenant à la seconde tumeur ont été attribués surtout à la première, que leur évolution a été mal comprise, leur pronostic faussé. C'est pour démontrer le bien fondé de ces propositions qui paraîtront téméraires à beaucoup que nous écrivons le présent travail.

Pour bien nous faire comprendre plaçons chacune de ces tumeurs dans son cadre anatomique et ne craignons pas de remonter à l'embryologie.

On sait que la sclérotique dérive du mésoblaste dans lequel est plongée la vésicule optique secondaire.

La choroïde vient un peu du mésoblaste entourant la vésisicule optique secondaire, mais elle se développe surtout aux dépens de l'oculo-pie-mère non invaginée, c'est-à-dire de la portion du réseau oculo-pie-mérien qui est en rapport avec la paroi proximale de la vésicule optique secondaire.

La rétine se développe aux dépens des feuillets distal et proximal de la vésicule optique secondaire.

Le feuillet proximal fournit la couche pigmentaire, l'épithèle; les neuf autres couches proviennent du feuillet distal.

La rétine possède donc une couche qui ne vient pas du feuillet distal; cette couche (épithèle) se comporte en conséquence dans les néoplasmes rétiniens.

Le sarcome blanc de la choroïde peut se développer aux dépens des diverses couches de cette membrane depuis la lamina fusca jusqu'à l'épithèle rétinien.

Il a pour premier résultat de soulever la rétine, de la décoller sur une étendue qui varie avec l'abondance de l'exsudat liquide sous rétinien presque constant autour du néoplasme. Quelquefois cependant la rétine coiffe simplement le sarcome choroïdien et se laisse progressivement refouler. Ce sarcome composé d'un tissu plus ou moins organisé peut contenir des vaisseaux qui forment au-dessous de l'arbre vasculaire de la rétine un second réseau sanguin.

Les cellules qui composent le néoplasme sont tantôt des cellules fusiformes, tantôt des cellules rondes; dans une autre partie de cet ouvrage nous nous sommes efforcé d'en préciser le siège autant que nos connaissances actuelles le permettent. Le leuco-sarcome à cellules rondes, qui seul nous occupe ici, paraît se développer surtout dans la chorio-capillaire, couche non pigmentée de la rétine (Knapp, Brière) ou bien aux dépens des cellules endothéliales qui tapissent les espaces lymphatiques de la choroïde. (Schwalbe) ou des cellules rondes non pigmentées (Haase) ou enfin aux dépens des vaisseaux ainsi que Haensell et Fieuzal se sont efforcés de le démontrer pour le leuco-sarcome du corps ciliaire.

Quoi qu'il en soit lorsque le sarcome est développé, les cellules qui le composent se répandent de bonne heure et très facilement dans les interstices des diverses couches de la choroïde. Les cellules sont remarquables par leur prolifération active, l'abondance et la division de leurs noyaux; elles gagnent l'espace supra-choroïdal et par là peuvent très aisément s'insinuer dans la gaîne du nerf optique puisque aucune barrière n'existe entre cet espace et l'espace vaginal du nerf

La rétine et le corps vitré subissent aussi très rapidement l'influence du voisinage de la tumeur.

Tantôt la rétine est déchirée en face de la tumeur dont les éléments tombent directement dans le corps vitré, tantôt et plus souvent elle est infiltrée par le néoplasme.

Le leuco-sarcome à cellules rondes se contente très rarement de décoller la rétine; il la pénètre, la détruit, la déchire pour gagner le corps vitré. Cette évolution vers les parties internes du globe se produit en même temps que les cellules gagnent les parties externes et se répandent dans l'orbite.

Le corps vitré cède sa place au néoplasme, le cristallin s'opacifie, s'atrophie, l'humeur aqueuse disparaît et par les espaces de Schlemm, voies normales d'écoulement, les cellules morbides s'infiltrent et sortent de l'œil.

Ces cellules sortent aussi de l'œil au niveau des vasa-verticosa qui servent de voies à la généralisation. Fontan (de Toulon) a trouvé des gaînes sarcomateuses vasculaires qui conduisent le néoplasme hors de l'œil. Quand le mal en est là les couches les plus externes de la sclérotique qui sont les moins voisines du point de départ de la tumeur se laissent facilement infiltrer. Le quart interne de la sclérotique résiste encore lorsque les trois quarts externes sont la proie de l'infiltration grandissante.

Quand le néoplasme est entaché d'un grand caractère de malignité, la sclérotique finit par se laisser infiltrer dans toute son étendue, elle devient bosselée, staphylomateuse ; la coque de l'œil est largement ouverte, mais l'envahissement de l'orbite, la généralisation du mal sont bien antérieurs à ce moment là. Cette généralisation a lieu de très bonne heure par l'espace supra-choroïdien et la gaine vaginale du nerf optique. La sclérotique est encore complètement saine que déjà la tumeur prolifère autour du nerf optique au point de former à cet organe une gaîne enveloppante de tissu sarcomateux. A cette même époque d'autres cellules ont gagné l'orbite en suivant le trajet des vasa-vorticosa.

Tel est le véritable tableau d'ensemble de l'évolution et de la marche du sarcome blanc à cellules embryonnaires rondes.

Voyons comment évolue le gliome rétinien.

Ici nous sommes en présence d'un néoplasme tout à fait spécial au début, développé aux dépens d'un tissu nerveux, dérivé du type épithélial.

Toutes les couches de la rétine, quoiqu'on en ait dit peuvent servir au développement de la tumeur, toutes, sauf l'épithèle qui vient du feuillet externe de la vésicule secondaire.

Mais les jeunes cellules du gliome ressemblent aux cellules du sarcome. Ce sont les mêmes éléments anatomiques, parce que le premier effet d'une néoplasie consiste à ramener les cellules du tissu normal au stade indifférent de la vie embryonnaire. C'est le lieu de son évolution qui fait du gliome au début une tumeur particulière.

Le processus initial se passe entre l'épithèle et l'hyaloïde en face du corps vitré, et contre lui, au milieu même des vaisseaux rétiniens.

En se développant, le gliome envahit le corps vitré, le remplit de cellules qui prolifèrent et colonisent sur place ou par greffe à distance sur d'autres points de la rétine, ainsi que Knapp, de Vincentiis et nous-même en avons rapporté des exemples. Dans notre cas le gliome siégeait à trois millimètres de la papille, en bas et en dedans; cette papille présentait un prolongement implanté en son milieu, plusieurs fois bifurqué à son extrémité et nageant dans le corps vitré.

Quand le gliome prolifère ainsi exclusivement du côté du corps vitré, il mérite le nom d'endophyte que lui a donné Hirschberg ; cette forme, contestée, existe très certainement (V. plus haut page 160), mais souvent aussi, plus souvent sans doute, le gliome prolifère du côté de la choroïde, il est exophyte.

Il infiltre alors la membrane vasculaire comme l'infiltre le sarcome à cellules rondes et ce que nous avons dit de cette dernière tumeur peut être répété du gliome.

Envahissement de l'espace supra-choroïdal, de la gaîne vaginale du nerf optique, des interstices vasculaires ; généralisation dans l'orbite et dans le cerveau, il y a parité absolue ; c'est une seule et même tumeur, c'est un sarcome à cellules rondes dans les deux cas. Le point de départ a ét[illegible] rent sans doute, dans le premier cas il a été choroïdien, [illegible] le second cas rétinien, mais il ne s'agit plus du point de départ;

choroïde et rétine sont détruites et remplacées par les masses molles, par le fongus médullaire des vieux auteurs, par ce que les modernes appellent sans plus de précision les masses gliomateuses.

A ce moment l'anatomie pathologique est impuissante à nous dire si le malade a été atteint primitivement d'un leucosarcome embryonnaire de la choroïde ou d'un gliome de la rétine.

Le gliome de la rétine est un sarcome, il l'est non seulement à la dernière période de son évolution, mais au début il ne mérite pas un autre nom. Ecoutons ce que dit Hirschberg à ce sujet « d'une manière générale je ne touche en rien au « nom de gliome de la rétine introduit par Virchow et sanc-« tionné par de nombreuses publications, mais si divers « auteurs insistent sur ce que le gliome de la rétine au point « de vue anatomique, comme au point de vue clinique doit être « rangé parmi les sarcomes à petites cellules, je n'ai rien à « objecter à cette manière de voir. [1] »

Le gliome n'est qu'un sarcome rétinien ; lorsqu'il est arrivé à une période avancée, et qu'il n'a plus pour le caractériser le lieu originel de son développement, il n'est pas autre chose qu'un sarcome à cellules rondes, sans tendance à la formation de tissu conjonctif.

Dans l'état actuel de la science la distinction entre les masses gliomateuses et le sarcome à cellules rondes est impossible.

En effet il ne faut pas compter pour faire cette différence sur le réticulum ; le réticulum du gliome, quand il existe (nous l'avons une fois constaté) est probablement le plexus cérébral de la rétine distendu et contenant dans ses mailles les éléments jeunes du néoplasme, mais alors il s'agit du gliome au début et sans aucun doute le diagnostic histologique est pos-

---

[1] Hirschberg, *Fragmente über die bösartigen Geschwülste des Augapfels* 1880, page 16.

sible. Plus tard, quand l'œil est détruit, le réticulum est artificiellement produit par les réactifs durcissants, il n'y a pas en somme de réticulum véritable.

N'y a-t-il donc rien de caractéristique dans les cellules du gliome ? à notre avis, la réponse doit être négative.

Avant de résoudre ainsi la question nous y avons longuement réfléchi ; après avoir examiné de nombreuses préparations faites par nous-même ou par les camarades des divers laboratoires où nous avons travaillé, il nous a semblé que tout ceviuq était accepté jusqu'ici sur ce point n'était que conuetion pure.

En février 1891 nous eûmes la pensée de demander sur ce point une consultation à notre savant et vénéré maître Poncet (de Cluny), l'homme de France qui connaît le mieux cette question, il voulut bien nous répondre que le gliome était caractérisé par la petitesse des cellules, la régularité des éléments, leur grande affinité pour l'éosine, la petite quantité des vaisseaux, l'absence de trame conjonctive, de plaques à noyaux multiples.

Que M. Poncet nous le pardonne, mais nous croyons bien avoir vu des sarcomes qui présentent tous ces caractères et nous ne pouvons nous décider à voir là des signes pathognomoniques. En ce qui concerne l'égalité et la régularité des cellules du gliome nous pouvons invoquer, entre autres témoignages, celui de Manfredi, qui dans un gliome incontestable, au début, a trouvé les cellules d'un volume variant de 5 à 15 μ et, pour prendre aussi un auteur français, nous renvoyons à la figure 2 de la planche annexée à la thèse de Fouchard. La préparation et la figure ont été faites par notre distingué ami Vassaux dans le laboratoire du Pr Panas ; on y voit les éléments les plus variés ; les uns sont constitués seulement par un noyau, d'autres ont un corps cellulaire très mince, enfin d'autres éléments beaucoup plus volumineux présentent tantôt un seul gros noyau, tantôt en présentent plusieurs de dimensions variables. Ces cellules ne sont n également rondes, ni également volumineuses. Que devient ici le signe majeur invoqué par Poncet ?

Nous pouvons en dire autant de l'action des réactifs, il n'en est pas de caractéristique entre le gliome et le sarcome ; les vaisseaux que Poncet considère comme généralement rares ont été trouvés très abondants par d'autres, Hirschberg par exemple. Nous avons actuellement à notre disposition un gliome du cerveau qui est très vasculaire.

Si l'on ajoute : le gliome à des signes cliniques particuliers, il marche très vite, récidive toujours, nous répondrons qu'on commet une pétition de principe ; il faut démontrer d'abord que ces volumineuses tumeurs à marche si rapide et si grave sont anatomiquement des gliomes.

Or l'anatomie pathologique est impuissante à faire cette démonstration, lorsque la rétine a été détruite et qu'on est loin du début du mal. Quand on interroge le microscope sans idée préconçue, il répond que ces volumineuses tumeurs, ces fongus médullaires malins, sont des sarcomes embryonnaires jeunes sans tendance à la formation de tissu conjonctif.

Il ne faut pas demander à l'anatomie pathologique plus de renseignements qu'elle n'en peut donner.

Donc, dans un très grand nombre d'observations publiées sous la rubrique gliome de la rétine, ce diagnostic n'est nullement certain, (il aurait fallu dire leuco-sarcome à petites cellules, d'origine intra-oculaire) ; il nous est impossible de citer ici toutes les observations où cette dénomination vicieuse a été acceptée, il nous suffira de renvoyer le lecteur aux récentes monographies publiées sur ce sujet. Dans la première observation de la thèse de Fouchard, par exemple, on diagnostique gliome après avoir constaté les lésions microscopiques du sarcome et sans avoir nulle part surpris l'origine rétinienne.

Le troisième cas de la même thèse est un type de la même confusion. Supposez que chez les malades dont il s'agit, un sarcome malin, à jeunes cellules se soit développé dans la choroïde, toutes les lésions s'expliqueront aussi rationnellement.

On voudra bien noter que, dans ces observations que nous critiquons tout en reconnaissant la haute compétence de leurs auteurs, un examen histologique sérieux a été fait, qu'elles offrent toutes les garanties désirables. Que dirons-nous alors de ces faits dont fourmillent les monographies sur le gliome, dans lesquels l'étude anatomique a été faite très sommairement par un histologiste pressé, ou par un aide incomplètement préparé à ce genre de travaux.

Toutes ces observations portent le nom de gliome parce que, encore une fois, il est entendu, établi, convenu en clinique ophtalmologique depuis les travaux de Virchow sur le gliome, que tous les cas de tumeurs malignes, leucotiques, à cellules rondes, développées dans l'œil d'un enfant sont des gliomes rétiniens.

Nous pensons qu'en réalité beaucoup de ces tumeurs sont des leuco-sarcomes de la choroïde.

La clinique, souveraine dispensatrice du diagnostic, va nous fournir maintenant des arguments de premier ordre.

Examen des faits cliniques — Lisons attentivement quelques observations et afin de mieux éprouver la force de notre raisonnement prenons les plus complètes et les meilleures.

Ad. Piéchaud, oculiste très distingué, a fourni à Fouchard une fort belle observation de *gliome rétinien* dans laquelle il décrit ainsi les résultats de l'examen ophtalmoscopique. « A « l'éclairage oblique ainsi qu'à l'éclairage au miroir, je fus « frappé par un reflet blanchâtre peu éclatant, tirant sur le « vert et ayant une très grande analogie avec la teinte du « décollement de la rétine. J'explorai le fond de l'œil à « l'ophtalmoscope et je vis en un point, au voisinage du nerf « optique, *la rétine soulevée* et parcourue par des vaisseaux ; « il y avait, à n'en pas douter, une tumeur, et je m'arrêtai à « cette conclusion. Décollement partiel de la rétine, *gliome* « *probable*. ».

Pourquoi gliome, est-ce que le décollement de la rétine ne s'explique pas mieux par une tumeur choroïdienne, sous-rétinienne, et pourquoi gliome après l'examen histologique, puisqu'on n'a trouvé que des lésions d'un vaste sarcome embryonnaire diffus ?

Le Professeur Panas et son chef de clinique, notre ami de Lapersonne, ont publié dans la même thèse, sous le même titre, un fait concernant un enfant de 4 ans chez lequel Galezowski et Gillet de Grandmont avaient tous les deux, séparément, reconnu un *décollement de la rétine.* Quand le malade fut présenté à M. Panas, la tumeur formait « une saillie arrondie, « saillante, rouge, sanieuse ; à la partie supérieure on consta- « tait un reste de cornée, l'œil avait le volume d'une petite « orange etc etc. » Pourquoi dans ce cas conclure au gliome ? Est-ce qu'un sarcome de la choroïde ne peut pas acquérir un tel volume, déterminer de pareils désordres ? Pourquoi donc ce diagnostic après l'examen clinique, et pourquoi ce diagnostic maintenant, après l'examen histologique, qui ne démontre nullement l'origine rétinienne du sarcome ?

Nous serions bien plus autorisé par le décollement rétinien du début à affirmer qu'il s'agit d'un sarcome de la choroïde. Avec ce diagnostic nous expliquons tout, et les signes constatés par Galezowski et Gillet de Grandmont, et les désordres observés plus tard, et les lésions anatomiques constatées par Vassaux.

Si nous ne craignions d'être fastidieux en nous répétant, nous pourrions citer d'autres observations analogues.

Cela suffit pour nous autoriser à dire que le cadre du gliome a été élargi et celui du sarcome choroïdien rétréci.

Ces réflexions sont venues naturellement à notre esprit lorsque, examinant cinq tumeurs intra-oculaires envoyées au laboratoire avec le diagnostic gliome, nous avons reconnu que sur les cinq, quatre ne sont autre chose que des leuco-sarcomes de la choroïde. Dans ces quatre cas où les renseignements cliniques étaient sommaires, nous avons pu faire le diagnostic histologique, parce qu'après avoir longuement recherché sur de nombreuses coupes des cellules embryoplastiques ou fusiformes, nous en avons trouvé suffisamment pour légitimer le diagnostic; mais sur bien des coupes nous n'avons obtenu que des cellules rondes, égales, qui s'accordaient bien avec l'hypothèse gliome.

Dans ces quatre cas l'examen macroscopique nous avait mis sur la voie; à l'œil nu il paraissait évident que la tumeur s'était développée immédiatement non seulement sous la rétine, mais même sous la choroïde, car cette membrane était, par la tumeur, complètement séparée de la sclérotique et repoussée sur le corps vitré.

Sur l'une de nos tumeurs le corps vitré avait été envahi par la partie antérieure; le corps et les procès ciliaires, comme la choroïde, avaient été décollés, la chambre antérieure remplie et de là le mal avait pénétré autour du cristallin et dans le corps vitré. Du reste ce n'était dans tous ces cas qu'une infiltration de cellules dans le corps vitré, la tumeur proprement dite était extra-choroïdienne.

L'étude détaillée des quatre faits dont il est ici question est contenue dans le présent ouvrage, deux font partie du mémoire intitulé « du leuco-sarcome de la choroïde » les deux autres ont trouvé place plus loin.

Après le double examen que nous venons de passer des faits anatomiques et des faits cliniques, nous concluons que chez l'enfant le leuco-sarcome de la choroïde est souvent pris pour un gliome et qu'il faut élargir le cadre du premier en rétrécissant celui du second.

Cette conclusion a-t-elle une importance pratique? oui; elle importe à deux points de vue: 1°, pour la détermination exacte du pronostic de chacune de ces tumeurs intra-oculaires, 2°, pour l'exécution d'un traitement judicieux.

1° Pronostic. — Le pronostic des deux tumeurs diffère beaucoup; chez les enfants le sarcome blanc de la choroïde est très malin, il s'agit toujours chez eux de la variété à petites cellules; les sarcomes fasciculés relativement bénins appartiennent à l'adulte.

Le sarcome embryonnaire de la choroïde est malin dès son origine ; il est dans un sac lymphatique, dans une éponge ; l'espace de Schwalbe, les gaines des vasa-vorticosa, celle du nerf optique le propagent rapidement.

Au contraire le gliome est moins malin puisqu'il présente une forme endophyte sur laquelle Manfredi, Hirschberg et nous-même avons longuement insisté. La tumeur pendant un temps plus ou moins long peut être emprisonnée dans l'œil en dedans de l'épithèle rétinien et de la lame vitreuse de la choroïde, loin de l'espace vaginal du nerf optique. Il trouve du côté du corps vitré une place convenable pour sa pullulation, il est même susceptible de subir (Brailey, Hirschberg, Grolmann un processus régressif.

Sans doute le gliome est une tumeur maligne ; c'est un sarcome à jeunes cellules comme le sarcome embryonnaire choroïdien, mais ce sarcome est placé dans un cadre anatomique qui, au lieu de l'aider à envahir l'économie, est au contraire capable de l'arrêter un instant.

Si ce fait a été méconnu, c'est parce qu'on a souvent attribué au gliome les méfaits du sarcome choroïdien.

Puisque le pronostic des deux tumeurs que nous comparons est vraiment différent, il importe donc beaucoup que le clinicien s'attache à faire le diagnostic du cas auquel il a affaire. Ce diagnostic est possible précisément à l'époque où il est avantageux de le faire, c'est-à-dire à la première période.

Or, c'est là un diagnostic très négligé.

Les observateurs distinguent le sarcome choroïdien des choroïdites exsudatives, du décollement simple de la rétine, mais personne ne s'applique à le différencier du gliome.

Brière pose la question et la résout en établissant en principe absolu, que le gliome ne se rencontre pas après 15 ans et qu'avant cet âge le sarcome est inconnu.

Erreur manifeste, venant de ce que Brière a tenu pour convaincants des examens histologiques très superficiels et très sommaires.

De Wecker dans son traité, Fouchard dans sa thèse se contentent aussi du signe trompeur tiré de l'âge du sujet. Nous ne trouvons aucun auteur qui s'applique à faire le diagnostic du sarcome choroïdien et du gliome ; tous font abstraction du sarcome chez l'enfant.

Il leur serait pourtant facile de tenir compte des signes propres au sarcome choroïdien, car ces signes sont bien connus. Cette tumeur examinée à l'éclairage direct est caractérisée par le décollement rétinien qui l'accompagne et qui ressemble même très souvent au décollement simple. Dans le gliome de la rétine, rien de semblable, on constate une lésion même, un boursouflement de la rétine et cela à un âge où le décollement de cette membrane est absolument rare.

En outre, dans le sarcome il est possible de voir avec un bon éclairage deux plans de vaisseaux, le premier appartenant à la rétine, le second à la tumeur ou à la choroïde. Dans le gliome on ne voit au niveau du néoplasme aucune trace de vaisseaux ; la rétine est détruite et remplacée par un tissu nouveau, blanchâtre et très pauvre en conduits sanguins.

Dans le sarcome de la choroïde, le corps vitré est refoulé par la rétine soulevée, mais il reste intact et généralement transparent ; dans le gliome rétinien le néoplasme prend dès la première heure possession du corps vitré. L'examen ophtalmoscopique devient rapidement impossible à cause de cet exsudat, mais le diagnostic n'y perd pas, car il parait dès lors évident que la rétine est le siège du mal.

Plus tard les difficultés, grandes en tout temps, s'accroissent encore et l'on ne peut plus avoir que des présomptions pour l'existence de l'une ou de l'autre tumeur ; mais à la première période le diagnostic est possible et il faut s'efforcer de l'atteindre.

Ce diagnostic que nous venons de rappeler en passant conduit au vrai pronostic de l'affection. Si l'on reconnaît l'existence d'un sarcome choroïdien chez un enfant on saura qu'on est en présence de la plus maligne des tumeurs. Landsberg (voir page 110) a cité un cas de sarcome à cellules fusiformes chez l'enfant, mais c'est là une rarissime exception. Dans le jeune âge cette tumeur est faite de nouvelles cellules rondes d'une excessive malignité.

Au contraire dans le gliome, le pronostic encore très mauvais, sera moins sombre pour les raisons que nous avons déjà données (voir page 180 et suiv.)

Dans les deux cas le traitement sera différent.

2° **Traitement.** — Pour le gliome, quand on intervient à la première période, l'énucléation dans la capsule de Tenon peut suffire. Au début la tumeur est suffisamment limitée pour qu'on puisse compter tout enlever par cette opération.

Au contraire nous pensons que pour le leuco-sarcome choroïdien des enfants, cette thérapeutique est très insuffisante; même au début le mal est très étendu, la gaîne du nerf optique est infectée par l'espace supra-choroïdal, l'orbite envahi par les cellules entourant les vasa-vorticosa. C'est le nettoyage complet de l'orbite avec l'extirpation du nerf optique qui s'impose.

VII

Description anatomique de deux leuco-sarcomes intra-oculaires.

Ce ne sont pas des opinions spéculatives que nous avons exprimées dans le précédent mémoire ; elles sont basées sur ce que le laboratoire nous a montré ; les deux observations suivantes nous ont particulièrement instruit ; elles méritent à tous égards l'analyse détaillée que nous leur consacrons.

Obs. I. — Le premier fait concerne un petit garçon de 4 ans, entré dans le service du Professeur Piéchaud, à l'hopital des Enfants, pour une volumineuse tumeur de l'œil gauche au sujet de laquelle il a été très difficile d'avoir des renseignements cliniques.

L'évidement de l'orbite fut pratiqué et la pièce adressée au laboratoire des cliniques où nous en avons fait l'examen.

Au moment de l'intervention le globe était complètement détruit ; en avant et en bas il n'y avait plus qu'un lambeau de cornée.

L'affection avait marché très vite dans les derniers temps ; son début remontait à huit ou dix mois, mais nous n'insistons pas sur les données cliniques de cette observation parce qu'elles sont très incertaines.

L'histoire anatomique nous arrêtera plus longtemps.

Examen macroscopique. — La tumeur offre le volume d'une pomme de terre de moyenne grosseur ; elle est vaguement arrondie, un peu irrégulière, blanche dans toutes ses parties sauf au niveau de la ligne brune, sinueuse, (visible en 4, fig. 1, planche IX).

L'examen attentif de cette pièce démontre que le néoplasme est à la fois extra et intra-oculaire. La sclérotique quoique fort envahie est encore bien reconnaissable. La tumeur extra-oculaire l'emporte de beaucoup par son volume sur la tumeur intra-oculaire. Celle-ci est placée immédiatement sous la sclérotique ; tout ce qui reste du pigment oculaire a été refoulé irrégulièrement et repoussé vers le corps vitré.

En 6, on voit les débris du cristallin; autour d'eux, au niveau des procès ciliaires, la partie centrale du néoplasme, celle qui siège dans le corps vitré et la partie qui se trouve en dehors de la bande pigmentée vont se rejoindre (5 et 3, fig. 1, planche IX). Le tissu propre de la tumeur est composé de cellules régulières, égales, de 9 µ. de diamètre, arrondies ou un peu polyédriques par pression réciproque. Ces cellules présentent un noyau, rarement deux; on peut leur appliquer la remarque de Poncet, touchant la prolifération du gliome, qui n'aurait pas lieu par division nucléaire.

La figure 3, (planche IX) montre un spécimen exact de cette tumeur. On voit qu'il s'agit là de la structure type du gliome.

Les cellules sont régulières, égales, peu volumineuses, sans tendance au tissu conjonctif ; si l'aspect morphologique d'une préparation de gliome a une valeur pathognomonique, le diagnostic anatomique s'impose ; l'origine de cette tumeur est rétinienne. Cette structure n'a pour nous rien de caractéristique et c'est parce qu'on lui a donné une trop grande importance que le diagnostic gliome a été fait trop fréquemment.

Pour éclairer notre argumentation nous avons examiné des sarcomes embryonnaires nés dans divers organes, et particulièrement des sarcomes développés dans les ganglions lymphatiques. Les membranes profondes de l'œil sont très riches en espaces lymphatiques; il y a beaucoup d'interstices limités par des faisceaux conjonctifs portant de nombreuses cellules endothéliales.

Les sarcomes embryonnaires, très malins d'ailleurs, développés dans les ganglions peuvent ressembler complètement au point de vue morphologique aux masses dites gliomateuses.

La figure 4, juxtaposée à la figure 3 (planche IX) représente la structure d'un sarcome embryonnaire d'un ganglion lymphatique du cou. Il n'y a entre ces deux préparations aucune différence. La régularité, l'égalité, le petit volume des cellules etc., n'ont donc aucune valeur réelle dans la détermination du diagnostic anatomique du gliome.

Le sarcome endothélial de la choroïde peut très bien présenter tous les caractères anatomiques constatés dans ce cas, on sait que cette membrane est riche en feuillets conjonctifs; tapissé par des cellules endothéliales, l'espace supra-choroïdal contient notamment beaucoup d'éléments de ce genre et nous croyons qu'un sarcome développé à son niveau peut facilement acquérir des caractères anatomiques analogues à ceux du sarcome ganglionnaire. L'aspect histologique de ce sarcome endothélial choroïdien serait donc par conséquent celui là même qu'on attribue au gliome, et l'on s'expliquerait ainsi la facilité et la fréquence de la confusion.

En ce qui concerne le fait actuel nous avons d'ailleurs plusieurs preuves du développement du mal dans la choroïde.

En premier lieu, sur des coupes d'ensemble assez larges pour embrasser une zone étendue du néoplasme, nous constatons que la grande majorité du tissu est constitué selon le type représenté sur la figure 3 (planche IX), mais dans la partie intra-oculaire entre la bande pigmentée 4 (fig. 1) et la sclérotique 2 (fig 1) on rencontre un tissu analogue à celui de la fig. 5. On y voit très nettement la prolifération des cellules endothéliales au milieu du tissu conjonctif adulte dont les faisceaux sont écartés par des cellules nouvelles. La prolifération des cellule sen atteignant son maximun d'intensité finit par détruire les éléments conjonctifs préexistants; quand ces éléments conjonctifs sont détruits le tissu prend l'aspect de la fig. 3.

Nous avons choisi pour ce dessin une partie de la coupe où les cellules sont encore peu abondantes. C'est le début du sarcome endothélial.

Cette tumeur est très pauvre en vaisseaux, ce qui explique qu'en quelques endroits les cellules se soient mal colorées frappées qu'elles sont par la dégénérescence graisseuse, mais ces endroits sont très rares ; presque partout le carmin a coloré avec intensité les cellules situées en 1, et 3 de la fig. 1. La disposition de ces cellules relativement au tissu préexistant s'accorde donc avec l'origine choroïdienne.

Un second ordre de preuves nous est fourni par l'étude comparée du tissu placé en dedans de la bande pigmentée avec celui qui est placé en dehors.

Nous avons fait des préparations portant à la fois sur ces deux parties de la tumeur intra-oculaire, à cheval sur la bande noire (4, fig. 1). Ces deux zônes sur nos coupes, bien incluses dans la paraffine, se sont d'elles-mêmes séparées. (Comme on le voit en 5, fig. 6 planche IX.)

Il n'y a aucun lien entre les parties décollées et le néoplasme proprement dit ; la séparation a été spontanée, non artificielle ; du côté externe (choroïde) on remarque une membrane limitante, bien régulière, un faisceau épaissi de la choroïde, peut-être la lame vitreuse ; de l'autre côté (rétine du pigment assez régulièrement disposé, selon une bande continue. Rien de ce côté ne rappelle la structure de la rétine, mais dans une pareille tumeur, d'un développement si avancé, on ne pouvait espérer trouver les éléments rétiniens ; cette membrane a subi la transformation fibreuse signalée maintes fois dans le cas de décollement (Voir *Leuco-sarcome de la choroïde*). Le corps vitré est rempli d'éléments cellulaires fort différents de ceux qu'on trouve sous la sclérotique ; ils sont en dégénérescence graisseuse ; mélangés avec le tissu dégénéré aussi du corps vitré, ils forment un magma informe, sans structure définie.

L'examen de la fig. 6, planche IX, montre bien la différence de ces diverses parties de la tumeur ; en 4, 4, 4, on voit quelques rares îlots de cellules jeunes, analogues à celles qui, tassées les unes contre les autres (2, 2, fig. 6) forment le fond du néoplasme.

La tumeur avec sa tendance à la prolifération, sa malignité siège sous la sclérotique ; cette tumeur s'est répandue dans l'orbite en y conservant ses caractères ; dans la rétine au contraire et en dedans de cette membrane, dans le corps vitré, nous ne trouvons que les vestiges plus ou moins dégénérés du tissu normal. Nous concluons que ce leuco-sarcome s'est développé dans la choroïde.

Nous sommes redevables du deuxième cas à M. le professeur Dianoux (de Nantes) auquel nous adressons nos meilleurs remerciements.

Obs. II. — Il s'agit d'un enfant de 2 ans 1/2 portant une très volumineuse tumeur, fort douloureuse, ayant complètement détruit l'œil. Bien que l'ablation ait été faite très largement, la récidive fut très rapide.

La fig. 2, (Planche IX), représente cette tumeur avec ses dimensions naturelles, du moins avec les dimensions que lui a laissées une longue conservation dans l'alcool. Elle devait être évidemment plus volumineuse quand M. Dianoux l'extirpa.

La section a été faite de façon à partager à la fois le nerf optique et la cornée. On y remarque la sclérotique dont la blancheur nacrée tranche sur le blanc sale du néoplasme. Cette membrane sépare les deux parties intra et extra-oculaires. Le nerf optique est infiltré et très épaissi, mais encore distinct de la masse qui l'environne. Nous appelons particulièrement l'attention sur la bande brune (5, fig. 2) qui représente certainement le décollement de la rétine ; en dedans de cette bande est le corps vitré dégénéré, friable; une partie des éléments qu'il contient sont tombés dans le liquide conservateur, il en est résulté la cavité visible en 6, (fig. 2).

Examen microscopique. — Nous serons très bref sur l'examen histologique de ce second fait qui ressemble au premier à tel point, qu'il serait facile de prendre les coupes de l'un pour les coupes de l'autre ; les cellules y sont cependant un peu moins régulières, un peu plus volumineuses; quelques-unes ont une tendance à devenir fusiformes ; dans les points correspondants à ces jeunes éléments embryoplastiques, la tumeur rappelle le type convenu du glio-sarcome ?

Mais presque partout le tissu morbide est semblable à celui de la fig. 3, planche IX,) c'est-à-dire semblable à celui du sarcome embryonnaire ; en quelques endroits on trouve également des faisceaux conjonctifs écartés par de jeunes cellules comme sur la fig. 5 (Planche IX), c'est-à-dire qu'il s'agit aussi d'un sarcome endothélial.

Nous pourrions ici répéter ce que nous avons dit au sujet du premier fait ; les détails de l'une et l'autre observations étant très analogues, elles méritent les mêmes réflexions.

Comme la première tumeur celle-ci est constituée par le tissu dit gliomateux, tissu qui ne diffère pas de celui du sarcome embryonnaire des ganglions lymphatiques qui par conséquent en lui même ne peut être caractéristique du gliome.

La présence d'un pareil tissu dans la tumeur que nous a confiée M. Dianoux signifie donc sarcome blanc embryonnaire et rien de plus. Certainement la rétine pourrait être le siège du mal, mais le fait devrait être prouvé par ailleurs.

L'étude plus complète de cette tumeur conduit précisément à la conclusion contraire. L'existence de la prolifération endothéliale à la surface des lames conjonctives de la choroïde

LÉGENDE DE LA PLANCHE IX

Fig. 1. — 1, 1. Partie extra-oculaire du néoplasme. — 2, 2. Sclérotique. — 3, 3. Partie intra-oculaire du néoplasme. — 4. Décollement de la rétine. — 5. Corps vitré envahi, dégénéré. — 6. Débris du cristallin.

Fig. 2. — 1. Partie extra-oculaire du néophasme. — 2. Nerf optique envahi par la tumeur. — 3. Sclérotique. — 4. Partie intra-oculaire du néoplasme. — 5. Rétine décollée par la tumeur. — 6. Corps vitré envahi, dégénéré. — 7. Fossette ayant contenu le cristallin.

Fig. 3. — (Grossissement 480 f.) *Sarcome embryonnaire intra-oculaire.* — 1, 1, 1. Cellules.

Fig. 4. — (Grossissement 480 f.) *Sarcome embryonnaire développé dans un ganglion du cou* (comparez fig. 3) 1 1, Cellules.

Fig. 5. — *Tissus conjonctif adulte. Prolifération des cellules endothéliales.* Coupe prise dans la tumeur de la figure 1. — 1, 1. Cellules sarcomateuses. — 2, 2. Fibres conjonctives adultes.

Fig. 6. — (Grossissement 220 f.) Coupe intéressant la tumeur au niveau du décollement : en haut se trouve le tissu place sous la sclérotique, en bas celui qui correspond à la rétine et au corps vitré. — 1. Cellules sarcomateuses. — 2. Tissu conjonctif adulte. — 3. Bande de pigment. — 4, 4, 4. Rares cellules sarcomateuses infiltrant ce qui reste de la rétine et du corps vitré. — 5. Ecartement entre les deux parties de la tumeur pendant le montage de la coupe.

est manifeste en maints endroits, de plus la ligne de démarcation est bien évidente aussi au niveau de la bande pigmentée. Toutefois cette séparation n'est pas aussi nette que dans le premier cas ; le montage de la coupe ne produit pas l'écartement signalé en 5 fig. 6 (planche IX) ; les deux parties placées en deça et au delà de la bande pigmentée restent presque partout agglutinées, mais il y a entre le tissu du côté choroïdien, et le tissu du côté rétinien la différence indiquée sur la figure 6.

Dans cette deuxième tumeur le corps vitré est moins infiltré par les cellules sarcomateuses ; à son niveau on ne trouve que des débris amorphes, incolores ou réfringents.

Il nous paraît évident que dans ce deuxième fait la tumeur a repoussé la rétine vers le corps vitré tandis que le néoplasme, né sous la sclérotique, probablement (encore que cela soit impossible à prouver) dans les couches externes, là où les cellules endothéliales sont surtout abondantes, franchissait la coque oculaire et envahissait l'orbite.

Ici encore, et pour les mêmes raisons que dans la première observation, nous pensons qu'il s'agit d'un leuco-sarcome embryonnaire, endothélial, de la choroïde.

VIII

Pronostic et traitement des tumeurs malignes intra-oculaires [1].

Ce travail écrit à l'intention de la Société de chirurgie n'est que la répétition des opinions contenues dans les mémoires précédents. Il paraîtra sans doute et il est certainement un hors-d'œuvre. Pourquoi donc l'avons-nous transcrit ici ? Parce qu'il termine cette partie de l'ouvrage sous une forme synthétique et comparée, parce qu'il expose les résultats pratiques et reflète l'esprit chirurgical de nos recherches.

L'anatomie pathologique est le moyen, le but est la clinique ; en touchant à ce but nous tenons à le bien mettre en évidence. Ainsi l'orateur persuasif, à la fin de son discours, rappelle la solide substance de ses arguments et montre une dernière fois que ses conclusions sont fondées.

Les tumeurs malignes intra-oculaires doivent être divisées en trois groupes principaux : 1° le sarcome mélanique du tractus uvéal (iris, corps ciliaire, choroïde); 2° le sarcome blanc du même tractus ; 3° le gliome de la rétine.

Ces trois variétés de tumeur représentent ce qu'on appelait autrefois, dans une terminologie trop vague, le cancer de l'œil; aujourd'hui l'histoire du cancer de l'œil est étudiée dans des articles distincts, mais la malignité de chacun de ces groupes n'a pas été, à notre avis, suffisamment différenciée et les règles de l'intervention chirurgicale qui conviennent aux uns et aux autres ne sont pas assez précises.

---

[1] Communication faite à la *Société de chirurgie* le 6 mai 1891.

Le pronostic de ces variétés de cancer oculaire est un peu différent et leur traitement doit différer dans les mêmes proportions ; c'est à légitimer ces deux propositions que sont consacrées les considérations suivantes.

§ 1. — Sarcome mélanique du tractus uvéal.

Cette tumeur est la plus maligne des tumeurs intra-oculaires. Sa gravité l'emporte de beaucoup sur celle du gliome rétinien, contrairement à ce que pensent et écrivent un très grand nombre d'auteurs. Cette malignité tient pour une certaine part à la nature du tissu qui sert de substratum à la tumeur, mais surtout à la présence de la mélanose dont l'action nocive, le caractère infectieux sont prépondérants.

Fuchs[1] (de Vienne), qui a écrit sur le sarcome du tractus uvéal un mémorable travail, a cité 13 cas de sarcome mélanique dans l'iris, 20 cas dans le corps ciliaire et 195 dans la choroïde. Dans l'iris, 10 cas ont été suivis et 6 d'entre eux opérés avec succès, 1 par l'iridectomie, 5 par l'énucléation. Onze cas de sarcome noir du corps ciliaire ont été traités par l'énucléation, six fois seulement avec succès. Les autres faits n'ont pas été suivis ou se sont terminés fatalement.

Nous connaissons le pronostic de 115 faits sur les 195 tumeurs mélaniques de la choroïde. Ces faits sont les plus intéressants par leur nombre et leur gravité : 75 d'entre eux se sont terminés par la mort et 15 guérisons sur 40 n'ont été suivies que six mois.

Parmi les 75 cas mortels, nous remarquons que 37 fois il y a eu récidive locale, dans l'orbite. A ces nombreux faits de reproduction sur place du néoplasme, nous pourrions en ajouter d'autres recueillis à la clinique ophthalmologique de la Faculté de Bordeaux ; mais ces chiffres, tirés du travail classique de Fuchs, suffisent à montrer l'énorme fréquence des réci-

[1] Fuchs. *Das Sarcom des Uvealtractus*, Wien 1882.

dives locales après l'intervention chirurgicale pour le sarcome mélanique choroïdien.

Pourquoi cette statistique désespérante alors que les carcinomes du sein, de la langue même, sont dans des proportions plus grandes extirpés radicalement. Le carcinome de la langue est, de l'avis de tous les chirurgiens, celui qui récidive avec le plus de facilité, cependant les résultats thérapeutiques sont supérieurs à ceux qu'obtiennent les ophthalmologistes dans le sarcome mélanique de la choroïde. La statistique que Bœckel [1] a présentée, en 1888, au Congrès de chirurgie, en est une preuve. Sur 10 extirpations de la langue pour cancer, cet auteur signale 2 morts immédiates par septicémie, 2 récidives au bout de trois et six mois ; six malades sont restés guéris deux, trois ans et plus. Le même auteur, sur 27 cas suivis de carcinome du sein, en a constaté 17 sans récidive.

Pourquoi cette différence dans les résultats ? Parce que la thérapeutique des tumeurs malignes est, d'une façon générale et dans l'ensemble, plus rationnellement faite par les chirurgiens qui font de la chirurgie générale que par ceux d'entre nous qui s'occupent de la chirurgie spéciale de l'œil.

Comment le sarcome mélanique de la choroïde infecte-t-il l'organisme ?

Cette infection a évidemment lieu de deux façons : 1° par la propagation immédiate de proche en proche ; 2° par le transport à distance par l'intermédiaire des vaisseaux lymphatiques et surtout des vaisseaux sanguins. Avec le premier processus, on explique la récidive locale, avec le second, la récidive générale. L'analyse complète de tous les faits publiés par Fuchs et les auteurs plus récents m'a démontré que l'une et l'autre formes de récidive sont également fréquentes.

Nous ne pouvons rien contre l'infection générale, mais nous pouvons beaucoup sur la récidive locale en intervenant

---

[1] J. Bœckel (de Strasbourg). Récidive des néoplasmes opérés, *Congrès français de chirurgie*, 1888, p. 720.

plus largement, en dépassant plus complètement les limites du mal.

Les histologistes qui ont étudié les sarcomes de la choroïde savent que, même quand la tumeur est limitée à la coque de l'œil, dès la seconde période, elle se propage facilement le long des vaisseaux choroïdiens qui traversent la sclérotique pour se jeter dans la veine ophtalmique. Dans un examen histologique que j'ai fait pour M. le professeur Badal, j'ai bien constaté cette disposition signalée, d'ailleurs, par beaucoup d'auteurs. Les cellules qui émigrent ainsi le long de la gaine des vaisseaux et envahissent de bonne heure l'orbite, sont l'origine des récidives locales et en expliquent la fréquence après la simple énucléation du globe. Elles apportent avec elles, dans leur protoplasma, l'élément infectieux, la mélanine puisée dans la choroïde malade.

Ce n'est donc pas par une simple énucléation que le chirurgien doit traiter les sarcomes mélaniques intra-oculaires. Peut-être, lorsque ces néoplasmes en sont à leur première période, ce moyen peut-il suffire ; mais il convient de remarquer que bien rarement la tumeur est diagnostiquée tout à fait à son début ; d'habitude les malades se présentent à notre examen avec une tumeur qui a complètement supprimé la vision et rempli la coque oculaire. Encore, à ce moment, il est trop souvent difficile de faire comprendre au patient la gravité du mal et d'en arriver à l'intervention. C'est seulement avec l'apparition de la douleur qu'elle peut être pratiquée.

A cette époque, à la deuxième période, à plus forte raison à la troisième, déjà peut-être à la première, l'infection locale de l'orbite est accomplie ; la sclérotique est encore intacte, mais les cellules morbides ont commencé leur émigration en suivant la gaine des vaisseaux et, pour se mettre à l'abri de la récidive locale, il faut les comprendre le plus largement possible dans l'extirpation et pratiquer l'évidement de l'orbite.

Je comparerai ce sacrifice nécessaire à la pratique du chirurgien qui ne manque pas d'évider le creux de l'aisselle pour les carcinomes du sein en apparence les plus circonscrits, qui ne craint pas d'extirper le plancher buccal avec ses ganglions dans la thérapeutique du cancer de la langue.

L'évidement de l'orbite est donc beaucoup trop rarement pratiqué. Il devrait être la règle dans les sarcomes mélaniques de l'œil et l'énucléation simple, l'exception. Il suffit de parcourir les publications spéciales modernes pour se convaincre que le contraire a lieu. Tout dernièrement même, quelques oculistes n'ont pas craint de proposer l'*ablation partielle* du globe oculaire pour les sarcomes mélaniques, espérant ainsi extirper le mal en conservant au globe de l'œil sa forme générale. Il serait difficile de conseiller une pratique plus contraire aux lois les mieux établies de la pathologie. Les sarcomes mélaniques de la première période seule, quand on aura la bonne fortune de les reconnaître à cette période, doivent être traités au moins par l'énucléation, tous les autres par le curage complet de la cavité orbitaire.

§ 2. — Leuco-sarcome de la choroïde. Le cancer intra-oculaire se présente une fois sur dix sous la forme de sarcome blanc.

Dans un travail récent destiné aux Archives d'ophtalmologie [1], j'ai recueilli, autant qu'il m'a été possible, les faits connus, et montré que le leuco-sarcome, un peu plus fréquent chez l'adulte que chez l'enfant, présentait tantôt la structure des tumeurs embryonnaires, tantôt celle des tumeurs fusiformes ; la première variété, aussi fréquente que la seconde, a été souvent confondue avec le gliome de la rétine.

Le leuco-sarcome de la choroïde présente, relativement aux tumeurs mélaniques, une assez grande bénignité. C'est l'état anatomique de la tumeur qui indique la gravité de

---

[1] Ce travail enrichi de nouveaux documents, à l'occasion de la présente publication, est reproduit plus haut (page 107).

son pronostic. Des recherches que j'ai faites, il résulte que les cas malheureux se rapportent presque tous aux sarcomes embryonnaires et les cas heureux aux sarcomes fusiformes.

Sur 36 observations, dont deux personnelles, on constate 12 résultats inconnus, 11 guérisons et 10 morts. Les cas mortels concernaient tous des tumeurs embryonnaires pures, sauf deux faits, dans lesquels il y avait un mélange d'éléments embryonnaires et fusiformes. Les cas personnels décrits *in extenso* dans le mémoire auquel j'ai fait allusion, était deux faits typiques de sarcome embryonnaire à petites cellules ; le mal s'était primitivement développé dans les couches externes de la choroïde ; cette membrane détruite, la rétine envahie et déchirée avait permis la destruction du corps vitré et, par l'espace de Schwalbe, les cellules morbides avaient gagné la gaine vaginale du nerf optique, qui était ainsi entouré d'éléments sarcomateux émanés de la lésion choroïdienne.

C'est par cette gaine vaginale du nerf optique, porte ouverte à tous les agents infectieux, que se propagent les tumeurs embryonnaires de la choroïde, mais c'est aussi par les vaisseaux et la gaine qui les entoure que les mêmes tumeurs envahissent l'orbite.

M. Fontan [1] [de Toulon] a nettement constaté cette propagation le long des vaisseaux, dans une intéressante étude qu'il a faite à propos d'un cas de leuco-sarcome appartenant à M. Galezowski ; j'ai, de mon côté, observé les mêmes lésions ; il paraît certain que l'orbite est, de très bonne heure, envahi par les cellules embryonnaires sorties de l'œil à la fois par la gaine des vaisseaux et par la gaine vaginale du nerf optique.

Les sarcomes fusiformes doivent, à leur vitalité moindre, de rester beaucoup plus longtemps cantonnés dans l'œil.

De ces détails anatomiques sommaires, découle bien évi-

[1] Fontan (de Toulon), *Recueil d'ophthalmologie*, juillet 1889, p. 388.

demment cette double conclusion, savoir : que les sarcomes blancs fusiformes seront traités avec succès par l'énucléation, tandis que les sarcomes embryonnaires récidiveront localement si l'ablation du globe oculaire n'est pas suivie de l'évidement de l'orbite. A deux lésions distinctes dans leur marche, il faut donc opposer deux opérations différentes, l'énucléation simple dans un cas, dans l'autre l'extirpation complète de toutes les parties molles, voisines du mal.

En raisonnant de la sorte, nous laissons de côté les faits dans lesquels le sarcome, arrivé à la quatrième période, a défoncé la coque oculaire ; tous les chirurgiens, en pareille circonstance, n'hésitent pas à supprimer le contenu orbitaire en entier. C'est sur les cas de tumeur embryonnaire au début, bien circonscrite en apparence dans les limites de la coque oculaire, que j'appelle l'attention. La thérapeutique de cette affection ne sera heureuse que lorsqu'on se décidera, de très bonne heure, à la suppression totale de la région orbitaire, dont l'infection par les cellules sarcomateuses est extrêmement rapide.

Une objection se pose ici. Comment faire le diagnostic de la structure histologique, alors que celui de l'existence même de la tumeur est souvent difficile ? Ce diagnostic pourra toujours avoir lieu si, après l'énucléation du globe oculaire, le chirurgien fait séance tenante ouvrir la pièce anatomique sous ses yeux ; la consistance du tissu, les produits obtenus par le raclage lui diront immédiatement à quelle variété il a affaire et s'il faut, oui ou non, compléter l'opération par l'ablation des parties molles qui se trouvent en arrière de la capsule de Tenon.

§ 3. — Gliome de la rétine.

Le gliome de la rétine ne mérite pas le pronostic très fâcheux que la grande majorité des auteurs signalent à son sujet.

Sans doute, livrée à elle-même, cette affection entraîne fatalement la perte de l'organe et de la vie, mais la thérapeutique n'est pas aussi impuissante qu'on le croit généralement. Certains auteurs même, dont l'autorité est incontestable ont cité des faits dans lesquels l'affection a spontanément rétrocédé. Dans les *Bulletins de la Société ophthalmogique de Londres*, nous trouvons un cas de Brailey dans lequel la tumeur, après une marche très lente, finit par perforer les enveloppes, fit hernie, subit une transformation régressive et resta stationnaire pendant longtemps.

Certes, c'est là une pure exception, une simple curiosité à laquelle il ne faut pas donner d'importance, mais si nous parcourons les nombreux documents publiés sur le gliome, nous y trouvons bon nombre de cas heureux.

M. Fouchard[1], qui a écrit sur ce sujet une excellente thèse, a dépouillé complètement les publications périodiques jusqu'en 1885. Il a cité dix-neuf faits favorables dont on trouvera dans son travail l'histoire *in extenso*, ainsi que l'indication des sources bibliographiques.

A ces faits rapportés avec tous les détails possibles dans la thèse dont nous parlons, il convient d'en ajouter d'autres, également favorables, publiés depuis cette époque.

Fuchs, dans le travail déjà cité, étudiant le pronostic comparé des diverses variétés du cancer de l'œil (p. 281. note 2), écrit que le gliome opéré assez tôt présente un pronostic passable. Il cite deux cas ; l'un personnel, l'autre appartenant au professeur Artl, dans lesquels les malades étaient encore guéris trois ans après l'opération. Grolmann dans le travail souvent cité (page 173) a consigné aussi quelques faits favorables.

Sinclair[2], au Congrès de Washington, rapporte l'observation d'un enfant sur lequel il fit une double énucléation.

---

[1] FOUCHARD. *Du gliome de la rétine*, Paris 1885.

[2] SINCLAIR. Bilateral glioma of the retina, enucleation, *Congrès international de Washington*, 1807, p. 756-759.

L'examen histologique montra qu'il s'agissait de deux gliomes; six ans après, la guérison était parfaite.

Ce fait parut, à la vérité, très surprenant aux membres du Congrès, et Keyser déclara qu'il considérait comme impossible qu'on pût si longtemps survivre à un vrai gliome. Power partagea cette opinion, mais, d'un autre côté, M. Galezowski signala aussi des faits de guérison.

Henry Noyes (de New-York) a communiqué à la Société ophtalmologique (26 janvier 1888) le cas d'un gliome démontré par le microscope, guéri depuis quatorze ans et demi.

J.-B. Lawford et E.-T. Collins[1] ont récemment publiée sur le gliome de la rétine une étude basée sur 60 cas, 5 tirés de leur pratique privée, les autres provenant du service ophtalmologique de Mordfield hospital. Sur ces 60 faits, 42 ont été suivis; il y en a eu 14 favorables et 28 malheureux. Parmi les cas heureux, 8 ont été observés plus de trois années, les autres un peu moins de trois ans. L'intervention chirurgicale a donc été très favorable une fois sur trois, et ce chiffre est certainement de nature à encourager les efforts du chirurgien.

A tous ces faits heureux je puis ajouter le cas personnel dont l'histoire est longuement écrite dans cet ouvrage[2] avec toutes les considérations qui concernent le pronostic du gliome. La variété endophyte, décrite par Hirschberg et niée à tort par quelques anatomo-pathologistes, présente des chances de curabilité toutes particulières. Dans cette forme, il est possible de constater l'exacte limitation du gliome par la lame vitreuse de la choroïde, qui oppose une sorte de barrière à l'envahissement de l'organisme. Cette disposition était évidente chez notre malade.

---

[1] Lawford et Collins. *Royal London ophthalmic Hospital Reports*, décembre 1890.

[2] V. plus haut : *Du gliome endophyte*, ce fait forme l'objet de ce travail ; la guérison, constatée le 25 janvier 1893, remonte maintenant à près de 4 ans 1/2.

Au lieu donc d'être une tumeur extrêmement maligne, au-dessus des ressources de la chirurgie, le gliome rétinien est, au contraire, souvent curable lorsqu'on intervient de très bonne heure. Il me paraît même évident que, si nous intervenions aussi promptement dans le gliome qu'il est indiqué et habituel de le faire pour les cancers en général, le chiffre des guérisons atteindrait de très grandes proportions.

Les cas malheureux sont, pour la plus grande partie, ceux dans lesquels l'intervention chirurgicale est arrivée trop tard pour ne pas être condamnée d'avance à l'insuccès, et encore souvent a-t-on eu le tort de faire une ablation trop parcimonieuse et de s'en tenir à l'énucléation lorsque l'orbite tout entier aurait dû être vidé.

L'énucléation simple doit être réservée pour les gliomes endophytes au début ; l'évidement de l'orbite est nécessaire dans tous les cas où la coque oculaire est remplie par le néoplasme, et lorsqu'on ne sera pas sûr de la limitation du mal à la seule rétine. Cette dernière disposition étant bien évidemment l'exception, c'est l'évidement de l'orbite qui doit être la règle dans la thérapeutique du gliome rétinien.

Il n'est pas inutile d'insister sur cette nécessité, car l'immense majorité des gliomes sont encore aujourd'hui traités par l'énucléation simple, et la récidive immédiate ou prochaine est très souvent le résultat de cette parcimonie opératoire.

La statistique des faits connus, notamment, celle que rapporte M. Fouchard, montre mieux que tous les raisonnements combien la thérapeutique en usage est insuffisante. Sur 76 faits rapportés par cet auteur, dans un seul cas l'évidement complet de l'orbite a été pratiqué d'emblée ; tous les autres faits qui ont été l'objet d'une intervention furent d'abord traités par la seule ablation du globe oculaire. Il en est résulté un très grand nombre de récidives locales.

Que dirait-on d'un chirurgien qui, sur 76 carcinomes du sein, viderait une fois seulement le creux de l'aisselle? On penserait à bon droit qu'il court au-devant des récidives.

Quand je compare l'évidement de l'orbite à celui de l'aisselle je n'oublie pas que la propagation des carcinomes du sein aux ganglions axillaires et l'envahissement de l'orbite par les tumeurs intra oculaires se font d'une façon différente; dans le premier cas les vaisseaux lymphatiques sont seuls en cause, dans le second ce sont surtout les vaisseaux sanguins qui le long de leurs gaines conduisent les cellules morbides; mais le résultat de ce transport des cellules est le même; les éléments malins prolifèrent là où ils se trouvent. Il importe de les déloger. Aussi me paraît-il possible de poser en principe la proposition suivante :

L'évidement de l'orbite est aux cancers intra-oculaires, ce que le curage de l'aisselle est aux tumeurs malignes du sein.

CONCLUSIONS

Les conclusions suivantes résument fidèlement le contenu des recherches succinctement exposées dans ce travail :

1° Les tumeurs malignes intra-oculaires se propagent de bonne heure dans l'orbite. Cette propagation explique la grande fréquence des récidives locales.

2° Dans la thérapeutique des tumeurs malignes intra-oculaires, l'évidement de l'orbite doit être la règle, l'énucléation l'exception.

3° L'énucléation convient seulement aux leuco-sarcomes fusiformes du tractus uvéal et aux cas rares de gliome endophyte, au début:

4° L'évidement complet de la cavité orbitaire doit toujours être pratiqué dans le sarcome mélanique du tractus uvéal, dans le sarcome blanc embryonnaire et dans la grande majorité des gliomes rétiniens.

C. — TUMEURS DE L'ORBITE ET DES ANNEXES

I

De la conservation du globe oculaire dans l'ablation des tumeurs du nerf optique. — Description d'un procédé nouveau [1].

Les tumeurs du nerf optique ont déjà été l'objet d'un assez grand nombre de publications d'ensemble parmi lesquelles il convient de citer surtout la thèse de notre ami Jocqs[2], l'article que leur a consacré de Wecker dans son traité classique et la thèse récente de notre élève le Dr Roudié[3].

On trouve dans ces monographies le texte *in extenso* de toutes les observations publiées et la substance d'une étude complète sur ces lésions rares, mais assez graves pour mériter une attention toute spéciale.

L'intérêt et la rareté des tumeurs du nerf optique excuseront peut-être l'importance donnée ici à l'observation suivante qui nous est personnelle.

Observation.

M..., Jean, âgé de 13 ans, entre, le 18 août, à l'hôpital des Enfants, salle 11, pour une affection dont l'histoire est la suivante :

---

[1] Mémoire communiqué au *Congrès français de Chirurgie*, le 18 avril 1892.
[2] Jocqs, Thèse de Paris, 1887.
[3] Roudié, Thèse de Bordeaux, 1892.

Il y a environ *trois mois*, les parents constatèrent que cet enfant était atteint d'exophtalmie. Jusque-là aucun accident n'avait attiré leur attention. L'enfant n'avait ressenti aucune gène, aucune douleur dans la région orbitaire gauche, siège de l'affection. La vue avait dès ce moment complètement disparu sans que le malade se fût en rien aperçu de sa disparition.

A dater de cette époque, l'exophtalmie augmente progressivement, lentement, sans accidents d'aucune sorte.

Rien dans les antécédents héréditaires de ce malade, ni dans les antécédents personnels ne mérite d'être retenu, à l'exception d'un traumatisme assez violent dont le sujet aurait été victime il y a deux ou trois ans. Le coup avait porté sur la région temporale gauche ; il en était résulté une abondante ecchymose, mais la vision ne fut à ce moment aucunement altérée. Longtemps après le traumatisme, la vue était encore parfaite, au moins au dire du petit malade, dont les affirmations pourraient être contestées à cause de son jeune âge et de l'éloignement de ses souvenirs.

Quoi qu'il en soit de l'influence réelle ou non du traumatisme sur l'évolution de l'affection, au moment de son entrée à l'hôpital le malade présente l'état suivant ;

Il y a une exophtalmie très accusée de l'œil gauche. Les paupières, surtout la paupière supérieure, sont tendues; mais elles suffisent néanmoins à faire une occlusion complète au gré du malade. Les milieux oculaires paraissent sains; il n'y a pas d'injection des membranes, pas de troubles circulatoires, seule la chambre antérieure semble un peu diminuée dans sa profondeur. La pupille réagit sous l'influence de la lumière. Au toucher, la consistance du globe est normale.

Les culs-de-sacs conjonctivaux sont libres et normaux ; il n'y a aucune saillie péri-oculaire. La rotation du globe oculaire se fait très bien en bas, en dehors et en dedans; elle est seulement un peu limitée en haut.

La vision est complètement supprimée; le malade n'a même pas la perception lumineuse; il n'y a pas de phosphènes. L'examen ophtalmoscopique révèle l'intégrité des milieux transparents, et la présence d'hémorrhagies rétiniennes profuses voilant presque complètement la papille.

D'autre part, il n'y a dans le pharynx aucune tumeur; les fosses nasales sont libres; la cavité orbitaire elle-même, autant qu'on peut en explorer le contenu par le toucher, ne révèle la présence d'aucune tumeur. Le squelette de la région est intact dans toute son étendue.

La disparition totale de la vision avant tout autre phénomène, la direction postéro-antérieure dans laquelle l'œil a été chassé, la conservation du jeu de tous les muscles, l'absence de douleurs, l'aspect de la rétine nous conduisent au diagnostic de tumeur primitive du nerf optique.

L'intervention chirurgicale étant très indiquée, nous pratiquons, quelques jours après l'entrée du malade dans notre service, l'opération suivante :

Après avoir chloroformé le patient et lavé la région au savon d'abord, puis au sublimé, une incision allant de la commissure externe de l'œil jusqu'au bord externe de la cavité orbitaire est pratiquée. Cette incision curviligne est ensuite prolongée le long de l'arcade sourcilière dans son tiers externe. La glande lacrymale se présente, elle est extirpée. Le muscle droit externe est sectionné.

Le doigt indicateur introduit dans l'orbite par cette large brèche, perçoit alors très bien une tumeur occupant la place du nerf optique, commençant immédiatement en arrière du globe oculaire et se dirigeant, en diminuant de volume, vers le trou optique. Cette tumeur, à grosse extrémité antérieure, à sommet postérieur, a le volume et la forme arrondie d'une grosse olive.

La sonde cannelée suffit aisément à libérer cette tumeur des organes environnants qui en sont bien distincts, et nous l'avons bientôt tout entière sous le doigt, sinon sous les yeux. Pour l'extirper commodément nous prenons une aiguille de Cooper, armée d'un double fil de soie, et nous enserrons le néoplasme dans une anse de fil, comme on le ferait d'une artère destinée à être liée. Les deux bouts du fil sortent ainsi en dehors de l'orbite après avoir passé du côté interne de la tumeur.

Cela fait, une pince à forcipressure à mors longs est placée au sommet de l'orbite, sur le nerf optique, à son entrée dans la cavité orbitaire. Elle serre ainsi ce qu'on peut considérer comme le pédicule du néoplasme à extirper. Un coup de ciseaux détache ce pédicule, et il suffit alors de tirer sur l'anse du fil pour faire basculer l'œil, amener en avant le nerf optique pendant que la cornée regarde successivement en dedans et en arrière.

La masse morbide est ainsi conduite complètement en dehors de la cavité orbitaire. On reconnait qu'elle intéresse la presque totalité du nerf optique. Un sillon étroit la sépare de la sclérotique qui est saine dans toutes ses parties, du moins autant que la vue et le toucher permettent de l'apprécier.

Un coup de ciseaux détache le néoplasme au ras de l'œil. Celui-ci peut être ensuite retourné de nouveau, et remis à sa place ordinaire, sous sa conjonctive normale, incisée seulement à la partie externe.

Enfin pour terminer l'ablation du nerf optique, un autre coup de ciseaux portant un peu plus en arrière, plus loin que le premier, détache encore un fragment du nerf resté au sommet de l'orbite.

La pince à forcipressure enlevée, nous n'avons aucune peine à assurer l'hémostase. Toutes ces manœuvres ont été faites sans grande effusion de sang, probablement sans intéresser l'artère ophtalmique dont nous nous attendions à faire la ligature.

L'asepsie la plus sévère a présidé à l'opération : un lavage attentif est fait avec de la liqueur de van Swieten, mélangée par moitié avec de l'eau chaude, une insufflation de poudre d'iodoforme est pratiquée dans la cavité orbitaire. Une bande de gaze iodoformée, placée dans l'orbite, sort au niveau de l'incision conjonctivale afin de conduire au dehors les liquides qui pourraient, les jours suivants, encombrer le champ opératoire.

Enfin la peau est exactement suturée, et le tout recouvert d'un pansement à la gaze iodoformée et à la ouate.

Les suites de cette opération ont été aussi simples et aussi bénignes que possible.

Il n'y a eu dans la région orbitaire qu'un peu de gonflement. Le douzième jour, les points de suture sont enlevés; la gaze iodoformée avait été retirée de la cavité orbitaire le quatrième jour. Le globe oculaire a subi des troubles trophiques très marqués; la cornée s'est infiltrée, la conjonctive injectée, le tonus est rapidement tombé à T — 2. Un instant, nous avons craint la fonte du globe par perforation de la cornée; mais, vers le 12e jour, la nutrition normale a repris le dessus.

Aujourd'hui, six semaines après l'opération, le globe est diminué de volume, la cornée a perdu un peu de sa transparence, mais en somme l'œil vit et, tel qu'il est, cache l'effroyable difformité qui résulte de l'évidement complet de l'orbite, évidement nécessaire avec tout autre procédé opératoire que celui qui a été mis en œuvre.

Toutefois, il convient de remarquer que la chute de la paupière supérieure et le strabisme interne, consécutifs à la section du droit externe, compliquent fâcheusement ce résultat opératoire. Nous regrettons de ne pas avoir évité le strabisme par la suture du droit externe détaché pendant l'opération. Quant au ptosis, peut-être était-il possible aussi de l'éviter en ménageant davantage le releveur et le filet nerveux moteur. Dans tous les cas, il serait facile, dès aujourd'hui, de remédier à ces désordres par des opérations appropriées.

Les nouvelles que nous avons récemment reçues (janvier 1892) de ce petit malade, nous ont appris que l'état de l'œil s'améliorait, que la cornée prenait plus de transparence. Le ptosis tend aussi à guérir spontanément. L'état général est toujours très bon. Il n'y a donc aucune menace de récidive cinq mois après l'opération.

Description macroscopique de la tumeur. — La tumeur présente la forme d'une volumineuse amande ou mieux d'une petite poire, car l'une de ses extrémités, l'extrémité antérieure, est renflée en massue, tandis que l'extrémité postérieure es effilée de façon à ne présenter que le volume normal du nerf optique.

Sa surface est lisse, régulièrement entourée d'une capsule fibreuse bien unie, à la façon d'une membrane enveloppante. Avec les pinces on peut soulever cette membrane et la déchirer à volonté; au-dessous apparaît la substance même du néoplasme dont la couleur est d'un rose pâle semé de parties brunes.

Pendant l'opération, cette tumeur a dû être sectionnée, la surface de la section est assez irrégulière à cause même de la mollesse du tissu qui se soulève à certains endroits sous l'influence des malaxations multiples qu'a dû subir cette pièce pathologique.

Les rapports de cette tumeur avec les éléments normaux contenus dans l'orbite sont faciles à déterminer. Tout d'abord, il est évident qu'elle s'est développée aux dépens du nerf optique ; elle n'est en somme que le nerf optique lui-même très altéré, très augmenté de volume ; sa partie postérieure se continue avec ce nerf, c'est-à-dire que, dès son entrée dans l'orbite, le nerf optique va se perdre dans la masse néoplasique.

L'œil est placé contre la partie antérieure, mais il n'y a, entre la sclérotique et le néoplasme, que des points de contact ; la membrane fibreuse a transmis aux milieux de l'œil la pression antéro-postérieure qu'elle subissait, sans se laisser pénétrer par des éléments morbides. D'ailleurs dans les points où elle est en contact avec la sclérotique, le néoplasme est, comme partout ailleurs, recouvert par la tunique fibreuse dont nous avons parlé. Cette tunique ne manque qu'en deux endroits : en arrière, dans le point où pénètre le nerf optique, et en avant, au niveau de l'orifice d'entrée du nerf optique dans l'œil. Le ganglion ophtalmique, les nerfs sensitifs et les nerfs moteurs n'avaient évidemment avec la tumeur que des rapports de voisinage.

Il en était de même pour les muscles et le tissu cellulaire normal de la région.

Examen histologique. — Les coupes faites au microtome mécanique, après durcissement et montage dans la celloïdine, ont été pratiquées transversalement, perpendiculairement à l'axe du néoplasme qui est aussi l'axe du nerf optique.

Elles sont remarquables par leur uniformité ; on y rencontre :

A. — Une tunique enveloppante d'une épaisseur variable, plus ou moins envahie par le néoplasme.

B. — Un tissu pathologique ne laissant rien voir du tissu nerveux préexistant.

C. — Quelques cavités dues à la fonte muqueuse de ce tissu.

Dans le tissu lui-même, le microscope fait reconnaître les éléments suivants :

1° Des filaments ténus, fibrillaires, fibres conjonctives adultes ;

2° Des corps muqueux très nombreux ;

3° Des cellules anastomosées entre elles par des fibrilles formant un réticulum muqueux, comme dans la gélatine de Warthon ;

4° Des cellules embryonnaires à un ou plusieurs noyaux, quelques rares cellules géantes à myéloplaxes ; nous n'en avons nettement reconnu que deux ;

5° Des éléments fasciculés abondants, surtout à la périphérie ;

6° Des fibrilles irrégulièrement gonflées, moniliformes, qui ressemblent un peu à des éléments nerveux en dégénérescence granulo-graisseuse. La réaction de l'acide osmique a montré que ce n'était là qu'une apparence. Ce sont des éléments conjonctifs en voie de dégénérescence muqueuse ;

7° Quelques corps réfringents, coupe probablement d'une travée fibreuse épaissie, ou d'un vaisseau oblitéré ;

8° Des vaisseaux. Sur toutes les coupes, on distingue, presque au centre, un très gros vaisseau à parois épaisses qui pourrait être la veine centrale de la rétine. Immédiatement à côté de ce vaisseau, on ne trouve rien que le tissu pathologique, ici décrit ; mais à une faible distance existe un vaisseau d'un calibre beaucoup plus petit que le précédent. Il n'est pas impossible que ce soit l'artère centrale ; mais, sur ce point, on ne saurait être affirmatif.

Telles sont les diverses parties qui constituent ce néoplasme ; voyons maintenant comment elles sont groupées et quelles sont leurs proportions respectives. Nous avons sous les yeux douze coupes faites à des endroits différents ; elles sont presque complètement semblables les unes aux autres et ne nous donnent que l'embarras du choix.

Voici quelle est la disposition générale des diverses parties que nous connaissons déjà.

Une zone fibreuse limite la tumeur sur tout son pourtour ; les faisceaux les plus internes se laissent infiltrer, dans une faible mesure, par des éléments embryonnaires, mais on remarque surtout sur la limite externe la bande fibreuse intacte contenant le néoplasme.

En dedans de cette enveloppe fibreuse se trouvent des éléments conjonctifs tassés les uns contre les autres, sans mélange de tissu muqueux, ayant au contraire une tendance à se disposer en faisceaux.

A mesure qu'on s'approche du centre, apparaissent deux choses, le tissu myxomateux, et des cavités petites, mais assez nombreuses.

Le tissu myxomateux est caractérisé par des cellules conjonctives réunies entre elles par des fibrilles, et contenues dans une masse uniforme qu'on ne peut mieux comparer qu'à la gélatine de Warthon. Outre les fibrilles qui réunissent les cellules, il en est d'autres qui courent entre ces éléments, s'anastomosent avec les cellules voisines et forment un véritable réticulum.

Il est possible qu'une partie de ce réticulum soit artificiellement obtenue par la coagulation qui a suivi le durcissement à l'alcool, mais tout en lui n'est pas artificiel, car on voit très nettement les fibrilles partir de l'extrémité des cellules, se détacher d'un groupe pour rejoindre un groupe voisin. Il s'agit là d'une formation conjonctive.

Ce n'est pas davantage le réticulum qu'on a donné, à tort selon nous, comme la caractéristique du gliome. Nous en avons pour preuve ces faits, tous majeurs, savoir : 1° les cellules embryonnaires du néoplasme sont d'un volume inégal ;

2° il y a beaucoup plus de cellules fusiformes que de jeunes cellules rondes ; 3° il y a dans la masse néoplasique des cavités kystiques, chose inconnue dans le gliome.

Examinons maintenant ces cavités et voyons comment elles sont disposées. On n'en trouve qu'au centre, sauf une ou deux exceptions. Ce sont tantôt et le plus souvent des cavités allongées, comme des interstices élargis créés par l'écartement des tissus normaux ; ailleurs, ce sont des cavités arrondies, irrégulières à leur pourtour.

En voyant ces cavités, ou plutôt ces pertes de substance, il est permis de douter que ce soient vraiment des cavités creusées dans le néoplasme ; peut-être répondent-elles à de longues travées ou à de gros nids de cellules tombées de la préparation pendant les manipulations imposées à la coupe ? L'explication est exacte probablement pour quelques-unes, mais non pour toutes ; il y a eu, en un assez grand nombre d'endroits, une fonte muqueuse, une liquéfaction du tissu. Il s'est produit ainsi, non pas de vrais kystes, mais des kystes faux, dont la présence indique une fois de plus la nature exacte du tissu.

D'ailleurs aucune de ces cavités n'a été le résultat d'une rupture vasculaire. Il y a peu de vaisseaux dans la tumeur, et tous ont su garder leurs globules sanguins. Ces vaisseaux sont de formation ancienne, à double contour. Le plus remarquable est représenté par une grosse veine placée au centre de la tumeur, et qui, comme nous l'avons déjà dit, est peut-être la veine centrale de la rétine.

Des détails qui précèdent, nous concluons au diagnostic anatomique de *myxo-sarcome du nerf optique*.

Telle est notre observation ; il en existe dans la science un grand nombre d'analogues dont beaucoup sont suffisamment détaillées pour mériter grande considération.

La lecture de ces observations et des monographies écrites à leur sujet, si instructive qu'elle soit, laisse une impression un peu confuse ; les tumeurs du nerf optique y sont englobées sous une rubrique trop générale. Il est conforme à un bon classement nosologique de distinguer dans les tumeurs du nerf optique deux classes distinctes, se rapportant à des faits différents par leur anatomie pathologique et leurs symptômes.

C'est ainsi qu'il faut distinguer les tumeurs primitives et les tumeurs secondaires et, parmi les tumeurs primitives, il est convenable d'établir pour le nerf optique la distinction déjà faite en clinique pour tous les organes et tous les tissus : tumeurs bénignes et tumeurs malignes.

Sans doute, entre ces deux groupes il ne peut y avoir de lignes de démarcation bien tranchées ; une tumeur bénigne peut se transformer en tumeur maligne, et bien souvent, dans un même néoplasme, on trouve un mélange d'éléments sans grande tendance à la pullulation et à la récidive, à côté d'éléments très dangereux ; n'en est-il pas ainsi, par exemple, pour les tumeurs du sein dont la classification en bénignes et malignes est pourtant bien assise aujourd'hui en clinique.

Comme les tumeurs du sein ou du testicule, celle du nerf optique, quelles qu'elles soient, commencent par supprimer totalement ou partiellement les fonctions de l'organe ; la différence essentielle porte sur la généralisation plus ou moins à craindre du mal et sur la localisation ou la lente extension du tissu morbide.

Les tumeurs secondaires du nerf optique sont celles qui résultent de la généralisation d'un cancer lointain dont les cellules emportées dans l'économie s'arrêtent ici ou là selon les hasards de la route ; ces tumeurs-là, quoique secondaires, appartiennent véritablement au nerf ; mais il en est d'autres qui tout en contenant plus ou moins complètement le nerf, ne sont pas, à proprement parler, des tumeurs de cet organe. Le cas de Lawson[1] et quelques autres ont été observés dans ces conditions.

[1] LAWSON, *Ophl. hosp. Reports*, London, 1882, p. 206.

De même, les tumeurs qui résultent de la propagation d'un sarcome choroïdien, ne sont pas à proprement parler des tumeurs du nerf optique et méritent une place isolée dans ce chapitre de pathologie.

Dans ce que nous allons dire, nous n'aurons en vue que les tumeurs primitives. Ces tumeurs, bénignes ou malignes, présentent une évolution particulière qui tient à l'anatomie même du nerf, à ses rapports avec l'œil, l'orbite et le cerveau.

Nous voulons insister sur ce point dans le paragraphe suivant et mettre en lumière quelques notions anatomopathologiques capables de conduire à une thérapeutique judicieuse et bien réglée.

Anatomie pathologique. — La structure histologique des tumeurs bénignes ou malignes est assez complètement exposée dans les travaux que nous avons cités pour nous dispenser d'y revenir, nous ne parlerons que de quelques particularités communes à tous les cas et dont notre observation est une preuve nouvelle.

La forme des tumeurs du nerf optique est toujours plus ou moins arrondie ; quand elles sont ovoïdes, elles possèdent une grosse extrémité qui, le plus souvent, est située du côté du globe oculaire. Entre la tumeur et l'œil existe fréquemment une partie du nerf optique non infiltrée d'éléments néoplasiques ; sur ce point le nerf est aminci et étranglé au niveau de la *lamina cribrosa*.

D'autres fois, et c'était le cas dans notre observation, la tumeur, ayant envahi le nerf jusqu'à son entrée dans l'œil, se dispose en cupule pour loger le globe oculaire, mais il n'y a qu'un rapport de contact entre la sclérotique et le néoplasme.

1° *Rapports de la papille et de la tumeur.*

Quelquefois, dans les observations, on signale un gonflement, une tuméfaction de la papille mais il n'arrive jamais de constater une propagation du néoplasme jusqu'à l'émergence du nerf. Dans une observation de Jacobson[1] la papille avait une configuration très irrégulière; il y paraissait comme une tumeur d'un bleu clair absolument dépourvue de vaisseaux, mais à l'examen de la pièce enlevée, examen fait par Recklinghausen, on ne trouva rien dans le nerf optique qu'une simple atrophie. Dans l'orbite existaient six tumeurs myxomateuses, mais il est impossible de voir là une tumeur véritable du nerf optique. La lésion papillaire était tout à fait indépendante de la néoplasie orbitaire.

Du reste cette notion est classique, de Wecker, Jocqs l'énoncent expressément, les tumeurs du nerf optique ne débutent jamais par l'extrémité oculaire et ne dépassent que tout à fait exceptionnellement la lame criblée. Les tuméfactions de la papille signalées dans différentes observations sont des dépôts de masse vitreuse « qui ont émigré dans la papille, se détachant de la lame vitreuse choroïdienne ». (De Wecker, t. IV, p. 606.)

Il convient donc de poser en principe absolu que la lame criblée oppose à l'envahissement de la papille une barrière toujours efficace.

2° *Rapports de la tumeur et de la gaine externe du nerf.*

La tumeur du nerf optique est toujours contenue et entourée par la gaine externe dure-mérienne.

Quand le néoplasme est arrivé à une période avancée, il n'est plus possible de distinguer le point de départ de la tumeur; les fibres nerveuses, la gaine interne et les travées qui en dépendent, les espaces intervaginaux sont méconnaissables.

L'espace intervaginal est toujours rempli par le tissu

---

[1] JACOBSON. Myxo-sarcome du nerf optique. *Arch. f. Opht.*, 1854, Bd X.

embryonnaire ou muqueux ou fasciculé qui constitue le néoplasme. La tumeur peut même occuper presque exclusivement la gaine vaginale; les filets nerveux, plus ou moins bien protégés par la gaine interne, sont à l'intérieur; dans quelques cas, sur des coupes transversales, on a vu un liseré bien net, correspondant à la gaine pie-mérienne, épaissie, séparant le faisceau nerveux de l'espace intervaginal. On a remarqué que la tumeur proéminait surtout sur la face interne du nerf, mais toujours elle est contenue dans la gaine dure-mérienne. Il y a donc un isolement complet de la tumeur au milieu du contenu de l'orbite. Comme au sujet des rapports avec la papille, nous avons là un fait anatomique constant.

3° *Rapports de la tumeur avec la cavité cérébrale.*

Dans 10 observations Jocqs signale l'extension du néoplasme à la cavité crânienne. Rappelons notamment un cas de Ritterich [1] où la tumeur entourait le nerf optique et s'étendait jusqu'au chiasma; le malade succomba à des accidents cérébraux; dans un autre fait appartenant à Recklinghausen le nerf était malade après le trou optique, la dure-mère cranienne était le siège de nombreux sarcomes de différents volumes.

Quelquefois l'autopsie montre dans le crâne de grosses néoplasies, dans un fait de Schott [2], où il existait une volumineuse tumeur intra-orbitaire, cette tumeur avait envahi le chiasma et tout le nerf optique droit. Dans l'orbite, comme dans le crâne, le néoplasme s'était surtout développé dans la gaine du nerf.

Citons encore l'observation de Galezowski [3], où le nerf opti-

---

[1] RITTERICH. Thèse JOCQS, p. 142. Paris, 1887.
[2] SCHOTT. *Knapp's. Archiv.*. VII Band; et Thèse JOCQS, p. 149.
[3] GALEZOWSKI. Th. Paris, 1865.

que intra-orbitaire présentait un renflement peu volumineux relativement à la tumeur que Lancereaux, faisant l'autopsie du malade, trouva dans la couche optique.

Il existe enfin quelques autres faits où le chirurgien a dû faire porter sa section au niveau du trou optique, en pleine tumeur ; le chiasma était alors envahi et la propagation à l'encéphale déjà ancienne.

Donc si, du côté de l'œil, les tumeurs du nerf optique sont peu redoutables, elles envahissent, au contraire, le cerveau avec une assez grande facilité ; c'est par là exclusivement que les tumeurs malignes se généralisent.

4° *Rapports avec le contenu de l'orbite.*

Les tumeurs du nerf optique, même les tumeurs malignes, n'envahissent pas l'orbite ; les muscles, le tissu cellulaire, les nerfs moteurs et sensitifs n'ont avec le néoplasme que des rapports de contact. Les muscles subissent tout au plus la dégénérescence graisseuse, ils ne sont jamais annexés au néoplasme ; il ne se passe chez eux que des troubles de nutrition, de même le tissu cellulaire n'est jamais envahi, les plus grosses tumeurs étant parfaitement encapsulées.

Les faits qui paraissent contraires à cette règle générale ont été mal interprétés ; tel le fait de Lawson dans lequel il s'agissait d'une tumeur secondaire du nerf optique ; la tumeur avait débuté par les fosses nasales. Il en est de même dans l'observation de Chenantais [1], l'auteur dit expressément qu'au milieu de la tumeur on trouvait le nerf jaunâtre, un peu gonflé, muni de sa gaine et paraissant tout à fait isolé du néoplasme. Il s'agit évidemment dans ce cas d'une tumeur de l'orbite ayant envahi secondairement la gaine du nerf.

Ces deux observations et quelques autres du même genre ne doivent pas être rangées dans le groupe des tumeurs pri-

---

[1] Chenantais, *Société anatomique de Nantes*, 1870.

mitives du nerf optique. Ce sont des tumeurs secondaires que nous avons avec soin écartées de notre travail.

En résumé, toutes les tumeurs du nerf optique, bénignes ou malignes, restent dans la gaine du nerf plus ou moins distendue ; les tumeurs malignes seules tendent à envahir la cavité cranienne le long de la gaine et à se généraliser par là. Le globe de l'œil est toujours intact, à moins que le volume exagéré de la tumeur ne l'ait complètement chassé de l'orbite, auquel cas, mal recouvert par les paupières, gêné dans sa vascularisation, comprimé par le néoplasme, il subit des phénomènes nécrobiotiques purement mécaniques ou inflammatoires.

C'est sur ces données anatomiques classiques, mais éparses et méritant d'être précisées, qu'il convient d'asseoir la thérapeutique chirurgicale de l'affection qui nous occupe.

Traitement. — Lorsque le diagnostic de tumeur du nerf optique est bien établi, qu'il s'agisse d'une tumeur bénigne ou maligne, il n'y a rien de mieux à faire que de l'extirper. S'il s'agit d'une affection tuberculeuse ou syphilitique du nerf, l'intervention chirurgicale peut encore être utile, car la lésion tuberculeuse mérite toujours évidemment le traitement de la tuberculose locale. La lésion syphilitique, souvent reconnue seulement lorsqu'elle est très ancienne, arrivée à la période quaternaire n'est plus curable par aucun moyen. Dans le doute il faut essayer pendant quelques jours une très énergique médication iodurée.

Lorsque l'opération est décidée, que faut-il faire? Faut-il enlever l'œil et le contenu de l'orbite, exentérer la cavité orbitaire, ou bien conserver l'œil et le contenu de l'orbite en enlevant la tumeur toute seule? — La réponse à ces questions est péremptoirement fournie par le paragraphe précédent; puisque la tumeur n'a que des rapports de voisinage avec l'œil et le contenu de la cavité orbitaire, il faut enlever la tumeur *seule*.

Cependant, sur 59 observations, 38 fois le globe oculaire et la tumeur ont été enlevés en même temps sans que le chirurgien se soit préoccupé de conserver l'œil ; dans 5 autres faits on a essayé de conserver l'organe ; mais, devant la difficulté de l'opération, pour avoir un jour suffisant, on a dû le sacrifier. Dans 3 autres faits le chirurgien n'a pu conserver l'œil que pendant quelques jours, enfin 4 fois seulement l'œil a été conservé d'une façon définitive (cas de Knapp[1], de Gruning[2], de Critchett[3], de Scarpa[4]).

De ces derniers faits il faut éliminer celui de Critchett qui concerne évidemment une tumeur de l'orbite adhérant secondairement au nerf optique ; le cas de Scarpa, sans être aussi précis, est fort analogue ; il y est question d'une masse bosselée du volume d'une noix à tissu lardacé, *squirrho-cancéreux* (*sic*) en avant de la gaine du nerf optique et se prolongeant entre les muscles releveur de la paupière et droit supérieur. Les seuls cas de Gruning et de Knapp concernent bien des tumeurs primitives du nerf optique.

Knapp décrit ainsi son opération : « Les paupières écartées par un spéculum ordinaire, je fis, au moyen de ciseaux à strabisme, une ouverture entre le droit supérieur et interne et l'oblique supérieur, à travers la conjonctive et la capsule de Tenon, jusqu'à ce que, au moyen du doigt, je pusse sentir la tumeur. Je circonscrivis ensuite, toujours guidé par l'indicateur gauche, toute la tumeur ; je l'isolai de la sclérotique et je coupai le nerf optique, d'abord à son extrémité oculaire, ensuite à son extrémité orbitaire. Au moyen du plat des ciseaux je pus extraire la tumeur du volume d'une noix que je vous présente. L'hémorragie fut insignifiante. Le bulbe remis en place, fut contenu par un pansement de charpie. La plaie

---

[1] KNAPP. *Société ophtalmol. de Heidelberg*, 1874.
[2] GRUNING. *Knapp's Archiv.*, 1877.
[3] CRITCHETT. *Med. Times and Gazette*, 1832.
[4] SCARPA. *In* DEMARQUAY, *Traité des tumeurs de l'orbite.*

guérit sans suppuration. Dès le second jour, la patiente n'avait plus de douleurs. Un ulcère dans le segment inférieur de la cornée, guérit par l'occlusion palpébrale au moyen de deux sutures latérales. »

L'opération faite selon le procédé de Knapp doit être bien difficile, le jour étant très insuffisant, et non seulement l'ablation de la tumeur est malaisée, mais le chirurgien peut bien difficilement savoir si son opération est complète, s'il enlève tout le mal ; or, si la conservation de l'œil est à tous égards désirable, il est un principe majeur dont il ne faut jamais se départir, c'est que les tumeurs malignes doivent être enlevées largement, qu'il faut aller au delà de leurs limites.

C'est pour cela que, voulant, dans le fait personnel ici rapporté, conserver l'œil, nous avons imaginé notre procédé qui donne toutes les facilités désirables avec toutes les garanties possibles contre la récidive.

Nous pouvons résumer les différents temps de cette opération nouvelle dans les paragraphes suivants :

1° Section de l'angle externe des paupières. Passage d'un fil dans chaque paupière afin de pouvoir facilement les écarter.

2° Dissection de la conjonctive bulbaire dans le tiers externe. Section du droit externe à son insertion. Un fil passé dans le tendon du muscle sert à ne pas le perdre de vue.

3° Avec l'extrémité de l'index et une sonde cannelée, isolement de la tumeur qu'on sent immédiatement sous le doigt ; avec un écarteur approprié l'œil est récliné en dedans de façon à bien dégager la partie externe de l'orbite.

4° Après avoir isolé la tumeur des muscles voisins, prendre une aiguille de Cooper armée d'un long et gros fil de soie et la passer sous la tumeur comme sous la carotide, pour la lier. On enserre ainsi le néoplasme avec une anse de fil qu'on peut nouer pour avoir une prise directe sur lui.

5° Avec de forts ciseaux courbes, guidés par l'index, on

cherche l'entrée du nerf optique dans l'orbite et on le sectionne. Il nous a été possible de faire cette section sans intéresser l'artère ophtalmique. Par précaution, une pince à forcipressure devra être placée sur le paquet vasculaire.

6° Immédiatement après cette section il suffit de tirer sur l'anse du fil pour faire basculer l'œil, la tumeur et le nerf. La cornée se porte successivement en dedans et en arrière et l'extrémité du nerf optique sectionné se porte en avant, on peut alors d'un coup de ciseaux détacher le nerf optique au ras de l'œil et bien apprécier l'état de la partie postérieure de l'organe.

7° Après avoir fait l'hémostase, bien lavé antiseptiquement la cavité orbitaire, l'œil est replacé dans sa position ordinaire et le muscle droit externe attaché à son point d'insertion. La conjonctive sera suturée ainsi que la peau de l'angle externe. Un petit drain suffira pendant les premiers jours à évacuer l'afflux inévitable des liquides[1].

Il est évident que l'œil adhérant encore par toute sa partie supérieure interne et inférieure est très bien placé pour vivre. Il est dans des conditions autrement avantageuses que l'œil d'un animal greffé dans la cavité orbitaire, rattaché seulement à l'organisme par des sutures.

L'œil conservé après notre opération doit vivre si les précautions antiseptiques ont été suffisantes, c'est-à-dire complètes.

Sans doute un pareil œil devient petit, hypotone, la cornée perd son aspect poli, la pupille est immobile, et quelques-uns m'ont fait cette objection qu'un œil artificiel fait meilleur effet qu'un globe oculaire vivant, mais toujours un peu flétri ; à

[1] Depuis la rédaction de ce travail (avril 1892) le Dr Thiéry, de Nancy, a publié une thèse dans laquelle il décrit le procédé opératoire employé par son maître M. Rohmer, dans un cas analogue au nôtre. Le procédé de notre collègue diffère peu du nôtre, et nous sommes heureux de défendre la même opinion que lui. (*De l'extirpation des tumeurs du nerf optique sans énucléation du globe oculaire.* Thèse, Nancy, Juillet 1892).

ceux-là je répondrai qu'ils font un raisonnement vicieux. Lorsque l'orbite est vidé, il n'est pas possible d'y placer l'œil artificiel qui, d'habitude, tient si bien sa place dans la capsule de Tenon.

Le malade doit forcément choisir entre ces deux situations : ou un œil sans aucune vision, un peu diminué de volume, hypotone, mais en somme un œil, et une cavité béante dont les paupières abaissées dissimulent mal l'aspect repoussant.

Notre conclusion est donc que l'œil doit être respecté toutes les fois que la compression ne l'a pas fait trop souffrir. La généralisation du mal n'en est pas plus à craindre, l'ablation de la tumeur n'en est pas moins complète et facile, grâce à l'opération nouvelle que ce travail a pour but de faire connaître.

II

Fibro-sarcome kystique de l'orbite.

M le Professeur Badal a bien voulu nous confier l'examen histologique d'une curieuse tumeur kystique dont il a lui-même publié l'histoire complète dans les Archives d'ophtalmologie. Nous rapportons ici l'étude anatomique de cette tumeur, et pour l'intelligence du sujet, nous la faisons précéder de quelques considérations cliniques que nous empruntons au mémoire de notre maître.

Il s'agissait d'une robuste paysanne de 70 ans qui, deux ans avant son entrée à l'hôpital, avait été frappée à l'œil droit par un cep de vigne ; la douleur, très vive d'abord, se calma bientôt, mais six mois après elle reparut très violente.

Il se produisit de l'exophtalmie, de la mydriase, de la diplopie dans certaines positions. Puis la papille s'atrophia, et enfin une tumeur située derrière le globe put être perçue avec le doigt.

M. Badal fut assez heureux pour extraire cette tumeur des profondeurs de l'orbite sans énucléer l'œil. Ce néoplasme se composait de deux parties différentes : 1° une tumeur blanchâtre, de la grosseur d'une petite châtaigne, aplatie d'avant en arrière, offrant au toucher une consistance fibreuse, sans trace de pédicule à sa surface.

2° Une petite tumeur kystique à parois minces et translucides distendues par un liquide séreux au milieu duquel on distinguait vaguement une partie solide. La forme du kyste était une ampoule se moulant assez exactement sur les parois du sommet de l'orbite, ayant par conséquent sa grosse extrémité en avant.

L'opération fut suivie d'un heureux résultat la vision resta ce qu'elle était avant l'opération (V = 1/2). L'œil garda son aspect normal et tous les phénomènes douloureux disparurent [1].

Examen macroscopique. — La tumeur se compose de deux parties distinctes qui ont été enlevées séparément pendant l'opération.

La première partie du néoplasme présente le volume et la forme d'une petite noix, aplatie, aux contours irréguliers.

La consistance de cette tumeur est dure, elle est résistante comme un fibrome. Elle crie sous le scalpel et donne une coupe blanchâtre comme celle des tumeurs fibreuses les plus pures; à la surface de la coupe, le raclage n'amène qu'un petit nombre de cellules et du liquide en très faible quantité.

La deuxième partie de la tumeur est piriforme, avec un pédicule circonscrit et une portion renflée en forme d'amande.

Sa longueur est de deux centimètres environ et sa largeur de un centimètre et demi. A sa surface on aperçoit une tunique fibreuse, flétrie, comparable à une vésicule dont le liquide aurait disparu.

Il est facile de fendre longitudinalement cette enveloppe fibreuse (fig. 1) et de la soulever.

On peut alors aisément, non toutefois sans rompre quelques adhérences lâches, la séparer du nodule solide qu'elle contient. Au moment même où l'opération a été faite, il existait entre le sac fibreux et la tumeur, une abondante exsudation qu'on pourrait assez exactement comparer à celle qui, décollant les deux feuillets de la plèvre, constitue l'épanchement pleurétique.

Cette enveloppe fibreuse se continue sur le pédicule de la tumeur et l'enveloppe étroitement. Ce pédicule est d'ailleurs

1. N.B. Pour plus de détails. Voyez *Archives d'ophtalmologie*, mai-juin 1891.

constitué par le même tissu que la masse néoplasique qu'il supporte et autour duquel l'épanchement de liquide s'est produit.

Ce liquide pathologique n'a pu être examiné; lorsque la pièce a été placée dans l'alcool, il a diffusé à travers son contenant et n'a laissé sur les parois de la cavité rien qui permette de penser qu'il s'agissait d'autre chose que d'un liquide séreux, comme celui de l'hydropisie ordinaire et des kystes par exsudation.

La figure 1 représente cette très intéressante disposition

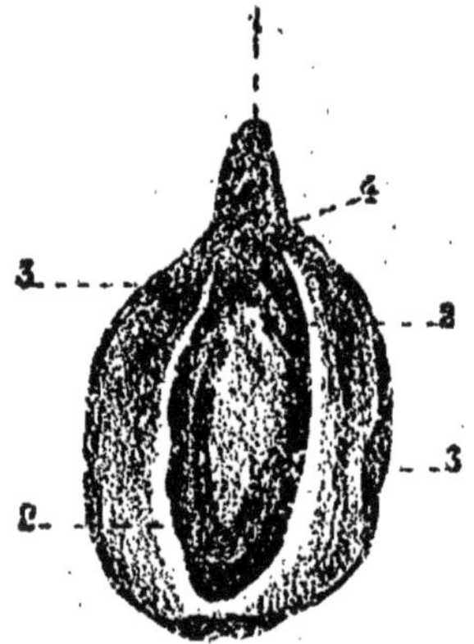

Fig. 1. — Grossissement de 2 diamètres.

anatomique qui, pour la clarté plus grande du dessin, a été grossie deux fois.

En 1 on voit le pédicule, en 2 le néoplasme, en 3 la membrane fibreuse enveloppante ouverte en avant, en 4 la gaine fibreuse qui entoure le pédicule du néoplasme.

La poche paraît distendue par un liquide transparent ; on aura, à notre avis, une idée très exacte et très complète de la réalité des faits si l'on suppose que des brides conjonctives, des tractus de tissu cellulaire lâche vont de la surface interne de l'enveloppe fibreuse à la périphérie de la masse solide.

Après avoir acquis ces notions sur les dispositions macroscopiques des deux parties de la tumeur enlevée par le professeur Badal, l'étude histologique a été faite de façon à éclaircir ces deux points : 1° quelle est la nature du néoplasme ? 2° quelle est la nature et la pathogénie de la poche kystique ?

Examen histologique. — 1° *Nature de la tumeur.* — Ce qui domine dans ce tissu, c'est la présence des nattes abondantes de fibres conjonctives adultes, s'entre-croisant dans tous les sens comme des écheveaux entremêlés.

Chaque natte forme un gros faisceau arrondi, et chaque

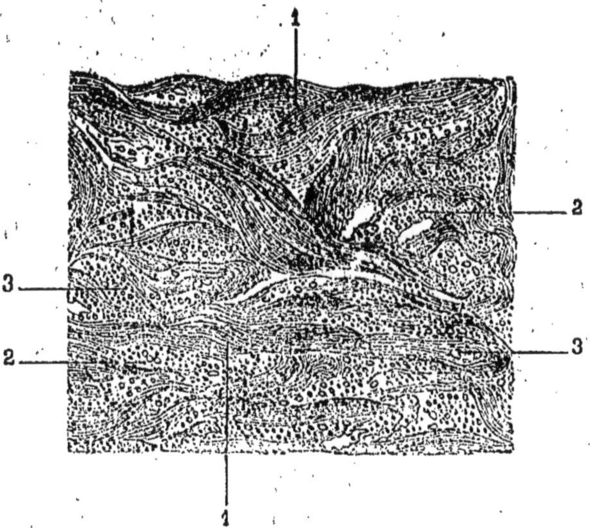

FIG. 2. — 1. Tissu fibreux. — 2. Cellules embryonnaires. — 3. Coupes transversales des faisceaux fibreux.

faisceau s'étant présenté à la coupe dans une position différente, on peut voir sur une même préparation un faisceau longitudinal très allongé, des faisceaux obliquement coupés et d'autres dont la section exactement transversale est perpendiculaire au grand axe des fibres (fig. 2).

On ne trouve nulle part de nids de noyaux embryonnaires ;

les jeunes cellules conjonctives, assez abondantes, sont disséminées irrégulièrement dans l'intervalle des faisceaux. Traitées par l'acide picrique, les préparations ne laissent pas voir de fibres élastiques. L'acide acétique gonfle les fibres conjonctives en laissant voir les noyaux allongés qu'elles contiennent.

En certains endroits les faisceaux de tissu conjonctif sont si étroitement serrés les uns contre les autres que leur coupe rappelle l'aspect du tissu tendineux.

Il y a très peu de vaisseaux ; dans le morceau cubique pris au centre de la tumeur, qui a fourni les nombreuses coupes examinées, nous n'avons vu qu'un seul tube vasculaire à parois épaissies et indurées, sans trace de fibres musculaires lisses, sans doute un capillaire entouré d'un tissu conjonctif jeune, développé avec le néoplasme qui nous occupe.

Nous avons encore constaté la présence d'un filet nerveux dont la gaine hypertrophiée, épaissie, rappelle celle du tube sanguin.

Il s'agit donc évidemment d'une tumeur faite de *tissu conjonctif*. Faut-il l'appeler fibrome? Par définition le fibrome est composé de tissu conjonctif adulte, c'est-à-dire qu'on ne saurait, si l'on tient à parler un langage rigoureux, admettre dans sa constitution la présence de jeunes cellules embryonnaires.

Le néoplasme que nous étudions présente en certains points cette structure purement fibreuse, mais on y trouve aussi bon nombre de cellules jeunes qui font penser au sarcome, tumeur faite essentiellement avec des éléments conjonctifs au début de leur évolution.

Toutefois, il n'est pas douteux que le tissu fibreux par l'emporte de beaucoup sur les éléments sarcomateux. Il convient d'appeler cette tumeur *fibro-sarcome*, mais le mot fibrome seul serait déjà très rapproché de la vérité.

Il est même permis de penser que beaucoup de fibromes de l'orbite décrits dans ces derniers temps présentaient autant de tissu jeune que la tumeur dont il est question.

2° *Nature et pathogénie de la cavité kystique.* — L'enveloppe kystique est formée par du tissu fibreux adulte. Sur sa surface interne l'imprégnation d'argent, faite selon les préceptes indiqués par Ranvier pour la recherche de l'endothélium des séreuses, n'a pas révélé la présence de cet endothélium. Nous avons nitraté plus d'un centimètre carré de cette surface interne et nulle part nous n'avons vu le ciment intercellulaire. Le picro-carmin n'a pas révélé davantage la présence des noyaux.

Il ne s'agit donc pas ici d'une véritable cavité kystique. D'ailleurs, les tractus conjonctifs reliant cette enveloppe au néoplasme faisaient bien pressentir qu'il s'agissait de mailles de tissu cellulaire distendues par le flot du liquide exsudé.

La présence de cet exsudat liquide, périphérique au néoplasme ainsi emprisonné dans cette tunique fibreuse, mérite d'autant plus d'être mentionnée que les auteurs classiques ne paraissent pas avoir remarqué d'accidents analogues dans le développement des fibromes et des fibro-sarcomes.

On a décrit dans l'orbite des kystes exsudatifs, des hygromas développés aux dépens des bourses muqueuses constantes ou accidentelles. Les muscles releveur et droit supérieur en sont le siège d'élection.

De Wecker en a observé un cas développé autour du droit inférieur et l'examen de la poche kystique, confié à Ranvier, montra qu'il s'agissait d'un épanchement développé dans le tissu cellulaire, sans parois propres, sans endothélium à la surface du kyste[1].

Ce qui se passe en général autour des muscles s'est passé autour de la tumeur que nous avons examinée et cette production anormale s'explique assez bien par les lois ordinaires de l'anatomie pathologique. Il convient toutefois de remarquer que, ni le traité complet de de Wecker, ni l'article Orbite de Chauvel (*Dict. encyclopédique*) où la monographie bien

[1] De Wecker. *Traité d'Ophtalmologie*, t. IV, p. 891.

connue de Berlin est reproduite, ne contient rien de semblable.

Sans doute le pronostic de l'affection n'en est nullement changé, le diagnostic anatomique reste le même, mais la présence de cette hydropisie périphérique, de ce kyste par exsudation constitue un phénomène singulier et très intéressant.

III

Du sarcome mélanique des paupières [1].

Il n'est pas très rare de constater le rôle efficace d'un traumatisme dans le développement des néoplasmes; tous les chirurgiens savent bien que les tumeurs du sein et du testicule, par exemple, relèvent quelquefois et occasionnellement de cette étiologie, mais il est, croyons-nous, tout à fait exceptionnel de voir une tumeur mélanique succéder à une contusion; l'observation que nous allons rapporter est un exemple de ce genre et mérite d'intéresser à la fois l'anatomo-pathologiste et le clinicien.

De plus cette observation a trait à un sarcome mélanique palpébral, et les tumeurs de ce genre sont si peu communes que nous n'avons pu en relever que trois cas appartenant à Gibson [2], à Richet et à Gallenga. Il ne nous a pas été possible de retrouver le cas de Gibson, publié dans un journal peu connu et nous ne pouvons comparer notre cas personnel qu'aux deux observations de ces derniers auteurs.

OBSERVATION. — *Tumeur mélanique sous-conjonctivale de la paupière supérieure gauche. Extirpation. Guérison.*

Jean G..., 70 ans, de Sallebruneau, canton de Sauveterre de Guyenne, entre à l'hôpital Saint-André, le 25 septembre 1890, pour une tumeur de la paupière gauche supérieure.

Les antécédents héréditaires de cet homme sont fort bons et dans les antécédents personnels nous ne trouvons à signaler qu'une kératite survenue à droite, il y a dix ans, et terminée par un leucome opaque suppri-

[1] Communication faite à la *Société française d'ophtalmologie*, mai 1891.
[2] GIBSON. *The Philadelphia Lancet*, 1851.

ment presque la vision. Aucune diathèse spéciale n'explique cet accident ; il n'y a ni rhumatisme, ni alcoolisme, seulement un peu de misère physiologique, résultat du travail opiniâtre et de privations prolongées.

Au commencement de juin 1890, Jean G..., reçut un vigoureux coup de bâton sur la tempe gauche ; il en résulta un gonflement très accusé de la région; la paupière supérieure devint noire, ecchymotique, tendue par l'infiltration sanguine qui remplissait les mailles de son tissu.

Le sang se résorba lentement ; lorsque la peau de la région reprit sa coloration normale, c'est-à-dire quelques semaines après, notre malade constata, dans l'épaisseur même de la paupière, la présence d'une tumeur dure, régulière, aussi volumineuse, dit-il, que celle qu'il présente en entrant à l'hôpital.

Dans le courant des mois de juillet, août et septembre, cette grosseur palpébrale serait restée la même, uniformément dure, un peu irrégulière à sa surface, toujours recouverte par la peau saine et mobile dans l'épaisseur de la paupière supérieure. D'ailleurs il n'y a jamais eu de douleurs, et les fonctions visuelles n'ont à aucun moment été entravées.

Etat actuel. — A son entrée à la clinique, Jean G... porte une tumeur grosse comme une noix de moyenne grosseur, un peu allongée dans le sens horizontal. Elle semble faire saillie sous la paupière soulevée et déformée, mais encore suffisamment ouverte pour que la vision s'effectue convenablement ; chose, d'ailleurs indispensable à cause du leucome qui supprime presque complètement les fonctions de l'œil droit.

A la surface de la tumeur la peau glisse très facilement et la palpation fait sentir à travers le tégument, normal dans sa couleur et son épaisseur, une masse assez dure, un peu irrégulière, mobile dans tous les sens, sans adhérence au squelette, sans ramifications dans l'orbite. A travers la demi-transparence de la peau, on distingue la couleur noire du néoplasme. Le bord libre de la paupière est intact.

Le volume de la tumeur ne permet pas de retourner la paupière pour explorer la face conjonctivale, mais il est possible d'écarter cette paupière du globe de l'œil et d'examiner par dessous l'état du cul-de-sac conjonctival. Ce cul-de-sac a ses dimensions ordinaires ; la muqueuse y est saine partout et glisse au niveau de la partie postérieure du néoplasme comme la peau à la surface antérieure.

La conjonctive bulbaire présente en plusieurs endroits des taches noirâtres qui tranchent sur l'aspect nacré de la sclérotique. Ces taches paraissent s'être développées en même temps que la tumeur et pour les mêmes causes.

La paupière inférieure n'offre rien de particulier. Il n'y a nulle trace d'engorgement ganglionnaire. L'état général est excellent.

De cet examen il résulte que Jean G... porte une tumeur datant de trois mois, développée à la suite d'une forte contusion et localisée dans le tissu cellulaire de la paupière, entre le cartillage tarse et la peau.

De quelle nature est cette tumeur ? Son entière mobilité, l'absence de douleurs, son état stationnaire depuis plusieurs mois, l'intégrité non seulement du globe oculaire, mais encore de la conjonctive et de la peau en imposent pour une tumeur bénigne ; d'autre part, sa couleur et les petites taches pigmentaires de la conjonctive appellent l'attention sur la variété mélanique des néoplasmes, et c'est du choc de ces deux idées qu'a pu naître un instant l'incertitude du diagnostic.

Il n'est pas rare de voir des néoplasmes succéder aux traumatismes ; les tumeurs du sein, du testicule en offrent de fréquents exemples ; dans notre cas il est donc conforme aux lois de la pathologie générale d'admettre qu'une néoplasie a succédé à l'irritation cellulaire engendrée par le traumatisme.

Mais, d'après les antécédents bien nettement indiqués par le malade, il est certain qu'un gros caillot, un hématome s'est d'abord formé dans la paupière et que la tumeur d'aujourd'hui lui a directement succédé. Sans doute il ne s'agit pas d'un caillot organisé, puisqu'il est démontré (Ranvier, Durante) que les caillots ne s'organisent pas, mais peut-être d'une tumeur due à la prolifération des cellules conjonctives entourant le caillot.

Ce diagnostic s'accorde à la fois avec les allures du mal et la couleur noire du tissu malade. Nous croyons avoir affaire à une tumeur bénigne, accidentellement colorée par du pigment sanguin.

Il doit suffire dans ces conditions d'extirper le néoplasme en respectant la paupière. Cette opération est pratiquée à l'hôpital Saint-André le 29 septembre 1890. Elle est d'ailleurs on ne peut plus facile ; la sonde cannelée sépare aisément la tumeur du tissu cellulaire environnant.

Quelques points de suture réunissent la plaie et le malade sort guéri de l'hôpital quelques jours après.

L'intérêt de l'observation, déjà grand à cause de la marche

clinique du mal, s'accroît encore avec l'examen anatomique de la tumeur.

Examen anatomique. — Le volume de cette tumeur est celui d'une petite noix ; elle est ovoïde, assez régulière à sa surface; sa couleur, sa consistance, la physionomie de la coupe médiane sont celles d'une truffe. En raclant avec le couteau la surface de la section on distingue quelques fines travées fibreuses, mais il n'y a pas à proprement parler de cloisons. Des coupes faites dans les diverses parties ont révélé les détails suivants :

Deux ordres de cellules y dominent : des cellules fusiformes et des cellules rondes. Quelques vaisseaux et de rares travées fibreuses sillonnent le tissu ; enfin on trouve du pigment mélanique très abondant.

Des cellules fusiformes constituent un certain nombre du faisceaux semblables à ceux des tumeurs fibroplastiques ; presque partout les cellules sont jeunes et sorties depuis peu de temps de l'état embryonnaire.

Les cellules rondes sont très nombreuses, leurs dimensions sont très variables. Elles ont de 10 à 20 μ de diamètre, beaucoup d'entre elles présentent plusieurs noyaux.

Quelques vaisseaux, très rares, à parois uniques sillonnent les coupes ; à la périphérie on rencontre des traces d'hémorrhagies récentes ; du côté de la conjonctive la tumeur était limitée par un trousseau riche en fibres élastiques, colorées en jaune par le picro-carmin.

Mais le plus intéressant de tous les éléments histologiques contenus dans le néoplasme est le pigment.

Ce pigment est surtout intra-cellulaire ; il est très inégalement réparti ; beaucoup de cellules n'en contiennent pas du tout, quelques-unes en sont remplies au point de perdre tous leurs caractères, de prendre l'aspect d'une masse noire arrondie ; les autres renferment dans leur protoplasma de fines granulations noires.

En traitant une coupe par l'acide sulfurique, nous avons vu disparaître les éléments cellulaires, tandis que le pigment restait intact. Sous l'influence de l'acide le tissu sarcomateux s'est recroquevillé, raccorni ; toutefois il n'a pas disparu tout à fait ; il est resté une masse informe, translucide, au milieu de laquelle le pigment se détache avec netteté.

Nous avons ainsi obtenu une préparation typique de mélanine et nous trouvons cette substance sous les formes suivantes :

1° De gros amas conglomérés, irréguliers ;

2° Des globes ronds de forme cellulaire, dans lesquels on peut voir (à un grossissement de 400 diamètres) de fines granulations tassées les unes contre les autres. Ces globules sont des cellules dont le noyau a été étouffé, le protoplasma détruit et qui sont en quelque sorte farcies de poussières mélaniques ;

3° Des granulations libres de pigment.

Il résulte de cet examen que notre malade portait un sarcome mélanique, à jeunes cellules, présentant les caractères histologiques d'une tumeur maligne. Il y a donc contradiction apparente entre les phénomènes cliniques et l'examen anatomique ; mais les résultats de ce dernier examen sont si conformes aux descriptions classiques qu'il n'est pas permis de douter du diagnostic « sarcome mélanique » auquel nous nous sommes définitivement arrêté.

Ajoutons pour terminer cette observation que notre malade six mois après l'opération est encore aujourd'hui guéri, sans menace de récidive.

Les réflexions suggérées par cette observation sont de deux ordres, anatomiques et cliniques.

Nous ne reviendrons pas sur les premières qui sont explicitement contenues dans la description précédente ; mais il est nécessaire de faire ressortir les analogies et les différences que présente notre observation avec celle de Richet et de Gallenga.

Dans le *Mouvement médical* (15 février 1879, p. 77) Richet mentionne en quelques mots, trop succinctement peut-être, un cas de sarcome fasciculé ayant pour point de départ la conjonctive palpébrale, avec une apparence mélanique évidente. Les ganglions parotidiens ne paraissent pas envahis ; néanmoins ils furent enlevés et soumis à un examen dont le résultat n'est pas signalé. En rapportant ce cas, le professeur de l'Hôtel-Dieu fait ressortir la malignité d'une semblable lésion.

Le fait de Gallenga est beaucoup plus longuement rapporté par cet auteur, dont la description est reproduite dans les *Annales d'oculistique* de 1885.

Il s'agit d'un malade dont l'affection avait débuté par une petite tumeur noire, pédiculée, au milieu du bord ciliaire de la paupière supérieure droite. Cette tumeur fut enlevée par la ligature, mais, un mois et demi après, il y eut récidive dans l'épaisseur même de la paupière. Quinze mois après son début cette seconde tumeur avait le volume d'une noisette.

La peau était mobile sur le néoplasme et celui-ci proéminait sous la conjonctive. Trois bosselures étaient reconnaissables dans la région du bord ciliaire.

La tumeur extirpée complètement présentait 20 millimètres de largeur, 18 de hauteur et 16 d'épaisseur. La surface de section était très noire.

L'*examen microscopique* montra, dans la peau et le muscle orbiculaire correspondant à la partie inférieure de la tumeur, une infiltration de cellules conjonctives jeunes. La tumeur est enveloppée en avant, en haut et en bas par une capsule de tissu conjonctif, à fibres serrées et entremêlées de cellules conjonctives. Dans cette capsule on remarque d'assez gros vaisseaux, gorgés de sang.

A côté de la tumeur principale existent deux noyaux secondaires ; l'un est beaucoup moins riche en vaisseaux que la masse principale de la tumeur, l'autre ne présente que quelques petits amas de pigment immigrés, dit Gallenga, de la tumeur principale. Un tissu conjonctif lâche, infiltré d'éléments cellulaires jeunes, entoure ce noyau qui confine aux *infundibuli* des glandes du bord palpébral, et au conduit lacrymal resté intact.

La grosse tumeur est formée de cellules rondes, petites et grandes, mais surtout de celles fusiformes. Le pigment est disposé tantôt en amas ronds, tantôt en granulations occupant l'intérieur même des cellules. Le stroma de la tumeur est formé par un tissu connectif à mailles fines et minces, devenant plus épais à proximité des vaisseaux. Les cellules rondes ont de 8 à 10 μ et deux ou plusieurs noyaux; d'autres plus grandes de 18, 25 et 30 μ, ont un plus grand nombre de noyaux, de 5 à 6 μ. Les cellules fusiformes, très abondantes, ont aussi plusieurs noyaux. Ces noyaux ainsi qu'il arrive souvent dans les sarcomes pigmentés, sont dépourvus de mélanine.

Les cellules sont tassées les unes contre les autres ; en quelques endroits seulement on aperçoit le stroma. Les vaisseaux abondent, mais il n'y a nulle part d'extravasation.

Le nodule pigmenté du bord ciliaire est entouré d'une coque, et le deuxième nodule sous-conjonctival est également entouré d'une capsule ; cette dernière petite tumeur dépend de la masse principale, la première en paraît au contraire indépendante. Le cartilage tarse a été complètement détruit, Gallenga le considère comme l'origine première du mal.

Il y a entre le fait de Gallenga et le nôtre quelques différences et beaucoup d'analogie.

Les différences portent sur l'origine, la disposition en noyaux séparés, l'étiologie.

Le sarcome dont nous avons rapporté l'histoire constituait une tumeur unique, encapsulée comme dans le fait précédent, mais également distincte du tarse, de la conjonctive et de la peau. Son origine était dans le tissu cellulaire lâche de la paupière et non dans le cartillage tarse. De plus il a eu évidemment comme cause occasionnelle un traumatisme, fait majeur qui domine son étiologie.

Il y a par contre une grande similitude entre les détails histologiques signalés par Gallenga et ceux de notre observation personnelle. Dans les deux cas il y avait, près de la tumeur, d'assez nombreux vaisseaux gorgés de sang; le pigment intra-cellulaire, les cellules rondes et fusiformes présentaient les mêmes dispositions.

La seule différence anatomique porte sur le nombre des cellules fusiformes, un peu plus grand peut-être dans notre fait que dans celui de Gallenga.

Ici doit se borner notre travail, car en somme nous ne connaissons que trois cas de sarcome mélanique des paupières, c'est là un chiffre insuffisant pour donner de cette affection une description clinique spéciale, en admettant qu'il y ait jamais lieu de lui consacrer une pareille étude.

Il doit suffire pour aujourd'hui de retenir les particularités cliniques et anatomiques de chacune des observations précédentes en attendant des faits nouveaux.

IV.

Note sur le pigment mélanique et son mode de préparation [1].

J'ai eu, dans ces derniers temps, l'occasion d'examiner deux tumeurs mélaniques qui m'ont intéressé surtout au point de vue de la distribution des éléments pigmentés dans le tissu néoplasique.

L'une de ces tumeurs, enlevée par le Dr Badal, était un sarcome mélanique intra-oculaire ayant perforé le globe et envahi l'orbite.

L'autre était une tumeur de la paupière que j'ai opérée en septembre 1890 dans le service de la clinique ophtalmologique.

Dans les deux cas l'examen histologique a révélé les mêmes lésions; la tumeur développée dans l'œil était plus pigmentée que le néoplasme de la paupière; mais la distribution de ce pigment, sa morphologie étaient les mêmes.

Sur l'une et l'autre pièce anatomiques, en effet, nous avons observé quelques cellules fusiformes et beaucoup d'éléments embryonnaires. Quelques vaisseaux rares sillonnent les coupes; il n'y a pas de foyers hémorrhagiques interstitiels.

Le pigment, très abondant dans la tumeur qui avait intéressé la choroïde, moins abondant dans la tumeur palpébrale, offre partout les mêmes caractères. Il est intra-cellulaire; quelques cellules n'en contiennent pas du tout, d'autres en sont remplies au point de perdre tous leurs carac-

---

1. Communication faite à la *Société d'anatomie et de physiologie de Bordeaux* dans sa séance du 8 décembre 1890.

tères, de prendre l'aspect d'une masse noire, arrondie; les autres renferment dans leur protoplasma de fines granulations noires.

Mais pour bien étudier la nature de ce pigment il nous a paru nécessaire de l'isoler, de le séparer des éléments cellulaires.

En traitant une coupe par l'acide sulfurique, nous avons en partie détruit les éléments cellulaires. Sous l'influence de cet agent chimique, le tissu sarcomateux s'est recroquevillé, raccorni; mais il n'a pas disparu tout à fait, il est resté sur la lame de verre une masse informe, translucide, au milieu de laquelle se détache le pigment.

Toutefois ce n'est pas encore là une préparation parfaite de mélanine; par la réaction seule de l'acide sulfurique pur (réactif de Robin), nous n'avons pu faire disparaître complètement la masse sarcomateuse; elle a été désorganisée, les éléments cellulaires ont toujours été détruits, mais toujours aussi il est resté un magma informe, masquant plus ou moins les éléments mélaniques inattaquables par l'acide.

L'acide azotique a détruit un peu plus complètement que l'acide sulfurique les éléments néoplasiques et nous ne voyons pas d'une façon précise en quoi ce premier réactif est inférieur au second pour la recherche du pigment mélanique; mais ni l'un, ni l'autre n'ont complètement détruit les cellules du sarcome, il est toujours resté un résidu blanchâtre dans lequel les particules noires du pigment se trouvent comme engluées.

Pour obtenir une préparation pure et propre de mélanine, j'ai eu recours avec succès au procédé suivant :

Après avoir traité une large coupe bien pigmentée par l'acide sulfurique pur, nous avons placé cette coupe, imbibée par le réactif, pendant vingt-quatre heures dans la chambre humide; le tissu néoplasique s'est en quelque sorte liquéfié; nous avons ajouté de la glycérine neutre puis luté selon les procédés ordinaires. Deux jours après il n'apparaissait dans la préparation rien autre chose que le pigment préexistant dans la coupe.

J'ai obtenu ainsi une préparation de mélanine, visible dans tous ses détails morphologiques et se présentant sous trois aspects principaux : 1° des amas noirâtres manifestement formés par la réunion d'une série de granulations séparées par des intervalles inégaux, reliées entre elles par un ciment transparent inattaqué par le réactif acide ; ces amas sont probablement les vestiges des cellules gorgées de mélanine, entièrement noires sur les coupes colorées au carmin ; 2° de fines granulations disséminées, très nombreuses et arrondies ; 3° de petits corpuscules irréguliers, anguleux, très variables dans leur forme et dans leur volume.

Cette étude anatomique permet de tirer une première conclusion, c'est que la matière mélanique est la même dans une tumeur d'origine choroïdienne et dans une tumeur développée dans le tissu cellulaire palpébral ; mais ce n'est point là le but de cette courte note. J'ai écrit ces lignes afin de faire connaître un procédé facile et pratique à l'aide duquel on peut isoler la mélanine contenue dans les néoplasmes pigmentés.

V.

Anatomie pathologique et pathogénie du chalazion.

Le présent travail est basé sur l'étude histologique de quinze chalazions opérés à la clinique ophtalmologique de la Faculté de Bordeaux. C'est dans l'examen des préparations, dans le détail de la structure microscopique, dans la description des lésions observées que réside tout l'intérêt de cette étude ; mais avant d'aller plus loin il est absolument nécessaire à la claire intelligence du sujet de rappeler les principales opinions émises sur l'anatomie pathologique et la pathogénie de l'affection qui nous occupe.

Ces opinions peuvent être groupées sous trois chefs principaux.

1° La théorie qui considère l'affection comme un simple kyste par rétention des glandes de Meibomius.

2° Celle qui incrimine l'inflammation primitive du cartilage tarse ou l'irritation consécutive au contact des microcoques développés dans les débris épithéliaux de la glande.

3° Celle qui admet que la tumeur se développe en dehors du cartilage tarse dans le tissu cellulaire de la région et qu'elle est indépendante de l'appareil meibomien.

A. — La première théorie est la plus ancienne. Tavignot [1] croit avec Caron de Villard que le chalazion est un follicule induré, comme un orgeolet passé à l'état chronique. Desmarres [2] admet que le siège et la nature de la tumeur n'ont rien de fixe. Il s'en tient à l'étymologie du mot chalazion (χαλαζα

---

[1] TAVIGNOT. *Maladies des yeux*, 1847, p. 157.

[2] DESMARRES. *Traité des maladies des yeux*, 1852, t. I, p. 605.

grêlon) et donne ce nom à toutes les tumeurs qui se développent dans la paupière, qu'elles fassent saillie du côté de la conjonctive ou du côté de la peau, à une distance quelconque du bord libre.

Ces idées vraiment trop larges sur la pathogénie du chalazion n'ont pas été admises par Warlomont [1] qui estime, comme Ryba l'avait indiqué avant lui, que le chalazion est toujours primitivement situé dans l'épaisseur du cartilage tarse et qu'il est dû au développement morbide d'une glande de Meibomius. Cette opinion a été longtemps acceptée par les classiques, notamment par de Wecker qui l'a exposée dans les premières éditions de son livre en faisant du chalazion un kyste athéromateux.

B. — L'inflammation primitive du cartilage tarse a été incriminée par un assez grand nombre d'auteurs. De Vincentiis place le point de départ de l'affection dans l'inflammation de la glande meibomienne. Cette inflammation engendre une prolifération cellulaire qui détruit le tissu tarsien; dans cette prolifération cellulaire se trouverait un nombre considérable de cellules géantes développées aux dépens de l'épithélium glandulaire. Nous n'avons pas pu nous procurer le mémoire original de l'auteur et nous ne savons pas d'une façon précise comment il explique cette singulière transformation épithéliale que personne n'a retrouvée.

La théorie de Vincentiis est d'ailleurs vraie; au début du chalazion il y a toujours de la périadénite meibomienne. Chrétien Bendz [3] déjà en 1858, dans un excellent mémoire, a bien établi au point de vue clinique la réalité de cette périadénite. Cet auteur démontre péremptoirement que le chalazion est tout différent de l'orgeolet avec lequel on le confondait à cette époque et qu'il ne constitue pas non plus une tumeur enkys-

---

[1] Warlomont. Art. « Chalazion » *Dict. encyclopédique de Dechambre.*
[2] Vincentiis. Cité dans Wecker (nouvelle édition).
[3] Chrétien Bendz. *Annales d'oculistique*, 1858, t. 39, 145.

tée. C'est toujours pour lui une inflammation subaiguë ou chronique du tarse, accompagnée ou précédée de l'adénite meibomienne.

L'opinion de Chrétien Bendz et celle que formula plus tard Vincentiis sont donc très analogues et j'ajoute qu'elles sont exactes dans leurs principaux traits. Tout ce que ces auteurs ont avancé, l'un au point de vue clinique, l'autre au point de vue histologique (sauf les cellules géantes) est exact; mais ils ont eu le tort de laisser complètement de côté le retentissement de l'inflammation tarsienne et de la périadénite sur le tissu cellulaire placé en avant du tarse.

C'est aussi en produisant l'inflammation du cartilage tarse qu'agissent les microbes étudiés par Poncet et Boucheron. Dans une très intéressante communication au Congrès d'ophtalmologie, Poncet (du Val-de-Grâce) a le premier décrit la présence de microcoques dans le contenu du chalazion.

Cet auteur a déjà fait remarquer que lorsque le goulot de la glande est obstrué, la paroi de l'acinus n'est plus recouverte par l'épithélium normal; celui-ci est remplacé par du tissu embryonnaire très abondant qui paraît s'éloigner beaucoup de la forme épithéliale. Ce tissu embryonnaire se mélange à l'ancien épithélium desquamé. La paroi elle-même est farcie d'éléments jeunes, très nombreux.

Il en résulte que le contenu du chalazion est composé de petites cellules sphériques avec ou sans noyaux ou d'éléments épithéliaux plus ou moins abondants.

Poussant plus loin ses recherches, Poncet[1] a décelé dans ces débris épithéliaux la présence de gros microcoques. En suivant la technique employée par cet éminent histologiste nous avons vérifié les résultats obtenus, nous y reviendrons plus loin.

Boucheron[2] a cultivé le microcoque du chalazion et il a pu

[1] Poncet. *Société française d'ophtalmologie*, 1886.
[2] Boucheron. *Soc. franç. d'ophtalm.* 1886.

reproduire expérimentalement l'affection. A ce sujet, Poncet a bien voulu nous écrire qu'il a examiné au microscope ce chalazion artificiel et qu'il est absolument impossible de le distinguer du chalazion humain.

Pour Poncet et Boucheron le chalazion serait donc une adénite meibomienne occasionnée par la présence de microcoques; ce serait au propre une inflammation microbienne. La tumeur ne serait autre chose que la réaction de ces éléments pathogènes sur le tissu du tarse dans lequel la glande est creusée.

Après avoir méthodiquement reproduit toutes les recherches de Poncet nous sommes arrivé à la constatation des mêmes faits, c'est-à-dire que, selon nous, le contenu du chalazion est bien réellement composé de débris épithéliaux renfermant de nombreux microcoques.

Mais, comme les travaux de Virchow, de Michel, de Vincentiis, celui de Poncet est exclusivement limité aux lésions tarsiennes et glandulaires. L'auteur ne cherche pas à expliquer comment l'affection grandit au point de constituer une véritable tumeur sous-cutanée n'affectant quelquefois avec le cartilage tarse que de lointains rapports d'origine.

Souvent, toutefois, à la face antérieure du tarse, sous la peau, on voit apparaître une tumeur du volume d'un gros pois, plus ou moins adhérente au cartilage tarse. C'est sur la nature et le développement de cette tumeur que les précédents auteurs sont incomplets.

Signalons cependant le cas que rapporte Panas dans son atlas d'anatomie pathologique. Il s'agit d'une tumeur composée d'éléments sarcomateux, adhérente au cartilage tarse et développée à la suite d'une inflammation meibomienne; mais les relations entre la masse morbide et l'inflammation meibomienne ne sont pas évidentes dans le cas dont nous parlons.

D'ailleurs on sait que les relations de la production morbide, du chalazion avec le tarse, ont été niées très formellement par quelques auteurs, partisans de la 3e opinion.

C. — Le chalazion serait à toutes les périodes de son développement absolument indépendant du cartilage tarse. Ce serait tout simplement un néoplasme du tissu cellulaire de la paupière. Thomas [1], de Tours, a défendu cette opinion dans sa thèse inaugurale sur les tumeurs des paupières ; il affirme que le chalazion est complètement distinct du système glandulaire et le plus souvent du cartilage tarse. Il s'appuie sur les recherches de Robin qui a trouvé dans la tumeur des cytoblastions, de la matière amorphe, du tissu lamineux et des vaisseaux. Ainsi constitué, le chalazion est mou, lorsque prédominent les cytoblastions, dur au contraire, quand prédomine le tissu fibreux et qu'à la périphérie de la tumeur se trouve une zône de tissu cellulaire induré, donnant la sensation d'une poche résistante. Dans certains cas, dit Thomas, le chalazion repose sur le cartilage tarse, mais d'autres fois il en est très éloigné et occupe la région des fibres musculaires ; toujours il est indépendant de l'appareil glandulaire. Sur ce dernier point Thomas est tellement affirmatif qu'il décrit à part dans un autre chapitre de sa thèse, les kystes meibomiens.

La description de cet auteur est très exacte, sauf en ce qui concerne le siège et l'origine première de l'affection ; elle a été à bon droit louée par tous ; mais elle ne se rapporte qu'à une catégorie rare de chalazions arrivés à la période la plus avancée de leur développement.

De plus, et ceci est capital, ces tumeurs, contrairement à l'opinion de Thomas, ont toutes leur origine dans une périadénite meibomienne.

Les lésions histologiques intéressant le chalazion ont donc été suffisamment décrites, tous les auteurs ont vu, et très bien vu, une partie de la vérité ; mais il nous a paru que personne n'avait exposé l'ensemble de la véritable évolution du mal.

Les auteurs qui s'en tenaient à la notion de kystes athéromateux étaient jusqu'à un certain point dans le vrai, puisque

[1] THOMAS. *Des tumeurs des paupières.* Th. doct. Paris. 1880.

la tumeur commence toujours par une accumulation d'éléments épithéliaux dans les culs-de-sac glandulaires, mais d'autres phénomènes qui leur avaient complètement échappé entrent promptement en scène.

Ceux plus récents et plus nombreux qui ont décrit l'adénite et la chondrite tarsienne ont dit une grande part de vérité; mais il n'est pas suffisamment montré que le chalazion externe sous-cutané, décrit par Thomas et Robin, venait de de cette adénite primitive.

Enfin ces derniers auteurs ont complètement méconnu l'origine première de la tumeur qu'ils ont décrite.

C'est à montrer la filiation de ces phénomènes, la succession de ces trois phases: 1° rétention d'éléments épithéliaux; 2° adénite, périadénite, et destruction du cartilage tarse; 3 prolifération embryonnaire du tissu cellulaire environnant, qu'est consacré ce court travail.

Description des faits observés. — Nous avons pu examiner quinze chalazions enlevés dans le service du professeur Badal.

Parmi ces tumeurs, les unes siégeaient à la paupière supérieure, les autres à la paupière inférieure. Tantôt elles faisaient saillie du côté de la conjonctive, tantôt elles proéminaient du côté de la peau : leur volume, leur consistance, leur réaction inflammatoire étaient variables, mais toutes, sans hésitation possible, méritaient bien le nom de chalazion et c'est pour ne pas allonger inutilement ce travail que nous ne rapporterons pas les observations *in extenso*.

L'intérêt clinique de ces cas est d'ailleurs aussi limité que possible, car le diagnostic en a toujours été facile et la guérison toujours obtenue d'après les procédés ordinaires recommandés par les classiques.

Les lésions histologiques seules ont donc de l'importance. Nous les décrirons en détail.

Sur les quinze chalazions dont il est ici question, huit ont été vidés par la pression ou par le grattage, dans les autres cas il a été possible d'extirper, en même temps que le chalazion, le cartilage tarse avoisinant.

L'examen de ces derniers faits a été particulièrement

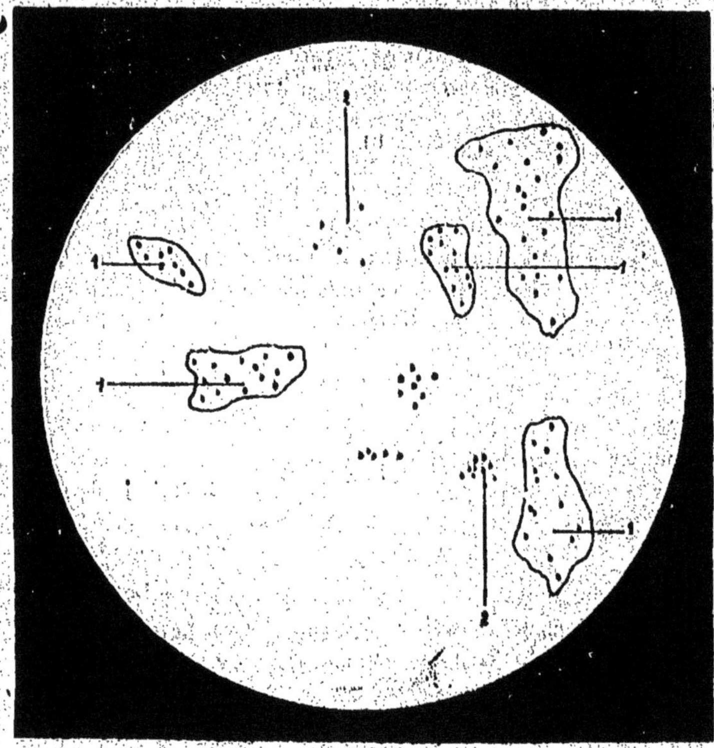

FIG. 1. — 1. Cellules épithéliales traitées par la méthode de Gram après un séjour de huit jours dans l'éther. — 2. Microbes tombés des cellules (gross. 1.000 fois.)

intéressant, car il a permis de préciser les rapports de l'affection avec les glandes de Meibomius.

Les premiers examens nous ont permis d'étudier le contenu du chalazion. La matière molle, blanc rosé, obtenue par le grattage a été immédiatement traitée par l'alcool puis dissociée ou coupée après durcissement par les moyens ordinaires.

Cette substance est en grande partie composée de jeunes cellules embryonnaires. Les débris épithéliaux et les matières grasses y sont en très petit nombre ; le liquide dans lequel baignent ces cellules ou ces noyaux embryonnaires est plus ou moins abondant ; généralement il existe en faible quantité et la diffluence du contenu du chalazion est simplement due à l'absence de trame, de charpente pour soutenir les cellules que rien ne relie entre elles et qui, par cela même, ont une grande tendance à diffuser dans les tissus environnants.

Cependant, dans deux cas, nous avons constaté qu'au milieu de l'agglomération cellulaire se formaient déjà deux jeunes vaisseaux, témoins évidents de la grande tendance de ce tissu à l'organisation.

Sur le contenu du chalazion durci et monté dans la cire, nous avons pu faire des coupes qui révèlent absolument les mêmes détails que les dissociations.

En étudiant le contenu du chalazion, il était indiqué de rechercher les microbes qui ont été récemment décrits par Poncet au Congrès d'ophtalmologie et à la Société de biologie. Nous avons exactement suivi la technique indiquée par Poncet dans son travail et dans une lettre particulière qu'il a bien voulu nous écrire, et nous sommes arrivé à des résultats analogues aux siens.

Nous avons fait une double série de préparations.

1° Des coupes et des dissociations fraîches ont été traitées par la teinture de gentiane et la méthode de Gram.

2° D'autres préparations ont été faites par le même procédé après avoir au préalable soumis la substance à l'action de l'éther.

Sur les premières coupes nous avons obtenu une très grande quantité de petits noyaux colorés qui n'étaient que des nœuds de chromatine déposés dans les noyaux des cellules, et au milieu de ces nombreux points violets, il était difficile de préciser la place et la quantité des vrais microcoques.

En revanche, les autres préparations ont été très nettes. Nous avons pendant huit jours laissé dans l'éther la substance extraite du chalazion, après l'avoir au préalable divisée en menus fragments; le flacon d'éther était régulièrement

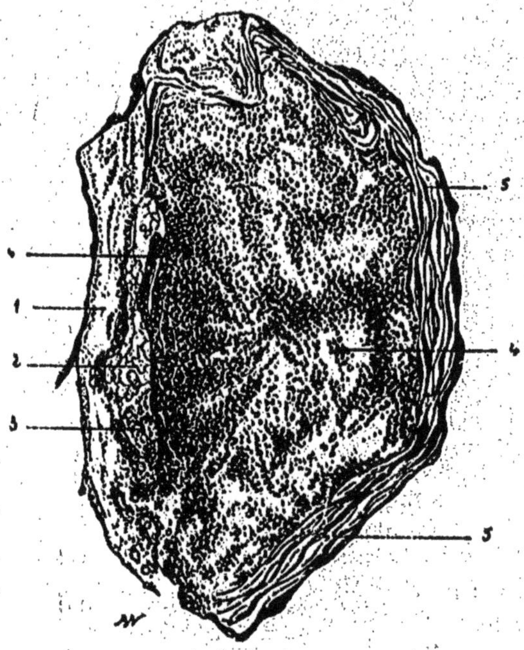

Fig. 2.— 1. Cartilage tarse, — 2. Glande de Meibomius coupée longitudinalement — 3. Cellules embryonnaires envahissant la glande. — 4. Tissu embryonnaire développé au contact de la glande distendue par l'épithélium. — 5. Enveloppe fibreuse (gross. 80 fois.)

agité plusieurs fois dans la journée. Après avoir vidé le flacon, nous avons recueilli les débris tombés au fond, et les avons traités par la teinture de gentiane, la solution iodo-iodurée, l'alcool pur et l'essence de girofle.

C'est ainsi que nous avons obtenu la préparation représentée sur la figure 1. Si on la compare aux dessins que donne

Poncet dans le travail déjà cité, on remarque que les microcoques sont, sur notre figure, beaucoup moins nombreux. De plus les cellules épithéliales sur lesquelles ou à côté des-

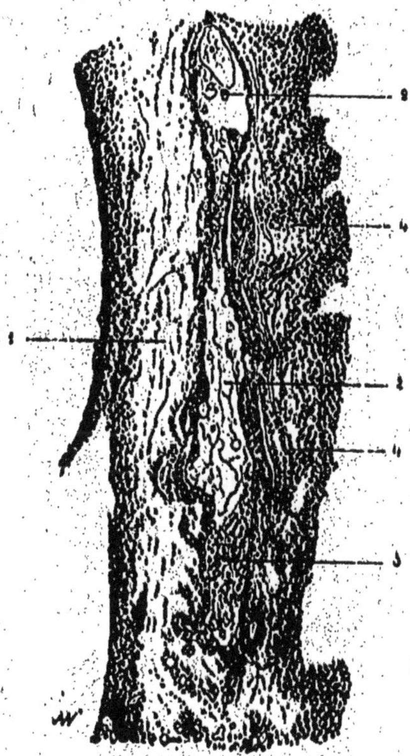

Fig. 3. — 1. Cartilage tarse. — 2. Glande de Meibomius distendue, coupée longitudinalement. — 3. Noyaux embryonnaires envahissant le cul-de-sac glandulaire. — 4. Tissu embryonnaire constituant la tumeur (gross. de 250 fois.)

quelles nous les avons rencontrés, nous ont paru beaucoup plus rares qu'à l'auteur dont nous avons vérifié les recherches.

Ces cellules sont dégénérées, caduques, après la décoloration par l'éther elles ne gardent plus qu'un vague contour ; elles apparaissent sur le fond de la préparation comme une plaque vitreuse, très transparente, parsemée de rares points bleuâtres qui sont les microbes.

Il ne nous paraît pas probable que ces microbes jouent un rôle important dans la pathogénie du chalazion ; ce sont là très probablement des produits contingents et accessoires ; mais si leur rôle est douteux, leur existence n'en est pas moins certaine.

Ces recherches ont été faites dans le laboratoire d'histologie de la Faculté avec le concours de notre excellent ami M. Ferré, à cette époque chef des travaux histologiques, qui a bien voulu en contrôler les résultats.

Il ne faut pas s'étonner de trouver ainsi dans tous les chalazions des cellules épithéliales ; on sait que la glande de Meibomius est plus rapprochée de la face conjonctivale que de la face antérieure du tarse. L'inflammation périglandulaire détruit le tissu fibro-cartilagineux qui sépare de la muqueuse le cul-de-sac plein de débris épithéliaux. Il se fait ainsi dans le tarse, du côté de la conjonctive, une perte de substance dans laquelle repose le tissu nouveau que nous avons examiné. Les bords de cette perte de substance sont d'ailleurs en prolifération embryonnaire et le volume de cette petite tumeur augmente sans cesse jusqu'au moment de son ouverture spontanée ou accidentelle.

Le chalazion ainsi formé a été appelé chalazion interne par opposition au chalazion externe qui se développe à la face antérieure du tarse.

Cette dernière variété, le chalazion externe, a été étudiée sur de nombreuses coupes. La tumeur avait été au préalable extirpée avec une plus ou moins grande étendue du tarse correspondant.

Au sujet de ces dernières préparations, trois ordres de phénomènes doivent être considérés.

1° Ceux qui se passent au milieu du cartilage tarse.

2° Ceux qui siègent au milieu même de la masse morbide.

3° Ceux qui se produisent à la périphérie.

La figure 2 représente une coupe totale de la tumeur; on voit une masse formée de noyaux embryonnaires, entourée d'une épaisse coque fibreuse et reposant sur le cartilage tarse présentant lui-même une glande coupée en long, distendue par des produits de sécrétion et enflammée; étudions séparément ces trois ordres de lésions.

1° *Lésion du cartilage tarse.* — Les glandes meibomiennes

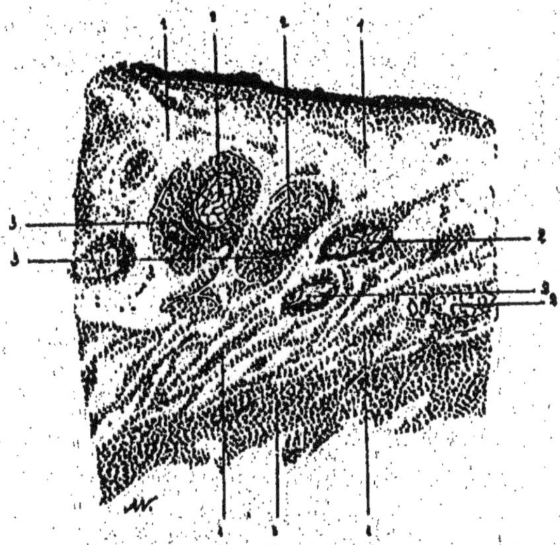

Fig. 4. — 1. Cartilage tarse. — 2. Glandes de Meibomius coupées transversalement. — 3. Périadénite. — 4. Traînées de cellules embryonnaires propageant l'inflammation en avant du tarse. — 5. Tissu constituant le chalazion (gross. 250 fois.)

sont toutes malades, les figures, 2, 3, 4 représentent très exactement le degré de leur inflammation. Elles sont dilatées, altérées dans leur tissu propre et dans leur contenu. On y voit une grande accumulation d'épithélium reconnaissable à sa couleur blanche, son indifférence pour le carmin, sa forme irrégulière.

Tantôt les glandes meibomiennes sont coupées transversalement (fig. 4), tantôt la coupe les a prises parallèlement ou obliquement à leur axe. Lorsque la section de la glande est ainsi longitudinale (fig. 2, 3) on voit un large boyau plein de masses épithéliales et autour de cette longue cavité des acini plus petits (fig. 3), contenant le même produit d'excrétion.

Ces canaux ganduleires ne présentent pas de paroi propre;

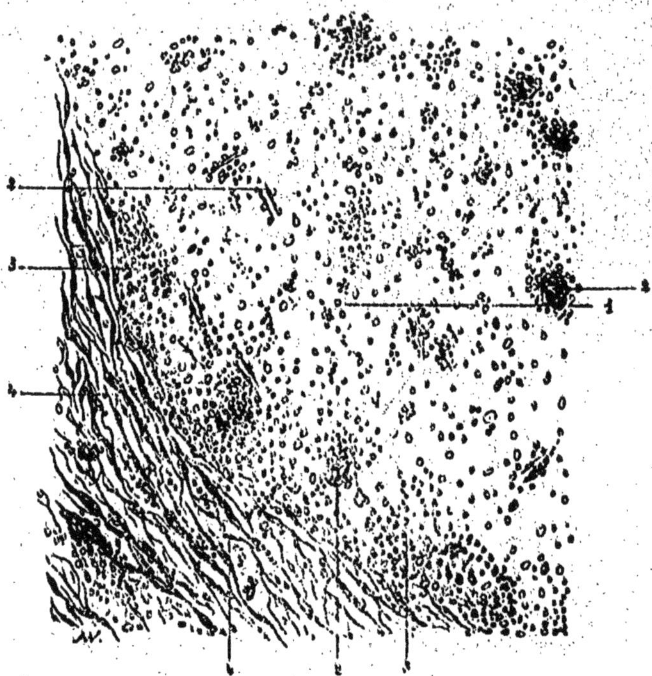

FIG. 5. — 1. Tissu du chalazion. — 2. Vaisseaux jeunes. — 3. Cellules embryonnaires. — 4. Enveloppe fibreuse (gross. 350 fois).

leur cavité est limitée par une zône exclusivement formée de noyaux embryonnaires tassés étroitement les uns contre les autres et qui ont à ce niveau remplacé le cartilage tarse. Ces noyaux sont semblables à ceux qui constituent le contenu du chalazion évacué sur la conjonctive. Ils sont le résultat de la périadénite meibomienne provoquée par la présence des produits épithéliaux intempestivement accumulés.

Dans les cas de chalazion externe, le cartilage tarse (fig. 2. 3, 4,) est sain sur son côté conjonctival ; l'inflammation périglandulaire est localisée à la moitié antérieure du cartilage. Entre les glandes et le tissu cellulaire anté-tarsien, le fibro-cartilage est presque partout infiltré par des noyaux embryonnaires qui gagnent ainsi le tissu cellulaire lâche de la paupière où ils pullulent et prolifèrent en toute liberté.

2° Le *milieu de la tumeur*, la masse morbide est exclusivement formée de cellules embryonnaires ; quelques-unes sont fusiformes, mais elles sont en très petit nombre. Sur certaines coupes (voy. fig. 5) au milieu de ces cellules on remarque un grand nombre de vaisseaux coupés dans tous les sens. Aucun de ces vaisseaux n'a dépassé sensiblement son premier stade d'évolution. Leurs parois minces présentent cependant un double contour pour un certain nombre d'entre eux (voy. fig. 5).

D'où viennent ces vaisseaux? nous ne les avons jamais vus provenir du dehors à travers la coque fibreuse. Quelques-uns renferment des globules sanguins bien développés, de telle sorte que leur communication avec la circulation générale est certaine; quant à leur genèse, il est probable qu'elle a lieu de toutes pièces aux dépens des cellules du néoplasme.

Nous avons vainement cherché les cellules géantes décrites par de Vincentiis. Certains points de nos préparations pourraient faire croire à leur existence; mais il est facile de se convaincre qu'il s'agit simplement de jeunes vaisseaux coupés transversalement. Poncet n'a pas non plus rencontré de cellules géantes.

Les figures 2 et 5, montrent très clairement les lésions qui permettent absolument d'assimiler la structure du chalazion à celle du bourgeon charnu.

3° *Limites du chalazion.* — Ces limites se présentent sous deux aspects différents; tantôt le chalazion est enkysté, régulibrement entouré par une coque fibreuse qui forme une barrière très résistante entre le tissu du nodule et le reste de la région, tantôt au contraire, mais beaucoup plus rarement, il est impossible de trouver une limite nette à la lésion dont la forme est irrégulière et dont le contenu diffuse au hasard des mailles du tissu conjonctif. Cette disposition se rapporte d'habitude à des chalazions jeunes.

En ce qui concerne l'enkystement ou le non enkystement du chalazion, on observe donc tous les degrés possibles; la formation de l'enveloppe fibreuse est un phénomène accessoire qui dépend des réactions générales du tissu conjonctif en présence des noyaux embryonnaires, produits de la périadénite, qui lui arrivent par la face externe du cartilage tarse.

Dans deux des cas que nous avons examinés, il n'y avait pas d'enkystement, les noyaux embryonnaires étaient disséminés au devant du tarse; il est vraisemblable qu'au bout d'un certain temps une barrière conjonctive se serait développée à leur contact. Au contraire, dans d'autres cas, la coque fibreuse présentait près d'un millimètre d'épaisseur. Cette coque n'envoyait dans l'intérieur du nodule aucune travée conjonctive elle jouait le rôle d'un véritable sac n'ayant avec son contenu que de rapports de contact. (voy. fig. 2 et 3.)

On comprend que l'épaississement de cette poche d'une part, d'autre part l'organisation vasculaire et conjonctive du nodule augmentent la consistance de la production morbide et que le chalazion se présente ainsi sous l'aspect général d'un fibrome. La forme et la sensation spéciales de certains chalazions très durs et très anciens n'ont pas besoin d'autres explications.

Tels sont les faits et les résultats de leur examen. En quoi ces résultats diffèrent-ils de ceux qui ont été précédemment acquis ?

Comme Poncet, nous avons reconnu l'existence de bactéries dans l'épithélium ; avec de Vincentiis nous pensons que le chalazion a toujours pour cause une adénite meibomienne ; mais ces auteurs ne se sont occupés que de ce qui se passe dans le cartilage tarse et n'ont rien dit de la pathogénie du chalazion externe, saillant sous la peau.

De plus, le contenu du chalazion interne, celui qu'on vide en incisant la conjonctive, a été peu étudié ; si l'on en croit Poncet, on y trouve une grande quantité d'épithélium et de produits glandulaires. Nous croyons les épithéliums beaucoup moins nombreux : la substance est presque exclusivement composée de cellules embryonnaires.

Mais ce sont surtout les lésions du cartilage tarse qui avaient été négligées. C'est du processus ulcératif qui l'atteint que dépend la variété de chalazion (chalazion interne ou externe). Les glandes de Meibomius étant plus rapprochées de la face interne du cartilage que de la face externe, on comprend que les produits de la périadénite fassent de préférence saillie sous la conjonctive. Plus rarement le tarse se laisse envahir dans sa moitié externe ou antérieure et l'adénite, après avoir détruit cette partie du cartilage, gagne le tissu cellulaire voisin. Ce fait de la propagation de la périadénite au tissu cellulaire n'avait jamais été décrit avec toute la netteté désirable.

En ce qui concerne le contenu du nodule, nous avons constaté les faits déjà exposés par beaucoup d'auteurs à savoir que le tissu du chalazion est celui du granulome. Toutefois nous n'avons pas vu de cellules géantes et il est certain que de Vincentiis les a confondues avec les vaisseaux jeunes qu'on voit dans la plupart des coupes.

La conclusion est donc que le chalazion doit être considéré comme un granulome consécutif à la rétention des produits de sécrétion dans les glandes de Meibomius. Le mot sarcome dont on s'est servi dans ces derniers temps pour désigner cette production répond exactement aux données anatomiques, puisque cette tumeur est composée de tissu cellulaire jeune en voie de prolifération rapide et de jeunes vaisseaux. Mais il ne faut pas oublier que cette structure du sarcome (tumeur maligne) est aussi celle du bourgeon charnu et que l'avenir de ces deux productions morbides n'en est pas moins absolument différent.

Dans ce cas particulier les données anatomiques doivent s'effacer devant la clinique.

Il faut ne pas perdre de vue que le chalazion est une affection essentiellement bénigne, une lésion consécutive à une irritation chronique. C'est un produit inflammatoire, non un néoplasme. Le mot granulome de Virchow doit seul servir à caractériser sa structure histologique.

CONCLUSIONS

I. — Le chalazion comprend trois périodes dans son développement : *a*) Rétention de produits épithéliaux dans les glandes de Meibomius ; *b*) Adénite et périadénite consécutives, destruction du cartilage tarse ; *c*) Saillie de la tumeur sous la conjonctive (chalazion interne) ou du côté de la peau (chalazion externe).

II. — Le contenu du chalazion est composé de jeunes cellules embryonnaires et de rares débris épithéliaux.

III. — Ces débris épithéliaux contiennent des microcoques arrondis, séparés, visibles dans les cellules épithéliales, ou à côté d'elles.

IV. — Les cellules embryonnaires ne renferment pas de microbes.

V. — Ces microbes paraissent jouer un rôle très secondaire dans la production de l'affection.

VI. — Il n'existe pas de cellules géantes dans la masse morbide ; sa structure est exactement celle du bourgeon charnu.

VII. — Le chalazion externe peut atteindre un volume considérable et en imposer pour un néoplasme sous-cutané ; mais il est toujours en contact avec le cartilage tarse et procède toujours d'une adénite meibomienne.

VI.

Note sur un cas de corne palpébrale. Théorie du développement des cornes.

Les observations de cornes cutanées en général sont assez nombreuses, mais non les faits de corne palpébrale. La littérature des vingt dernières années est remarquablement pauvre à ce sujet, peut-être parce que les auteurs ont négligé de faire connaître ces faits, semblables à ceux des cornes de la peau, peut-être aussi parce que les ophtalmologistes les observent en réalité très rarement.

Le traité d'ophtalmologie de de Wecker est l'ouvrage dans lequel nous trouvons sur ce sujet les renseignements les plus importants. Cet auteur rapporte le cas remarquable de Shaw, observé chez un Irlandais âgé de cinquante-six ans ; en six années de développement la corne avait atteint 1 pouce 1/2 de longueur sur une étendue semblable de circonférence à son point d'implantation ; il fait encore connaître deux autres observations appartenant à Masselon et Poncet et à Sœlberg Wells.

Dans la littérature médicale contemporaine, nous n'avons trouvé qu'une observation de Walsham, qui mérite d'être rapprochée des précédentes. Cet auteur a montré à la Pathological Society de Londres (1880) une excroissance cornée enlevée par son ami Manhall, sur la paupière inférieure d'une vieille femme ; cette production s'était assez rapidement développée sur une verrue.

L'examen histologique permit de constater que la grosseur était exclusivement composée de cellules épidermiques arrangées en colonnes et sur une coupe transversale, disposées concentriquement de manière à constituer des nids.

Les renseignements histologiques sont très succincts dans cette observation de Walsham, parce que l'auteur considère sans doute que ce néoplasme ne différait en rien par son processus de l'évolution des cornes ordinaires.

Telle était aussi notre pensée, lorsque nous avons enlevé une tumeur de ce genre. Cependant le volume très considé-

FIG. 1. — Corne palpébrale (2/3 de grandeur naturelle).

rable de la corne, sa longueur, l'étendue de sa base d'implantation donnant à notre cas une importance relative, il nous a paru nécessaire de pratiquer un examen histologique complet.

Bien nous en a pris, car, ainsi que le lecteur pourra s'en convaincre, nous avons constaté des détails absolument nouveaux, permettant d'exposer autrement, sinon mieux qu'on ne l'a fait jusqu'ici la pathogénie des cornes.

C'est donc au point de vue de l'anatomie pathologique surtout que nous appelons l'attention sur l'observation suivante:

Observation.

M. M..., âgé de soixante ans, d'une constitution vigoureuse et sans antécédents héréditaires notables, vient me consulter le 2 juin 1892 pour une corne qu'il porte sur la paupière inférieure gauche.

Le début du mal remonte à un grand nombre d'années. Pendant un séjour prolongé qu'il fit à Cuba, et à une époque qu'il précise mal, le malade a constaté un petit bouton, qui, avec des intermittences diverses, n'a cessé de grossir, et qui siégeait exactement au niveau de la corne actuelle. Il tenta à plusieurs reprises de s'en débarrasser, et pour cela se mit entre les mains d'empiriques qui cautérisèrent, excisèrent incomplètement la production morbide.

Cette thérapeutique insuffisante ne fit qu'aggraver le mal, et dans ces derniers temps, malgré une cautérisation à l'ammoniaque, plus énergique encore que les précédentes, la corne prit un développement rapide, assez inquiétant pour que le malade jugeât enfin nécessaire de consulter un chirurgien.

A ce moment, la corne atteint une longueur de 2 centim. 2 millimètres, sa base d'implantation, à peu près arrondie, atteint les dimensions d'une pièce de cinquante centimes : un léger bourrelet en limite le pourtour ; la peau seule est adhérente au néoplasme qui glisse aisément sur le tissu lâche sous-jacent, en un mot, il est facile de constater tous les signes habituels de ce genre de tumeur.

L'ablation au bistouri est pratiquée le 6 juin 1892.

L'examen histologique, dont les résultats ont été soumis à l'appréciation de la Société anatomique de Bordeaux, dans la séance du 11 juillet 1892, a révélé les détails suivants :

Les coupes ont été très exactement faites, selon le grand axe de la pièce, c'est-à-dire perpendiculaires à la base d'implantation.

Au niveau de cette base, dans le point où on a fait l'excision, on constate les éléments ordinaires du derme, vaisseaux, tissu conjonctif et papilles. Il n'y a pas de glandes sudoripares sur les coupes examinées, ce qui est, d'ailleurs, assez naturel au niveau des paupières. Les vaisseaux et le tissu conjonctif y sont normaux.

Les papilles sont, au contraire, très hypertrophiées ; elles atteignent des dimensions trois à quatre fois plus considérables qu'à l'état normal, surtout en longueur. Elles sont toutes coiffées d'un épithélium exubérant, jeune et proliférant avec activité.

L'épithélium pavimenteux qui coiffe les papilles forme ainsi une couche très épaisse et l'on voit, dans la substance cornée proprement dite, des boyaux épithéliaux, qui sont le prolongement des papilles.

La substance cornée jaunâtre et vaguement fibrillaire offre

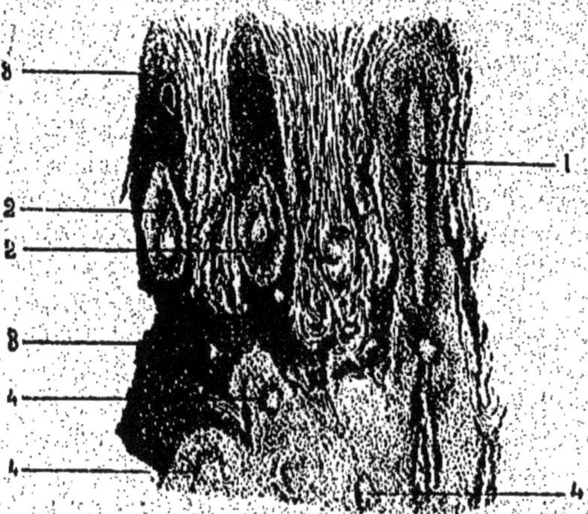

Fig. 2. — Cette figure se rapporte à la base ou partie adhérente de la corne. — 1. Papille non encore tronquée. 2, 2. — Sommets des papilles, isolés, devant former des globes épidermiques. — 3, 3. Hémorrhagie — 4, 4, 4. Sur cette coupe avec un grossissement convenable l'éléidine n'existe qu'en ces trois endroits.

un aspect absolument remarquable, à cause de la présence des globes épidermiques nombreux, et tassés les uns contre les autres, qui les constituent. Ces globes sont reconnaissables à l'existence de petits îlots cellulaires colorés par le carmin et entourés par des cercles concentriques de substance cornée, qui dérivent évidemment de l'îlot épidermique ainsi isolé ; ces globes affectent des formes très variables ; les uns sont allongés dans le sens de l'axe de la corne, les autres arrondis ; quelques-uns pris entre deux globes plus volumineux, sont aplatis et à peine reconnaissables.

La production cornée se présente donc en deux endroits différents : 1° au dessus de l'épithélium des papilles ; 2° autour de l'épithélium isolé dans la subtance cornée. Dans ces deux points la kératinisation présente ce fait particulier de se produire sans éléidine ; cette substance n'a pu être décelée qu'à de rares endroits ; la production cornée est, par conséquent, de ce fait, absolument anormale.

C'est là un premier point assez curieux dans la relation de

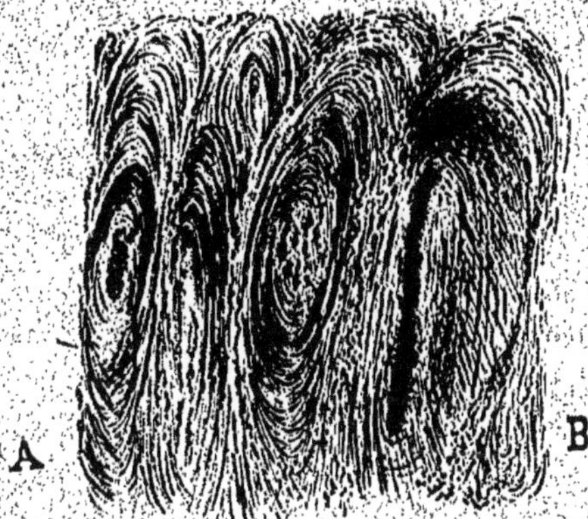

FIG.3. — Trois globes épidermiques avec, au centre, des cellules encore jeunes continuant à fabriquer la corne.
N. B. — Ces deux figures sont prises à la même coupe, la première à la base la seconde au sommet.

la corne dont il est ici question. L'autre point, plus intéressant encore, résulte de la présence des globes épidermiques précédemment signalés. Comment se sont-ils formés ?

L'examen de ce qui se passe à la base de la tumeur nous donne une explication suffisante. Là on constate des lacs sanguins qui résultent probablement d'une hémorrhagie interstitielle provoquée par les attouchements, les chocs incessants auxquels cette production cornée était soumise. En plusieurs points on remarque que cette hémorrhagie, déchirant devant elle les éléments du tissu voisin, a rompu le sommet des papilles de façon à séparer ce sommet de la base du cône épithélial. Dès lors l'extrémité papillaire, composée de cellules épithéliales jeunes, est devenue libre et a continué à fabriquer les cellules cornées qu'elle formait déjà quand elle tenait à la papille. Autant de bourgeons épithéliaux papillaires ainsi séparés, autant de globes épidermiques évoluant séparément et tous capables d'augmenter la longueur de la corne.

Les attouchements multiples auxquels cette tumeur placée sur une partie découverte était exposée, les cautérisations, les excisions partielles qu'elle avait subies, expliquent suffisamment la présence des hémorrhagies péri-papillaires formant comme un réseau de lacs sanguins à la base du mal, à l'union de la corne proprement dite et de la peau. Ces hémorrhagies en se produisant ont pu étrangler le sommet des papilles et en détacher la pointe qui dès lors, toujours nourrie par les sucs ambiants continue à remplir sa fonction, c'est-à-dire à former de la substance cornée.

La papille ainsi décapitée continue à proliférer et plus tard la poussée du sang extravasé ou un attouchement direct vient la décapiter de nouveau et en distraire, sous forme d'un îlot arrondi, l'extrémité tournée vers le sommet de la corne.

De chaque papille se sont aussi détachés successivement plusieurs îlots épithéliaux ; ceux qui se sont détachés les premiers occupent le sommet de la corne, ce sont les plus petits, les plus usés par la dégénérescence cornée, les autres, plus récemment distraits de la papille mère, sont plus volumineux.

La transformation cornée des uns et des autres est la cause majeure, la raison d'être du développement de la tumeur.

Si nous ouvrons les ouvrages classiques qui traitent du développement des cornes (Cornil et Ranvier, Virchow, Rindfleisch) nous y trouvons une description résumée par Kelsch[1] ainsi qu'il suit :

« Les cornes sont formées par des couches stratifiées de

---

[1] KELSCH. *Dict. Encycl.* Art. Corne.

« cellules épidermiques sèches, feuilletées, sans noyau; au « premier abord le microscope nous les montre amorphes, « comme le tissu des ongles, des sabots, des cornes proprement dites ; mais, digérées pendant quelque temps dans « l'alcali caustique, elles se décomposent en petites écailles « épidermiques tout à fait semblables à celles que l'on obtient « par le même traitement avec les callosités de la peau, les « cors, etc. Ces cellules sèches, cornées, sont disposées en « couches concentriques autour de papilles hypertrophiées « qui servent de noyau central à la corne, etc. »

Dans cette description qui reproduit fidèlement les données classiques, il n'est nulle part question de globes épidermiques épars dans la substance cornée. Il est donc vraisemblable, au moins, que la présence et l'importance de ces globes, dans notre cas constituent un fait nouveau. D'autre part, les cas de corne palpébrale de plus de 2 centimètres sont assez rares pour mériter l'attention. En raison de ce double motif on nous excusera d'être entré dans les détails qui précèdent.

TABLE DES MATIÈRES

A. — TUMEURS ÉPIBULBAIRES ET PÉRIBULBAIRES

Pages

I. — Du sarcome mélanique de la conjonctive bulbaire.......... 1

II. — De l'épithélioma de la conjonctive bulbaire et en particulier du limbe scléro-cornéen.......... 19

III. — Trois cas de tumeurs épithéliales épibulbaires.......... 54

1° Des formes coccidiennes.......... 61

2° Du mode de pénétration de l'épithélioma conjonctival. Comment il devient dangereux.......... 64

IV. — Tumeurs épithéliales péribulbaires.......... 73

B. — TUMEURS INTRA-OCULAIRES

I. — Du myome du corps ciliaire.......... 81

II. — Carcinome primitif des procès et du corps ciliaire.......... 93

III. — Tubercules du corps ciliaire et de l'iris.......... 102

IV. — Du leuco-sarcome de la choroïde.......... 107

1° Leuco-sarcome à cellules rondes.......... 136

2° Leuco-sarcome à cellules fusiformes.......... 138

A. — *Siège des leuco-sarcomes*.......... 140

B. — *Rapports du leuco-sarcome avec les parties voisines*.......... 143

A. — *Distribution du sarcome blanc avec le gliome de la rétine*.......... 149

B. — *Distribution du sarcome blanc avec le décollement de la rétine*.......... 150

V. — Du gliome endophyte de la rétine.......... 160

Examen macroscopique.......... 161

— microscopique.......... 163

Anatomie pathologique et pathogénie.......... 169

Etude clinique. Pronostic du gliome.......... 170

VI. — Etude comparée du leuco-sarcome embryonnaire de la choroïde et du gliome de la rétine.......... 185

Examen des faits cliniques.......... 193

Traitement.......... 198

VII. — Description anatomique de deux leuco-sarcomes intra-oculaires 199

pages
Examen macroscopique 199
— microscopique 203
VIII. — Pronostic et traitement des tumeurs malignes intra-oculaires 206
§ I. — Sarcome mélanique du tractus uvéal 207
§ II. — Leuco-sarcome de la choroïde. — Le cancer intra-oculaire se présente une fois sur dix sous la forme de sarcome blanc 210
§ III. — Gliome de la rétine 212

C. — TUMEURS DE L'ORBITE ET DES ANNEXES

I. — De la conservation du globe oculaire dans l'ablation des tumeurs du nerf optique. — Description d'un procédé nouveau 217
Description macroscopique de la tumeur 220
Examen histologique 221
Anatomie pathologique 226
1° Rapports de la papille et de la tumeur 226
2° Rapports de la tumeur et de la gaîne externe du nerf 227
3° Rapports de la tumeur avec la cavité cérébrale 228
4° Rapports avec le contenu de l'orbite 229
Traitement 230
II. — Fibro-sarcome kystique de l'orbite 234
Examen macroscopique 236
Examen histologique 238
1° Nature de la tumeur 238
2° Nature et pathogénie de la cavité kystique 240
III. — Du sarcome mélanique des paupières 242
Examen anatomique 245
IV. — Note sur le pigment mélanique et son mode de préparation. 251
V. — Anatomie pathologique et pathogénie du chalazion 253
Description des faits observés 258
1° Lésion du cartilage tarse 264
2° Milieu de la tumeur 266
3° Limites du chalazion 266
VI. — Note sur un cas de corne palpébrale. — Théorie du développement des cornes 270

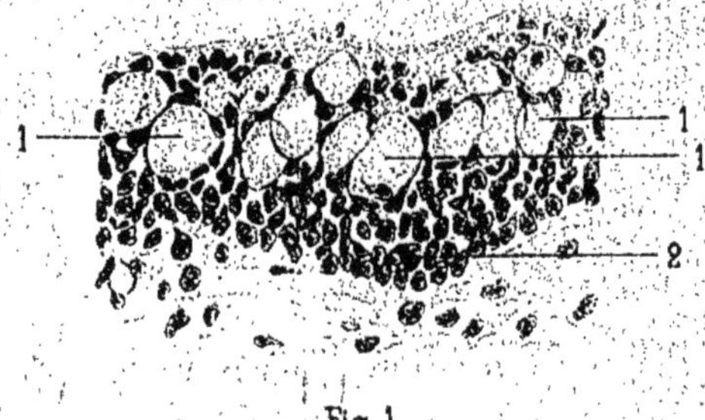

Fig. 1.

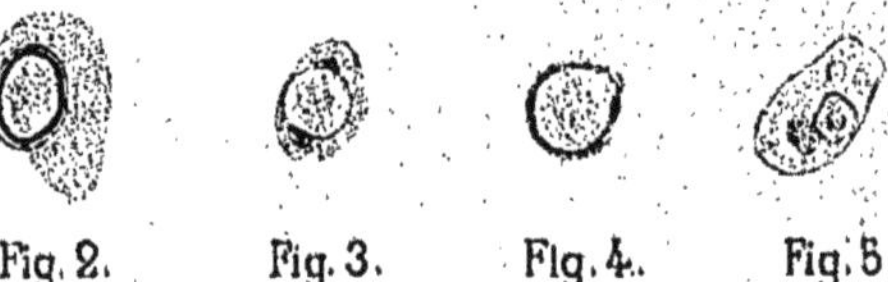

Fig. 2. Fig. 3. Fig. 4. Fig. 5.

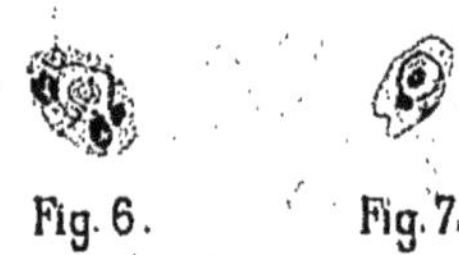

Fig. 6. Fig. 7.

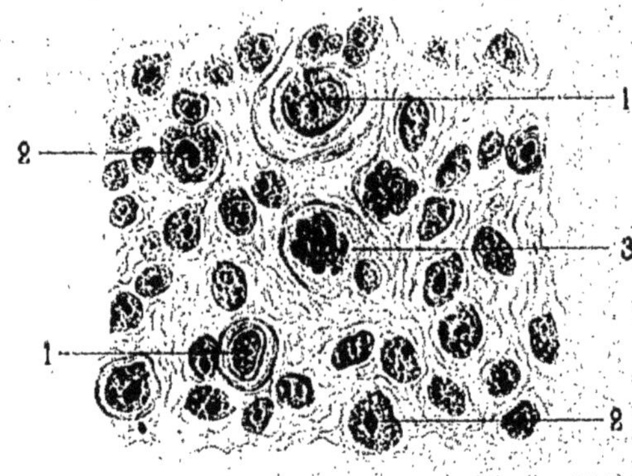

Fig. 9.

A. Karmanski lith. Sté des Impies LEMERCIER, Paris.

Tumeurs épithéliales épibulbaires.

G. Steinheil Editeur.

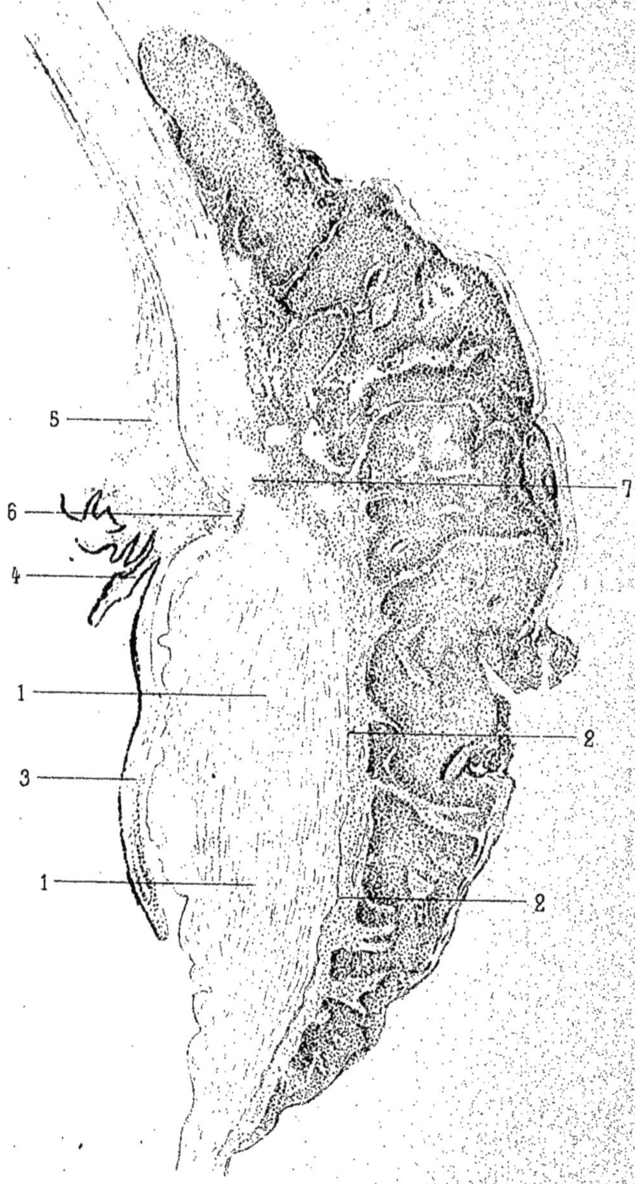

Fig. 8.

A. Karmanski lith.

S^{té} des Imp^{ies} LEMERCIER, Paris

Tumeur épithéliale épibulbaire.

G. Steinheil, Éditeur.

Fig. 10.

Fig. 11.

Fig. 12.

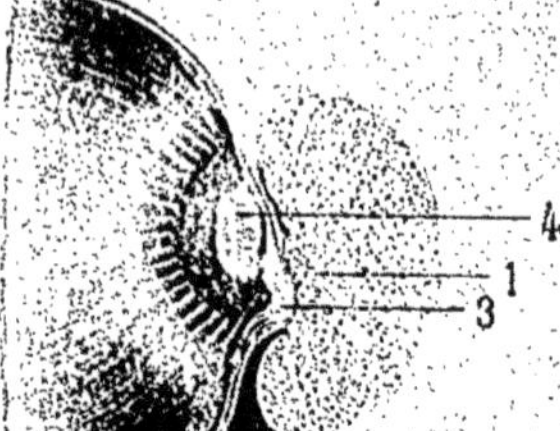

Fig. 16.

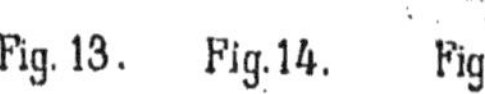

Fig. 13. Fig. 14. Fig. 15.

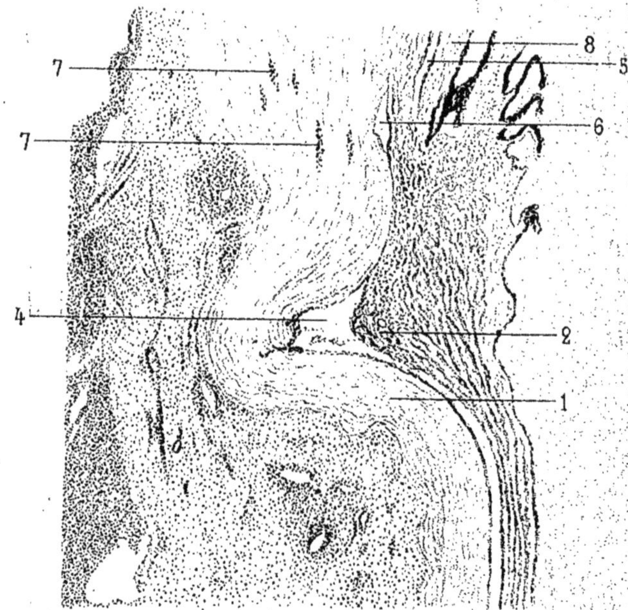

A. Karmanski lith. Ste des Impies LEMERCIER, Paris.

Tumeurs épithéliales épibulbaires.

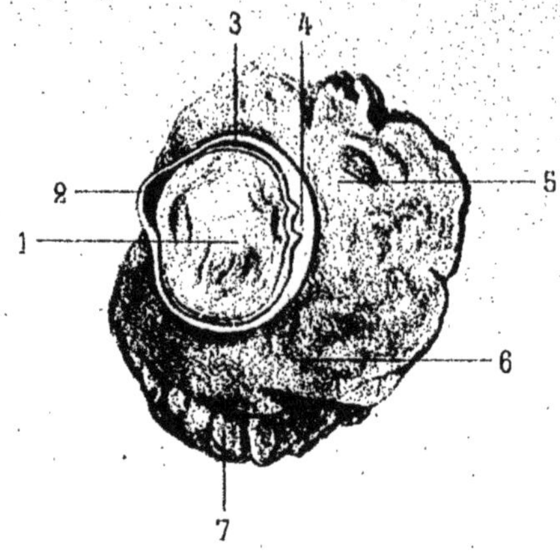

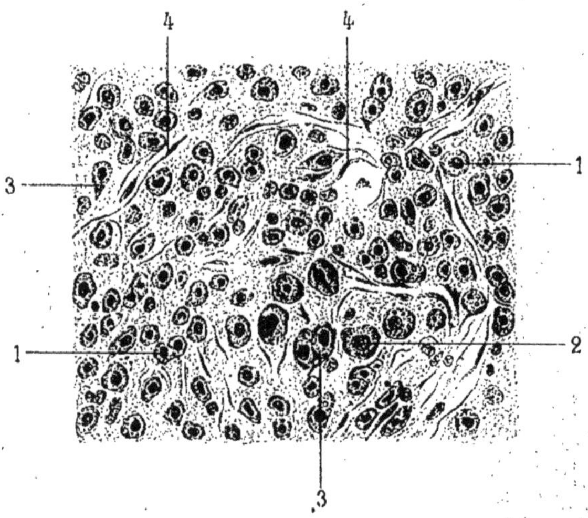

A. Karmanski lith.

Sté des Impies LEMERCIER, Paris.

Tumeur maligne de l'orbite.

G. Steinheil, Éditeur.

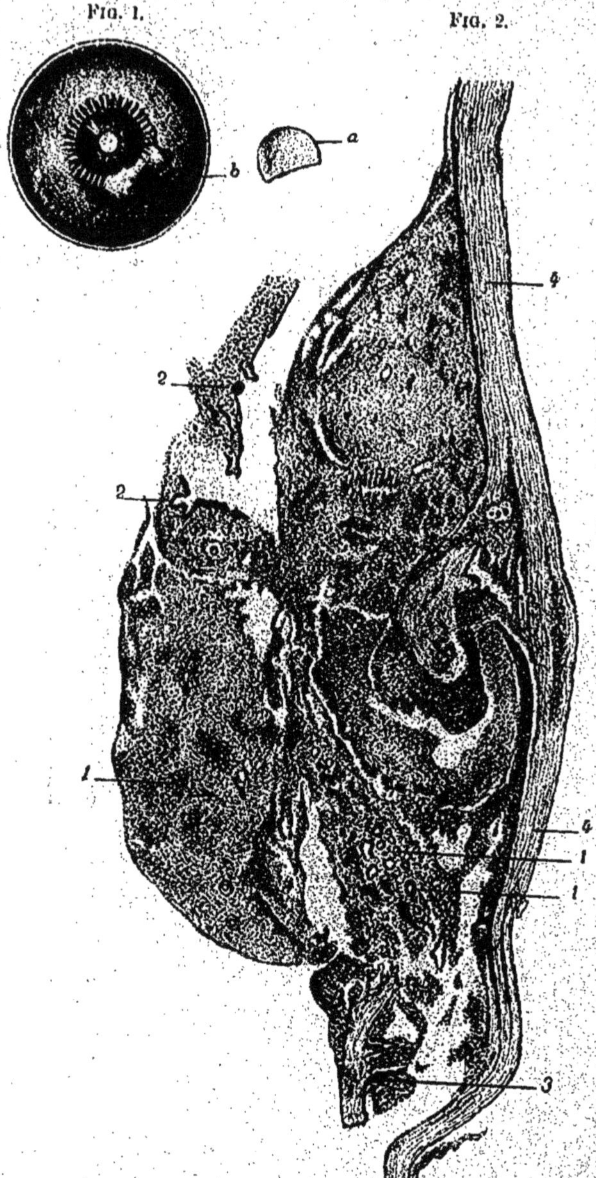

G. STEINHEIL, éditeur. KARMANSKI, del.

FIG. 1.

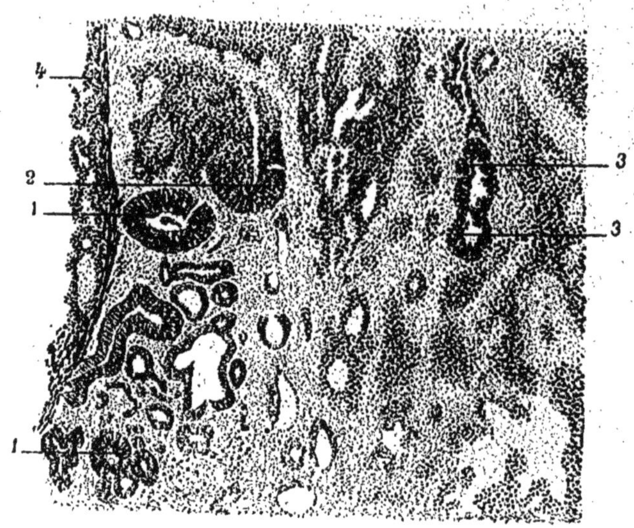

FIG. 2.

FIG. 3.

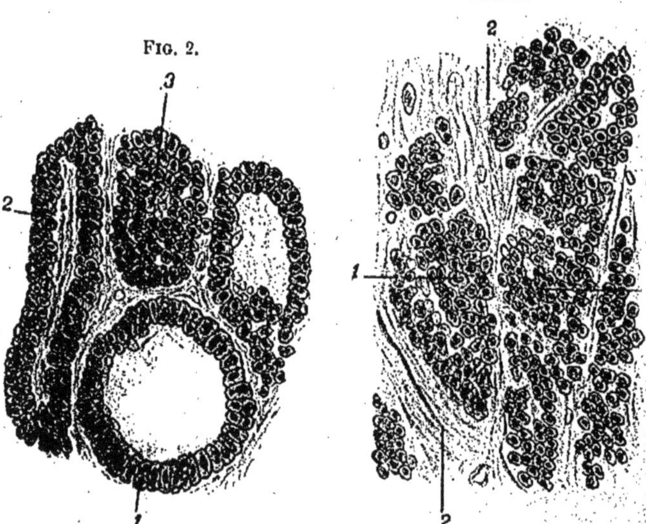

G. STEINHEIL, éditeur.

KARMANSKI, del.

FIG. 1.

FIG. 2.

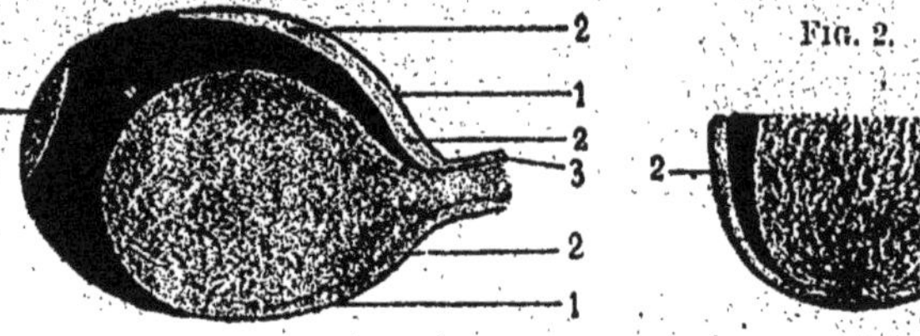

FIG. 3.

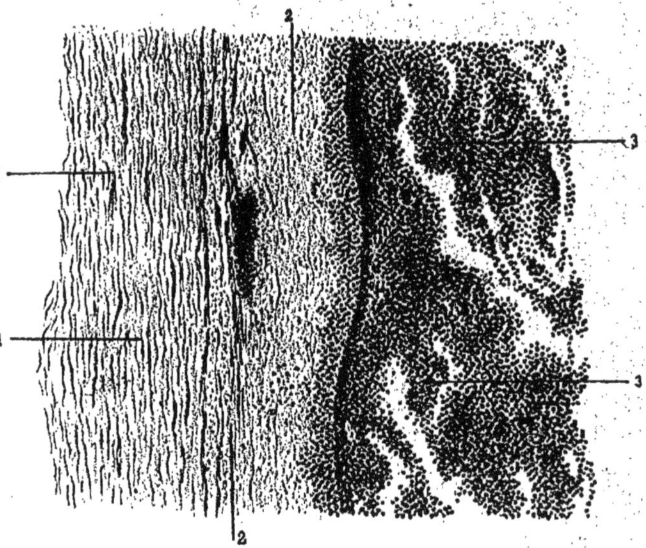

FIG. 4.

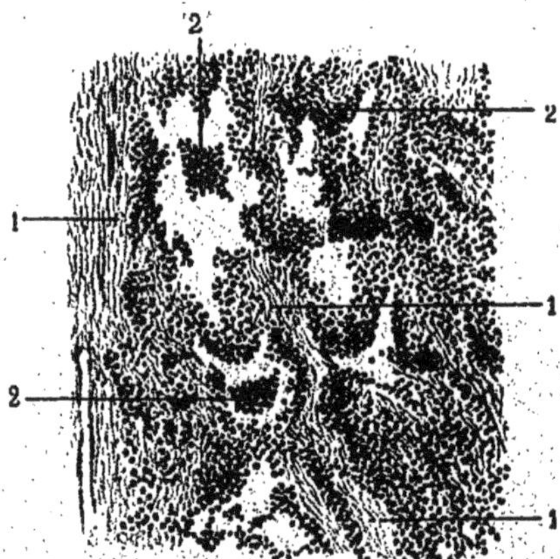

FIG. 5.

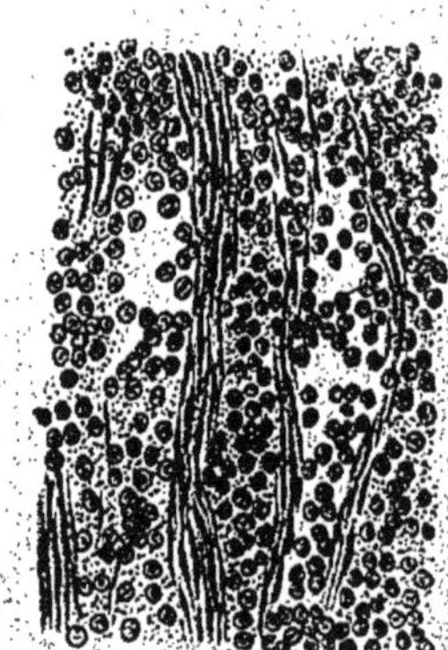

G. STEINHEIL, éditeur,

KARMANSKI, del.

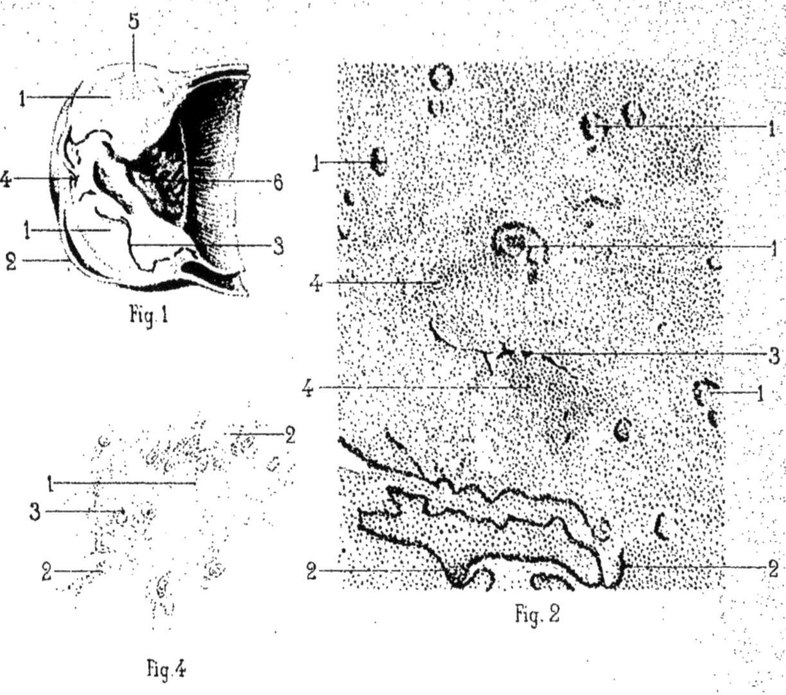

Fig. 1

Fig. 2

Fig. 4

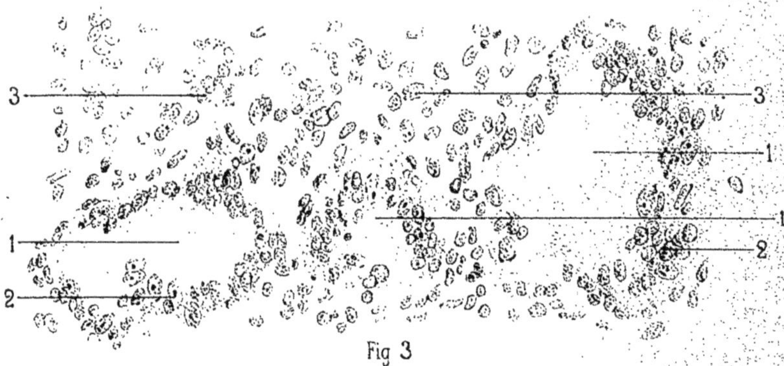

Fig 3

A Karmanski, lith.

Ste des Impres LEMERCIER Paris.

Tuberculose de l'iris et du corps ciliaire

G. Steinheil, Editeur.

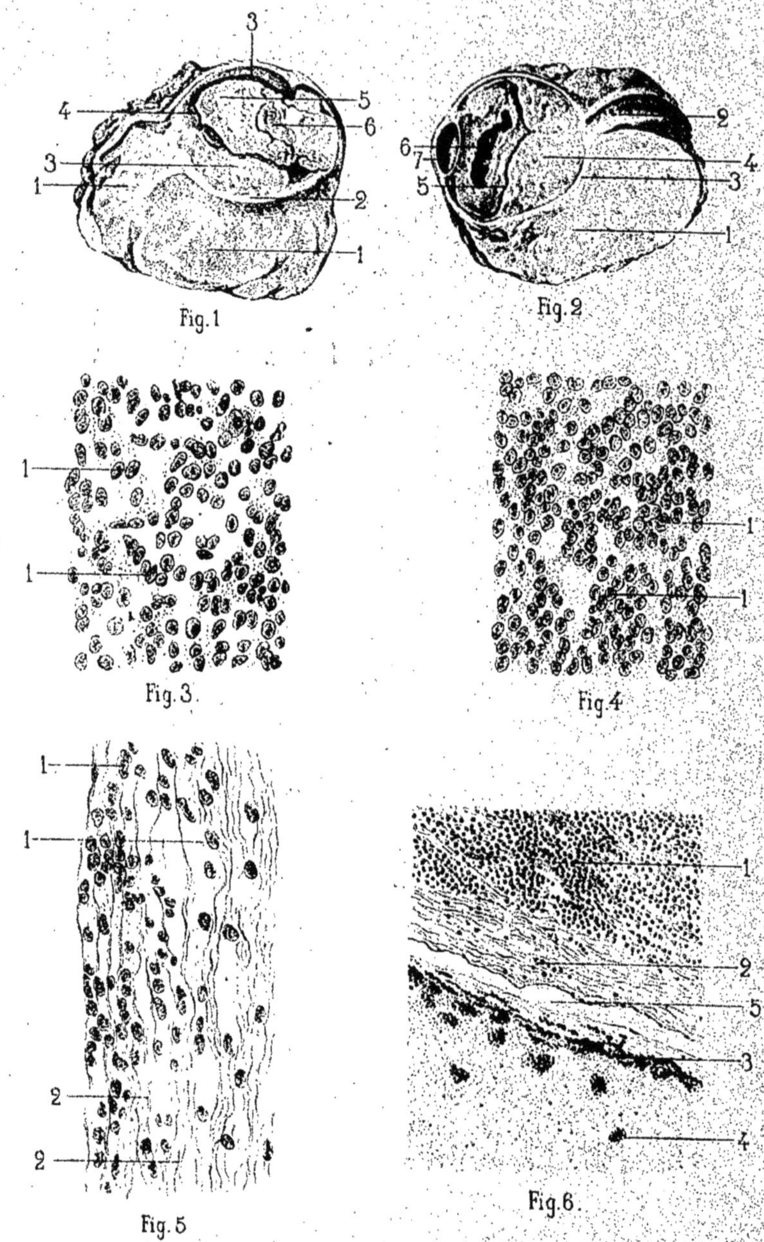

Fig. 1 Fig. 2 Fig. 3 Fig. 4 Fig. 5 Fig. 6.

A. Karmanski, lith.

St. des Imp. Lemercier, Paris.

Leuco-sarcome de la choroïde

G. Steinheil, Editeur.

www.ingramcontent.com/pod-product-compliance
Ingram Content Group UK Ltd.
Pitfield, Milton Keynes, MK11 3LW, UK
UKHW012017240726
13965UKWH00002B/419